YEXIANG SEPU
SHIZHAN BAODIAN

液相色谱
实战宝典

仪器信息网　组织编写
端礼钦　李亚辉　主编
邱洪灯　主审

化学工业出版社

·北京·

内 容 简 介

《液相色谱实战宝典》采用了基础知识结合实际应用的编写方式，阐述了液相色谱基本原理、仪器结构、试验方法、实际应用以及各种常见问题与解答。全书共六章，包括绪论、液相色谱仪结构简介及故障排除、色谱工作站、液相色谱样品前处理、液相色谱法方法开发和液相色谱法的应用。全书收集了 250 多个常见应用问题，作出了较为详细的解答；同时也提供了很多应用实例。

《液相色谱实战宝典》可供从事液相色谱分析工作的初、中级技术人员学习和参考，也可作为仪器分析领域的培训材料。

图书在版编目（CIP）数据

液相色谱实战宝典 / 仪器信息网组织编写；端礼钦，李亚辉主编. —北京：化学工业出版社，2021.12（2025.5重印）
ISBN 978-7-122-39966-3

Ⅰ.①液…　Ⅱ.①仪…　②端…　③李…　Ⅲ.①液相色谱　Ⅳ.①O657.7

中国版本图书馆 CIP 数据核字（2021）第 194263 号

责任编辑：马泽林　杜进祥　　　　　　　装帧设计：刘丽华
责任校对：宋　夏

出版发行：化学工业出版社（北京市东城区青年湖南街 13 号　邮政编码 100011）
印　　装：北京天宇星印刷厂
710mm×1000mm　1/16　印张 21　字数 383 千字　2025 年 5 月北京第 1 版第 7 次印刷

购书咨询：010-64518888　　　　　　　　售后服务：010-64518899
网　　址：http://www.cip.com.cn
凡购买本书，如有缺损质量问题，本社销售中心负责调换。

定　　价：88.00 元

编写人员名单

主　　编　端礼钦　李亚辉

副 主 编　唐海霞　王韦岗

编写人员（按姓氏拼音排序）

　　　　　端礼钦（江苏省徐州市农产品质量安全中心）

　　　　　户江涛（黑龙江省农垦科学院测试化验中心）

　　　　　李亚辉（北京信立方科技发展股份有限公司）

　　　　　龙锦林（山东省济南市食品药品检验检测中心）

　　　　　刘丰秋（北京信立方科技发展股份有限公司）

　　　　　唐海霞（北京信立方科技发展股份有限公司）

　　　　　王　静（江苏省徐州市农产品质量安全中心）

　　　　　王韦岗（江苏国测检测技术有限公司）

　　　　　杨春芳（北京信立方科技发展股份有限公司）

　　　　　张　磊（福建厦门特宝生物工程股份有限公司）

　　　　　张　鹏（广东广州粤康检测科技有限公司）

　　　　　赵　仪（北京信立方科技发展股份有限公司）

序言

自 20 世纪初被发明以来，经过 100 多年的发展，液相色谱法已经成为应用最为广泛的仪器分析方法之一。目前国内外从事液相色谱研究和技术开发应用的人员非常多，液相色谱仪在仪器销售中也一直占有非常大的比重。

色谱法利用不同物质组分在不同相态下选择性分配原理，当两相作相对运动时，各组分在两相中以不同的速度沿固定相移动，最终达到相互分离的效果。时至今日，虽然液相色谱的理论发展不是十分令人满意，但是液相色谱技术因分离性能高、检测性能好、分析速度快等优点已成为最为常用的分离分析手段之一，在有机化学、生物医药开发、食品科学、环境监测等多领域得到广泛应用，同时也极大地刺激了固定相材料、检测技术、数据处理技术及色谱理论的发展。

色谱是一个实验性很强的学科分支，液相色谱技术本身已经发展得相当成熟，建立完整的液相色谱分析方法，并将经验传授给实验室人员尤为重要。《液相色谱实战宝典》较全面地介绍了液相色谱相关术语与分类、结构与故障排除、色谱工作站、样品前处理、液相色谱法方法开发以及在食品、药品、环境等领域中的应用。该书实例丰富、涉及广，对广大从事色谱分离的工作者尤其是初接触液相色谱分离的工作者有很好的指导作用和参考价值。

本书紧紧围绕液相色谱分离分析工作中遇到的常见问题及操作难点，给从事液相色谱分析的工作者提供一些理论知识和实施案例，在有些例子中可观察到更精确、重复性更好或更灵敏的结果。

期待本书的出版为液相色谱分析工作者提供重要参考，为更多行业用户提供帮助。

2021 年 4 月
中国科学院兰州化学物理研究所
邱洪灯

前言

现代色谱，尤其是液相色谱，在分析领域中应用广泛；原则上只要是能制成溶液的试样，都可以采用液相色谱来进行分析。为了让分析从业人员更加深入地了解液相色谱，从实践经验中寻得帮助，应仪器信息网要求，笔者编写了《液相色谱实战宝典》。

作为一本侧重于应用的工具书，本书是采用基础知识结合实际应用的结构方式来编写的。基础知识部分旨在系统性地从原理、结构到方法开发原则等方面全面梳理液相色谱的相关知识，重点提供部分有价值的参考内容。实际应用部分选择了部分有代表性的问题来进行解答，侧重于液相色谱相关问题的具体解决方法。

本书收集的应用问题大部分来自仪器信息网网站社区。全书由端礼钦，李亚辉主编，端礼钦负责全书统稿工作，李亚辉负责协助统稿、资料整理等工作，具体分工为：端礼钦编写第一章；张磊编写第二章第一至三节，第六章第一节；王韦岗编写第二章第四节、第五节和第六章第二节、第六节；张鹏编写第三章和第六章第四节、第五节；龙锦林编写第四章，参与编写第六章第三节；李亚辉参与编写第五章；户江涛编写第五章，参与编写第六章第三节；王静参与编写第一章；刘丰秋参与编写第二章；赵仪参与编写第三章，唐海霞参与编写第四章；李亚辉参与编写第五章；杨春芳参与编写第六章。中国科学院兰州化学物理研究所邱洪灯研究员对全书进行了系统的审核，徐州市农产品质量安全中心王静为全书的审核和校对做了大量的工作，江苏省农产品质量检验测试中心郝国辉为本书绘制了部分插图，中国药科大学李思淳为本书收集了部分问题素材，安捷伦科技（中国）有限公司大中华区液相产品系统资深工程师卢佳为本书涉及安捷伦的内容做了审核工作，谨在此致以深切的谢意。

限于编者的水平，书中疏漏之处在所难免，敬请读者批评指正。

编者
2021 年 5 月

目录

第二章

液相色谱仪结构简介及故障排除

第三章
色谱工作站

第四章
液相色谱样品前处理

181 /

第五章

液相色谱法方法开发

229 /

第六章

液相色谱法的应用

第一章

绪论

第一节 色谱法的发展历程

色谱法也叫层析法，是根据混合物中各组分物理化学性质的差异，利用各组分在固定相与流动相中分配的不同，当两相做相对运动时，各组分在两相中反复多次地溶解、分配、吸附，从而达到相互分离的效果。色谱法是一种广泛应用于分析领域的物理化学分离技术，具有分离效能高、检测性能高、分析速度快等优点。

1906 年，俄国植物学家 M.S.Tswett 在分离植物色素的实验中，将含有植物色素的石油醚倒入放有碳酸钙的玻璃管中，然后用纯石油醚冲洗。随着冲洗溶剂的不断加入，各种色素以不同的速度流动，不同颜色的谱带便逐渐展开分离。Tswett 在他的论文中写道："含有植物色素的石油醚溶液从一根主要装有碳酸钙吸附剂的玻璃管上端加入，沿管滤下，后用纯石油醚淋洗，结果按照不同色素的吸附顺序在管内观察到它们相应的色带，就像光谱一样，称之为色谱图。"文中他用希腊语 chroma（色）和 graphos（谱）描述他的实验方法，chromatography（色谱法）由此而得名，这也标志着现代色谱学的开始。

1931 年开始，德国化学家 R. Kuhn 和 E.Lederer 使用类似的方法分离出了胡萝卜素，并陆续分离出了多种色素及其同分异构体，证实了色谱法可以用于分离。

1940 年，英国分析化学家 A.J.P.Martin 改进设计出了分配色谱仪。

1941 年，Martin 和英国生物化学家 R.L.M. Synge 提出了分配色谱的概念，最早提出了著名的"塔板理论"。他们采用水饱和的硅胶为固定相、含有乙醇的氯仿为流动相，完成了乙酰基氨基酸混合物的分离，建立了液液分配色谱方法。

1952 年，Martin 和 Synge 提出气液色谱法，同时也发明了首个气相色谱检测器，标志着气相色谱法的建立。

1955 年，第一台商品化气相色谱仪问世。

1956 年，荷兰学者 Van Deemter 提出了色谱过程的动力学理论方程；后来美国学者 Giddings 对此方程作了进一步改进，并提出了折合参数的概念。

由于蛋白质和其他极性化合物难以气（汽）化等，气相色谱对高分子或极性的混合物的分析极为困难，于是分析化学家们又把目光转向了液相色谱。

1967 年，Horvvath 及 Huber 等人研制出了高效液相色谱仪以及细粒度和耐压的高效填料，大大提高了液相色谱的分离能力。

1975 年，H.Small 等人首先提出了离子色谱的概念，使高效液相色谱法的分析领域扩展到分析常见的大多数无机、有机阴离子及 60 余种金属阳离子。

1981 年，J.W.Jorgenson 等人的研究工作推动了高效毛细管电泳的高速发展，使分析化学得以从微升水平进入纳升水平，并使单细胞分析乃至单分子分析成为可能。

1985 年，第一台商品型的超临界流体色谱仪诞生，其溶质的传质阻力小，可以获得快速高效分离的效果。

20 世纪 90 年代中期以后，用于液相色谱的质谱检测器开始普及，使液相色谱进入准确定性的时代。

第二节　液相色谱法分类

从 20 世纪 60 年代末至今，在经典柱色谱的基础上和气相色谱高速发展的影响下，液相色谱法取得了飞速的进步，衍生出了很多种类。我们所说的液相色谱法分类通常基于液相色谱分离机制的不同，分为吸附色谱法、分配色谱法、离子交换色谱法、离子色谱法、离子对色谱法及排阻色谱法等。

一、吸附色谱法

吸附色谱（adsorption chromatography）也称液固吸附色谱，是以固体吸附剂作为固定相，利用固定相表面活性吸附中心对目标化合物吸附能力的差异而进行分离的色谱方法。

1. 分离原理

溶质分子与溶剂分子在固定相表面活性中心上竞争吸附。

2. 分离过程

吸附色谱的分离过程是一个吸附-解吸附的平衡过程（图 1-1）。

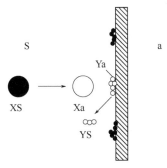

图 1-1　吸附色谱示意图
S—流动相；a—吸附剂；X—溶质分子；Y—溶剂分子

当流动相通过固定相时，吸附剂表面的活性中心就会吸附流动相溶剂分子。当溶质分子 X 被流动相 S 带入柱内，只要它们在固定相有一定程度的保留，就会取代数目相当的已被吸附的流动相溶剂分子。

当溶剂分子和溶质分子在固定相表面发生竞争吸附时，过程如下：

$$X_{液相} + nS_{吸附} \rightleftharpoons X_{吸附} + nS_{液相} \qquad (1\text{-}1)$$

式中，X 为溶质分子；S 为流动相；$X_{液相}$和 $X_{吸附}$分别表示在流动相中的溶质分子和被吸附的溶质分子；$S_{液相}$和 $S_{吸附}$分别表示流动相溶剂分子和被吸附的溶剂分子。

达到平衡时，则：

$$K = \frac{\left[X_{吸附}\right]\left[S_{液相}\right]^{n}}{\left[X_{液相}\right]\left[S_{吸附}\right]^{n}} \qquad (1\text{-}2)$$

式中，K 为吸附反应的平衡常数，亦是分配系数。当 K 值较小时，溶剂分子的吸附能力很强，被吸附的溶质分子很少，保留小，溶质分子先流出色谱柱；当 K 值较大时，则相反，表示溶质分子的吸附能力很强，被吸附的溶剂分子很少，保留大，溶质分子后流出色谱柱。

3. 常用的固体吸附剂

常用的固体吸附剂有硅胶（薄膜型硅胶、全多孔型硅胶）、氧化铝（薄膜型氧化铝、全多孔型氧化铝）、氧化镁、硅酸铝、分子筛、聚酰胺、活性炭等。其中硅胶吸附剂常用粒度为 5～10μm，适用于分离分子量 200～1000 的组分，大多数用于非离子型化合物，离子型化合物易产生拖尾。

4. 常用的流动相

多为有机溶剂，常用的有甲醇、乙醚、苯、乙腈、乙酸乙酯、吡啶等。

5. 用途

通常用于分离极性不同的化合物、含有不同类型或不同数量官能团的有机化合物、有机化合物的同分异构体。

二、分配色谱法

分配色谱（partition chromatography）也称为液液分配色谱，是利用目标化合物在固定相与流动相之间溶解度的差异来实现分离的色谱方法。化学键合相色谱是指采用化学键合相作为固定相的分配色谱。

1. 分离原理

根据目标化合物在流动相和固定相中溶解度不同而分离。

2. 分离过程

分配色谱的分离过程是一个分配平衡过程（图 1-2）。

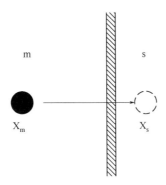

图 1-2　分配色谱示意图

m—流动相；s—固定相；X_m—流动相中的目标化合物；X_s—进入固定相内部的目标化合物

目标化合物在固定相和流动相之间的相对溶解度存在差异，因此在两相之间进行动态分配，达到平衡时，服从下式：

$$K = \frac{c_s}{c_m} = \kappa \frac{V_m}{V_s} \tag{1-3}$$

式中，K 为分配系数；κ 为容量因子；c_s 和 c_m 分别为溶质在固定相中的浓度和在流动相中的浓度；V_m 和 V_s 分别为流动相的体积和固定相的体积。由此可知，分配系数 K 越大，保留越好；反之，保留越差。

3. 正相色谱和反相色谱

采用亲水性固定相、疏水性流动相的为正相色谱，即体系中流动相极性小于固定相极性；采用疏水性固定相、亲水性流动相的为反相色谱，即体系中流动相极性大于固定相极性。

4. 固定相

分配色谱一般是将固定液涂渍在载体上作为固定相，固定液常用的有极性的 β, β'-氧二丙腈、非极性的十八烷等。分配色谱固定液的缺陷在于：一方面，固定液在流动相中有一定的溶解度；另一方面，在流动相通过时固定液很容易被冲掉。

为了解决固定液流失的问题，化学键合固定相逐渐代替了固定液涂渍固定相，并发展成了性能可靠、耐用、应用前景广阔的化学键合相色谱。

化学键合相色谱的固定相主要由载体和特定的有机官能团所构成，载体一般采用硅胶、聚合物等材料。而有机官能团种类有很多，如表 1-1 所示：

表 1-1　键合相官能团分类

非极性键合相（反相）官能团	极性键合相（正相）官能团
C_{18}	氨基
C_8	氰基
C_3	二醇基
苯基	

5. 流动相

正相色谱一般使用极性较小的流动相，如正己烷、环己烷等烃类溶剂，常加入乙醇、异丙醇、四氢呋喃、三氯甲烷等调节目标化合物的保留时间。

反相色谱则一般使用极性较大的流动相，如水及一些缓冲盐等，常加入甲醇、乙腈、异丙醇、丙酮、四氢呋喃等有机试剂调节目标化合物的保留时间。

常用溶剂极性见图 1-3。

己烷

异辛烷

异丙醇

四氢呋喃

乙酸乙酯

丙酮

甲醇

乙腈

水

极性逐渐增大

图 1-3　常用溶剂极性

6. 用途

正相色谱常用于分离中等极性和极性较强的化合物，如酚类、胺类、羰基类及氨基酸类等。

反相色谱常用于分离极性较弱的化合物，如蛋白质、肽、氨基酸、核酸、甾类、脂类、脂肪酸、糖类、植物碱、农药、兽药等含有非极性基团的各种物质。反相色谱在现代液相色谱中应用最为广泛，据统计，其占整个高效液相色谱应用的80%左右。

化学键合相色谱由于其系统简单，性能稳定，分离技术灵活多变，应用范围极其广泛，目前是液相色谱法最主要的分支，传统的液液分配色谱已经很少使用。

三、离子交换色谱法

离子交换色谱法（ion-exchange chromatography）是利用离子交换原理和液相色谱技术来测定溶液中阳离子和阴离子的一种分析方法。

1. 分离原理

利用目标化合物离子交换能力的差别来实现分离，目标化合物与离子交换树脂（固定相）之间亲和力的大小与离子半径、电荷、存在形式等有关（图1-4）。

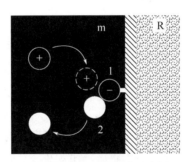

图 1-4　离子交换色谱示意图

m—流动相；R—树脂基质

2. 分离过程

当流动相带着目标化合物电离生成的离子通过固定相时，目标化合物离子与树脂上可交换的离子基团进行可逆交换而达到平衡，根据目标化合物离子对树脂亲和力不同而得到分离。以—SO_3—为例，其交换过程为：

$$R{-}SO_3X + M^+ \rightleftharpoons R{-}SO_3M + X^+ \tag{1-4}$$

式中，M^+ 为溶剂中目标化合物离子；R 为树脂；X^+ 为交换后的反离子。

其平衡过程如下式：

$$K = \frac{[R-SO_3M][X^+]}{[R-SO_3X][M^+]} \qquad (1-5)$$

式中，K 为平衡常数。K 值越大，则目标化合物离子与固定相的相互作用越强，保留越好。pH 值可改变目标化合物的解离程度，因此目标化合物的保留时间还受到流动相 pH 值的影响。

3. 固定相

离子交换色谱的固定相可以分成阴离子交换树脂和阳离子交换树脂；在树脂类型上，还可以分成多孔型树脂和薄壳型树脂等。多孔型树脂是极小的球形离子交换树脂，能分离复杂样品；薄壳型树脂是在玻璃微球上涂以表面层的离子交换树脂，柱效高。

4. 流动相

离子交换色谱的流动相常使用缓冲溶液，有时也使用有机溶剂如甲醇或乙醇同缓冲溶液混合使用，以提供特殊的选择性，并改善样品的溶解度。

阴离子交换树脂常用碱性水溶液作为流动相；阳离子交换树脂常用酸性水溶液作为流动相。

5. 用途

离子交换色谱主要用来分离离子或可离解的化合物。主要用于无机离子的分离，也可以用于有机和生物物质，如氨基酸、核酸、蛋白质等的分离。

四、离子色谱法

离子色谱法（ion chromatography）是由离子交换色谱派生出的一种分离方法，主要是为了消除流动相中高本底响应对电导检测器的干扰。

1. 分离原理

离子色谱法是在离子交换柱后加抑制柱，抑制柱中装填与分离柱电荷相反的离子交换树脂，使得具有高本底电导的流动相转变成低本底电导的流动相，其他与离子交换色谱法基本一致（图 1-5）。

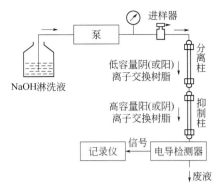

图 1-5　双柱型离子色谱装置图

2. 分离过程

以阴离子分析为例，流动相带着目标化合物通过阴离子交换柱时，流动相中目标化合物阴离子（以 Br⁻ 为例）与交换柱上的 OH⁻ 发生交换，其反应过程如下：

$$R—OH^- + Na^+Br^- \Longleftrightarrow R—Br^- + Na^+OH^- \tag{1-6}$$

式中，R 为离子交换树脂。

当交换柱流出的洗脱液通过具有高通量 H^+ 的阳离子交换树脂的抑制柱时，其主要反应过程如下：

$$R—H^+ + Na^+OH^- \longrightarrow R—Na^+ + H_2O \tag{1-7}$$

$$R—H^+ + Na^+Br^- \longrightarrow R—Na^+ + H^+Br^- \tag{1-8}$$

式（1-7）为洗脱液中 NaOH 被离子交换树脂转化的过程，消除了本底的影响。

式（1-8）为目标化合物离子被转化成相应的酸，由于 H^+ 的离子淌度远高于 Na^+，因此还进一步提高了检测的灵敏度。

固定相、流动相、用途在此不做赘述。

五、离子对色谱法

离子对色谱法（ion pair chromatography）是将一种（或多种）与目标化合物离子电荷相反的离子（称为对离子或反离子）加到流动相或固定相中，使其与目标化合物离子结合形成疏水性离子对化合物，从而控制目标化合物离子保留行为的色谱分析方法。

根据固定相和流动相的性质，可分为正相离子对色谱法和反相离子对色谱法，正相离子对色谱法很少使用，故本节只介绍反相离子对色谱法。

1. 分离原理

在流动相或固定相中加入与目标化合物离子电荷相反的对离子，与溶质离子结合形成疏水性离子对化合物，从而控制目标化合物离子的保留行为（图1-6）。

$$
\begin{array}{l}
\overset{\text{m}}{}\qquad\qquad\qquad\overset{\text{s}}{}\qquad\qquad\qquad\qquad\overset{\text{m}}{}\qquad\qquad\qquad\overset{\text{s}}{}\\
B + H^+ \rightleftharpoons BH^+ \qquad\qquad\qquad\qquad RCOOH \rightleftharpoons RCOO^- + H^+ \\
RSO_3Na \rightleftharpoons RSO_3^- + Na^+ \qquad\qquad TBA\text{-}X \rightleftharpoons TBA^+ + X^- \\
BH^+ + RSO_3^- \rightleftharpoons BH^+ \cdot RSO_3^- \rightleftharpoons [BH^+ \cdot RSO_3^-] \quad RCOO^- + TBA^+ \rightleftharpoons RCOO^- \cdot TBA^+ \rightleftharpoons [RCOO^- \cdot TBA^+]
\end{array}
$$

图1-6 化合物形成离子对示意图（图左为碱性化合物，图右为酸性化合物）
m—流动相；s—固定相；B—有机碱；RCOOH—有机酸

2. 分离过程

以阳离子分析为例，流动相中目标化合物离子 M^+ 与固定相或是流动相中的对离子 X^- 结合，形成离子对化合物 M^+X^-，其过程如下：

$$M^+ + X^- \rightleftharpoons M^+X^- \tag{1-9}$$

$$K = \frac{\left[M^+X^-\right]}{\left[M^+\right]\left[X^-\right]} \tag{1-10}$$

式中，K 为平衡常数。K 值越大，离子对结合越好，保留越好。

3. 离子对试剂

分离酸性化合物时，一般选用四丁基氢氧化铵、四丁基溴化铵、十二烷基三甲基氯化铵等离子对试剂。

分离碱性化合物时，一般选用戊烷磺酸钠、己烷磺酸钠、庚烷磺酸钠、癸烷磺酸钠、十二烷基磺酸钠等离子对试剂。

选用离子对试剂时，一般尽可能优先选用碳链短的离子对试剂，浓度尽量低，这样可以有效避免离子对试剂对色谱柱产生的不可逆影响。

4. 色谱柱与流动相

反相离子对色谱法常用 C_{18} 柱，流动相一般为甲醇-水或乙腈-水，加入一定量的离子对试剂，在一定的 pH 值范围内进行分离。

5. 影响分离的因素

在反相离子对色谱中，流动相的 pH 值、离子对试剂的种类和浓度、有机溶剂的种类和浓度、缓冲盐、柱温等因素都会对分离产生影响；特别需要注意的是，与常规反相色谱法不同，流动相的 pH 值对分离效果的影响十分明显。

6. 用途

反相离子对色谱法解决了以往难以分离的混合物的分离问题，诸如酸、碱和离子、非离子混合物，特别是一些生化试样如核酸、核苷、生物碱以及药物等。

六、排阻色谱法

排阻色谱法（exclusion chromatography）又称分子排阻色谱法、空间排阻色谱法或凝胶渗透色谱法，是一种根据目标化合物分子的尺寸进行分离的色谱技术。

1. 分离原理

排阻色谱的分离原理是立体排阻，样品组分与固定相之间不存在相互作用的现象，利用目标化合物分子分子量的大小和形状与凝胶的孔径大小不同完成分离（图1-7）。

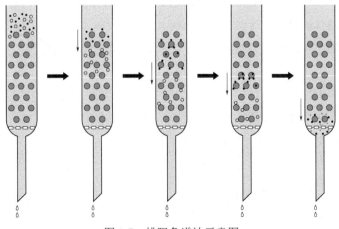

图 1-7　排阻色谱法示意图

2. 分离过程

体积大于凝胶孔隙的大分子由于不能进入孔隙而被排阻，随着流动相从凝胶表面流过，先流出色谱柱；体积小于凝胶孔隙的小分子不受排阻，可以进入孔隙，随着流动相流动，最后流出色谱柱；体积介于大分子与小分子之间的，可以进入凝胶的大孔隙，但会受到小孔隙的排阻，流出时间也介于大分子与小分子之间。

需要注意的是，由于方法本身的限制，只能分离分子量差别在 10% 以上的分子。

3. 固定相

（1）软性凝胶　葡萄糖凝胶、琼脂糖凝胶等；特点是具有较小的交联结构，其微孔能吸入大量溶剂，能溶胀到干体的许多倍；主要用于分析多肽、蛋白质、核酸、多糖等。

（2）半刚性凝胶　高交联度的聚苯乙烯等；特点是渗透性好、柱效较高、使用广泛、有一定的机械强度；主要用于分析聚乙烯、聚氯乙烯等高聚物。

（3）刚性凝胶　多孔硅胶、多孔玻璃等；特点是力学性能好，选择性较好；可以分离各种水溶性、脂溶性物质。

4. 流动相

必须能溶解样品，以减少非体积排阻效应；同时也是凝胶的溶胀剂，以避免凝胶塌陷和柱收缩。

有机溶剂为基体的流动相通常使用四氢呋喃、甲苯、氯仿、二氯甲烷等；水为基体的缓冲液流动相通常是在水中加入 $NaCl$、KCl、NH_4Cl，在洗脱生物大分子的时候还可以加入聚乙二醇、十二烷基磺酸钠等变性剂。

5. 用途

主要用于分离高分子化合物，如组织提取物、多肽、蛋白质、核酸等；近年来，凝胶色谱也广泛用于小分子化合物。

七、常见问题与解答

1. 固定相或流动相的极性对溶质的保留行为有何影响？

解　答　（1）采用亲水性固定相、疏水性流动相的为正相色谱，即体系中流动相极性小于固定相极性；采用疏水性固定相、亲水性流动相的为反相色谱，即体系中流动相极性大于固定相极性。

（2）在正相色谱中，极性较弱的目标化合物最先被冲出色谱柱；若流动相极性增强，则溶质保留时间减少。在反相色谱中，极性较强的目标化合物最先被冲出色谱柱；若流动相极性增强，则溶质保留时间增加。

2. 化学键合相色谱是什么？有哪些突出的优点？

解　答　（1）化学键合相色谱是指利用化学反应将固定液的官能团键合在载体表面形成固定相的色谱方法，一方面通过控制化学键合反应，可以把不同的有机基团键合到硅胶表面上，从而大大提高了分离的选择性；另一方面可以通过改变流动相的组成来有效地分离非极性、极性和离子型化合物。

（2）化学键合相色谱的优点

① 适用范围广　几乎适用于所有类型的化合物的分离。

② 固定相稳定　键合到载体上的官能团不易流失，这不仅解决了分配色谱固定液流失所带来的困扰，还特别适合梯度洗脱，为复杂体系的分离创造了条件。键合固定相对不太强的酸、各种极性溶剂都有很好的化学稳定性和热稳定性。

③ 选择性多样　可以键合不同的官能团，能灵活地改变选择性，可应用于多种色谱类型及样品的分析。

④ 柱性能高　键合固定相比一般固定液传质快，柱效高，使用寿命长，重现性好。

3. 化学抑制型离子色谱和非抑制型离子色谱的区别是什么？

解　答　化学抑制型离子色谱和非抑制型离子色谱是离子色谱的不同分类，二者在原理上有所区别。

（1）化学抑制型离子色谱是在分离柱后增加了一根抑制柱，抑制柱中装填与分离柱电荷相反的离子交换树脂，使得具有高本底电导的流动相转变成低本底电导的流动相，这种离子色谱不仅降低了强电解质本底对电导检测器的干扰，而且检测的灵敏度也有较大提升。

（2）非抑制型离子色谱是一种特殊的离子色谱，使用了低电导的流动相，如 $1 \times 10^{-4} \sim 5 \times 10^{-4} mol/L$ 的苯甲酸盐或邻苯二甲酸盐等，特点是不必加抑制柱，只使用分离柱，不仅本底电导较低，而且还不干扰样品检测，同时也被称为单柱型离子色谱。

4. **离子交换色谱法、离子色谱法、离子对色谱法的区别是什么？**

解　答　（1）离子交换色谱法是利用离子交换原理和液相色谱技术来测定溶液中阳离子和阴离子的一种分析方法。

（2）离子色谱法是由离子交换色谱法派生出的一种分析方法，一般是在分离柱后加抑制柱，主要是为了消除流动相中强电解质本底离子对电导检测器的干扰。

（3）离子对色谱法是将一种（或多种）与目标化合物电荷相反的离子（称为对离子或反离子）加到流动相或固定相中，使其与目标化合物结合形成疏水型离子对化合物，从而控制目标化合物保留行为的色谱分析方法。

三者的区别在于：离子交换色谱法与离子色谱法都是利用离子交换原理和液相色谱技术来测定溶液中阳离子和阴离子的一种分析方法；离子对色谱法是在色谱体系中引入离子对试剂，从而改变目标化合物在两相中的分配，使离子型目标化合物的保留行为和分离选择性发生显著变化。

5. **各类液相色谱最适宜分离的物质是什么？**

解　答　液相色谱有以下几种类型：吸附色谱、分配色谱、离子交换色谱、离子色谱、离子对色谱、排阻色谱等。

（1）吸附色谱是通过目标化合物在两相间的多次吸附与解吸平衡实现分离的，最适宜分离的物质为中等分子量的油溶性试样，凡是能够用薄层色谱分离的物质均可用此法分离。

（2）分配色谱的保留机理是通过目标化合物在固定相和流动相间的多次分配进行分离，可以分离各种无机、有机化合物。化学键合相色谱是分配色谱的特殊情况，化学键合相色谱中固定相主要由载体和特定的有机官能团所构成。由于键合相基团不能全部覆盖具有吸附能力的载体，所以同时遵循吸附和分配的机理；其中应用广泛的反相色谱常用于分离极性较弱的化合物，如蛋白质、肽、氨基酸、核酸、甾类、脂类、脂肪酸、糖类、植物碱、农药、兽药等含有非极性基团的各种物质。

（3）离子交换色谱是利用离子交换原理和液相色谱技术来测定溶液中阳离子和阴离子的一种分析方法，主要用来分离离子或可解离的化合物，既可以用于无机离子的分离，也可以用于有机和生物物质如氨基酸、核酸、蛋白质等的分离。

（4）离子色谱是由离子交换色谱派生出的一种分离方法，主要是为了消除流动相中强电解质本底离子对电导检测器的干扰。与离子交换色谱法类似，离子色谱可以用来分离离子或可解离的化合物，既可用于无机离子的分离，也可用于有机和生物物质如氨基酸、核酸、蛋白质等的分离。

（5）在离子对色谱中，样品进入色谱柱后，目标化合物的离子与对离子相互作用生成中性化合物，从而被固定相分配或吸附，进而实现分离。离子对色谱广泛应用于各种有机酸、碱，特别是核酸、核苷、生物碱等的分离。

（6）排阻色谱是利用凝胶固定相的孔径与目标化合物分子间的相对大小关系而分离、分析的方法。主要用于分离高分子化合物，如组织提取物、多肽、蛋白质、核酸等；近年来，排阻色谱也广泛用于小分子化合物。

6. 影响排阻色谱分离效果的因素有哪些？

问题描述 液固色谱有哪些主要色谱柱填料？试说明其保留机理以及影响分离效果的因素。

解　答 （1）液固色谱主要色谱柱填料有多孔微粒硅胶、氧化铝、氧化锆、氧化钛、氧化镁、复合氧化物、分子筛、活性炭和石墨化炭黑、高交联度苯乙烯-二乙烯苯聚合物多孔微球等。

（2）当溶剂分子和溶质分子在固定相表面发生竞争吸附时，过程如式（1-1）所示；达到平衡时，则如式（1-2）所示。

当 K 值较小时，溶剂分子的吸附能力很强，被吸附的溶质分子很少，保留小，溶质分子先流出色谱柱；当 K 值较大时，则相反，表示溶质分子的吸附能力很强，被吸附的溶剂分子很少，保留大，溶质分子后流出色谱柱。

（3）影响分离效果的因素主要是溶质分子的空间构型、官能团和固定相表面活性中心之间的相互作用。

7. 为什么利血平在排阻色谱校正曲线上相对应的分子量要小很多？

问题描述 利血平分子量为 608，为什么在排阻色谱实验过程中，实验校正曲线上相对应的是分子量 400 多的洗脱体积？

解　答 （1）排阻色谱不仅与目标化合物的分子量大小有关，还与目标化合物的空间结构有很大的关系。空间结构越紧密，相比之下洗脱顺序就越靠后。

（2）虽然利血平的分子量有 608，但是空间结构紧密，因此在校正曲线上其对应的是分子量 400 多的洗脱体积。

8. 怎样选择一种合适的分析方法来分离已知目标化合物?

解　答　对于已知化合物的分离，大致可按照图1-8所示方式选择分析方法。

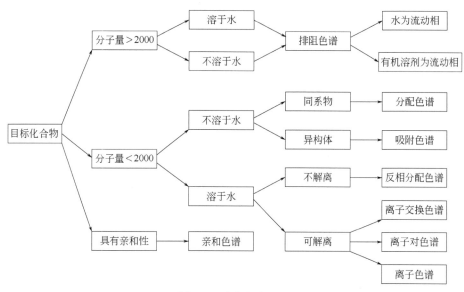

图 1-8　分离方法选择

9. 超临界流体色谱法有哪些优缺点?

解　答　（1）超临界流体色谱法（supercritical fluid chromatography，SFC）是以超临界流体作为流动相的色谱技术。原理为使用超临界流体作为流动相，借助超临界流体的特性达到分离组分的目的。

（2）所谓超临界流体是指既不是气体也不是液体的一类物质，它们的聚集状态介于气体和液体之间，物理临界点温度通常高于沸点和三相点。从热力学上看，超临界流体的密度是气体的 100~1000 倍，与液体相近，具有和液体相似的溶解能力及与溶质的作用力；从动力学上看，超临界流体的黏度要比液体低，可以使用比常规液相色谱更大的线速度，扩散系数是液体的 10~100 倍，传质速率高。

（3）由于超临界流体具有以上特性，超临界流体色谱法可获得比常规液相色谱法更高的柱效和更快的分析速度。但由于超临界流体自身稳定性不佳，使用条件苛刻，重现性不佳，成本高昂等一系列原因，导致其发展空间受到限制。

10. 为什么不用同一种物质来调节 pH 值？

问题描述 流动相中为什么有时既加酸又加碱？为什么有的方法中既有乙酸又有三乙胺？为什么不用同一种物质来调节 pH 值？

解　答 （1）液相色谱法流动相中加入酸碱来调节 pH 值有多种不同的情况，常用于可解离化合物的检测，主要涉及离子交换色谱法、离子色谱法和离子对色谱法。

（2）对于最常用的反相色谱法来说，极性很强的化合物要比极性弱的化合物难分离得多。当流动相 pH 值增加时，酸性目标化合物会发生解离失去质子，则保留值会减小；如果目标化合物是碱性化合物，则保留值会增加。

流动相 pH 值在一个范围内发生变化，样品的解离程度和保留值也会随之发生相应的变化，因此，向流动相中加入酸还是碱，是由目标化合物性质所决定的，见图 1-9。

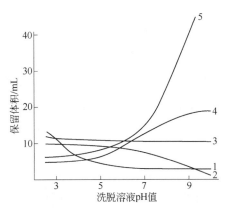

图 1-9　样品保留值随流动相 pH 值的变化
1—水杨酸；2—苯巴比妥；3—非那西丁；4—尼古丁；5—甲基苯丙胺

（3）三乙胺除了可以用于配制缓冲盐之外，更多的是用作扫尾剂，通常加在反相或离子对流动相中，主要的作用是减少样品中碱性组分的拖尾；其原理是三乙胺可以与固定相的硅羟基结合，阻碍样品中碱性化合物与硅羟基的作用，减少峰拖尾。

（4）为了保证目标化合物有较好的分离度，流动相的 pH 范围应为目标化合物 $pK_a \pm 2.0$。不同物质配制的流动相其缓冲容量有所区别，如果只使用一种通用的缓冲盐，难免无法满足某些目标化合物的检测，因此需要依据待测物质的性质选择不同的缓冲盐配制具有不同缓冲容量的流动相。

11. 无机盐对样品中无机物的保留行为有什么影响？

问题描述　用反相色谱分离无机物时，在流动相中加入极性大的无机盐使流动相极性增大，会对样品中的无机物的保留行为有什么影响？

解　答　（1）一般很少会用反相色谱来分离无机物，在选择无机物分析方法时，通常会优先考虑吸附色谱、离子交换色谱、排阻色谱等。

（2）也有采用反相色谱分离无机物的案例，例如分离中性金属络合物（各种中性螯合剂，如卟啉类、8-羟基喹啉类等）、金属螯合物离子（如多氨基羧酸盐类、吡啶偶氮类等）、无机阴离子（如溴离子、硝酸根离子等）。

（3）采用反相色谱分离无机物时通常需要使用离子对试剂或是对色谱柱进行特殊处理才可以实现目标化合物的有效分离。至于在流动相中添加极性大的无机盐，应该也是从形成离子对的角度考虑，其保留行为可以参考离子对色谱法。

12. 怎样选择离子对试剂？

问题描述　流动相中加入离子对的目的、效果、分离原理分别是什么？怎么选择离子对试剂？加入量如何选择？

解　答　（1）流动相中加入离子对试剂是为了在流动相或是固定相中产生一种（或多种）与目标化合物离子电荷相反的离子，能够与目标化合物离子结合形成疏水性离子对化合物，从而达到使目标化合物在色谱柱上有效保留的目的，最终实现分离。

（2）在选择离子对试剂时，首先需要考虑目标化合物的理化性质。在分离酸性化合物时，一般选用四丁基氢氧化铵、四丁基溴化铵、十二烷基三甲基氯化铵等离子对试剂；在分离碱性化合物时，一般选用戊烷磺酸钠、己烷磺酸钠、庚烷磺酸钠等离子对试剂。同时，选用离子对试剂时，一般尽可能优先选用碳链短的离子对试剂，浓度尽量地低，这样可以有效避免离子对试剂对色谱柱产生的不可逆影响。

（3）离子对试剂的加入量要尽量地少，在一定范围内，离子对加入量跟目标化合物保留正相关。但由于离子对试剂跟固定相存在作用，浓度一旦超标，不仅不会增加目标化合物保留，反而会减少保留。一般长链离子对试剂加入浓度在0.5mmol/L 左右，短链离子对试剂加入浓度在 5mmol/L 左右，根据情况可适当增加，原则上不超过推荐浓度的 2 倍。

13. 反相离子对色谱与阴离子交换色谱有什么异同点?

解　答　（1）两者的共同点在于都是可以用来分析溶于流动相的可解离的目标化合物。

（2）两者的区别主要有以下几点:

① 原理不同　反相离子对色谱是反相分配色谱,遵循的是分配色谱分离规律;而阴离子交换色谱是离子交换色谱,遵循的是离子交换色谱分离规律。

② 过程不同　反相离子对色谱需要加入合适的离子对试剂,在流动相中或是固定相上,离子对试剂与解离后的目标化合物形成疏水性离子对化合物,然后以疏水性化合物的特性在反相色谱柱上保留,并实现分离;阴离子交换色谱是解离后的目标化合物离子与树脂进行离子交换,来实现分离。

③ 材料不同　反相离子对色谱采用的是反相色谱柱;阴离子交换色谱使用的则是离子交换树脂。

除此之外,两者使用的仪器设备结构、流动相等方面也存在差异。

14. 半制备液相色谱和制备液相色谱有什么区别?

解　答　（1）半制备液相色谱通常也称为分析兼半制备液相色谱,理论上分析型液相色谱都是可以进行半制备的,只不过分析兼半制备液相色谱在流速和样品通量上有所提高。

（2）与传统的纯化方法（如蒸馏、萃取）相比,制备液相色谱是一种更有效的分离方法,因此被广泛应用在样品和产品的提取和纯化上。随着合成、植化、生化和制药等领域对高纯度组分的需求不断增加,制备液相色谱仪应用的领域也在迅速地扩大发展。

（3）按照流量划分,半制备液相色谱的流速一般为50mL/min,譬如 Thermo Fisher 的 UltiMate™ 3000 半制备液相色谱系统;100mL/min 以上的大流速为制备色谱。

15. 流动相与样品溶剂不互溶是否可以进样?

问题描述：流动相是甲醇、乙腈与磷酸盐混合溶剂,但样品是用叔丁基甲醚定容的,发现这几种溶剂混在一起不相溶,这种情况可以进样吗?

解　答　（1）如果流动相与样品溶剂不能互溶,当溶解样品的试剂与流动相混合时,各种物质在不同溶剂中的分配系数发生了变化,有可能发生物质析出的情况，也就有可能堵塞色谱柱。

（2）如果流动相与样品溶剂不能互溶，流动相体系就无法将目标化合物有效分离，因此不能适用于分配色谱法；即便目标化合物在色谱柱上有所保留，其分离效果也不理想。

（3）建议参考国家标准或是文献方法更换样品溶剂，优化流动相体系，以达到最好的分离效果。

16. 亲和色谱有哪些用途？

解　答　（1）亲和色谱（affinity chromatography）是将生物活性配体（如酶、抗体、激素等）键合到多孔微粒固体基质为固定相，不同 pH 值的缓冲溶液为流动相，依据生物分子与固定相配体间特异、可逆的相互亲和作用力差异，形成可解离的配位复合物，实现分离和纯化。

（2）亲和色谱的用途很广泛，可以用来从细胞提取物中分离纯化核酸、蛋白质，还可以从血浆中分离抗体。分离重组蛋白质就经常使用亲和色谱，通过基因修饰为蛋白质加上一些人为的特性，这些特性使蛋白质选择性地与配体结合，从而达到分离的目的。亲和色谱的另一大用途是从血浆中分离抗体。

第三节　相关术语和概念

在液相色谱仪上，试样随着流动相经由色谱柱分离之后，在检测器转化为电信号，并由记录仪进行记录，记录下的随时间分布的检测信号图像即为色谱图。色谱图上以检测器响应信号大小为纵坐标、以流出时间为横坐标的连续曲线称为色谱流出曲线。

一、色谱流出曲线相关名词

1. 基线（baseline）

基线是当色谱柱中仅有流动相通过时，检测器所产生的响应信号的曲线。稳定的基线应该是一条接近于水平的直的线，反映的是随着时间变化的检测器系统噪声值。

① 基线漂移（baseline drift）　基线随时间定向缓慢变化。

② 基线噪声（baseline noise，N）　由于各种原因而引起的基线波动。

2. 色谱峰（chromatographic peak）

色谱峰是色谱柱流出组分通过检测器系统时所产生的响应信号的微分曲线。

① 标准偏差（σ）　当色谱峰为正态分布时，在峰高 0.607 倍处峰宽距离的一半，图 1-10 中 FG 的一半。

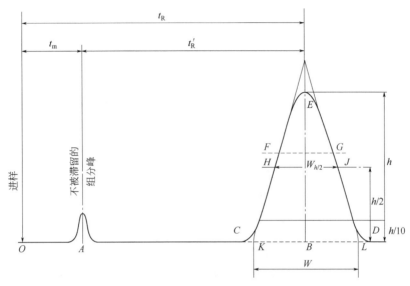

图 1-10　色谱流出曲线及参数图

② 峰高（peak height，h）　色谱峰顶点与基线之间的垂直距离，图 1-10 中 h。

③ 峰宽（peak width，W）　在流出曲线拐点处作切线，于基线上相交两点间的距离。等于 4σ，图 1-10 中 KL。

④ 半高峰宽（peak width at half height，$W_{h/2}$）　通过峰高的中点作平行于峰底的直线，此直线与峰两侧相交之间的距离，即图 1-10 中 HJ。

⑤ 峰面积（peak area，A）　峰与基线之间的面积。

3. 保留值（retention value）

保留值是试样中各组分即溶质在色谱柱中滞留时间的数值，由色谱分离过程中热力学因素所决定。

① 死时间（dead time，t_m）　不与固定相作用的物质从进样到柱后出现峰最大值时的时间，与色谱柱的空隙体积成正比，见图 1-10 中 t_m。由于该物质不与固定相作用，其流速与流动相的流速相近，因此根据 t_m 可求出流动相平均流速。

$$u = \frac{L}{t_m} \tag{1-11}$$

式中，u 为流动相平均线速度；L 为色谱柱长。

② 保留时间（retention time，t_R）　试样从进样到柱后出现峰最大值时的时间，见图 1-10 中 t_R。

$$t_R = L/u_x \tag{1-12}$$

式中，u_x 为溶质通过色谱柱的平均线速度。

③ 调整保留时间（adjusted retention time，t'_R）　某组分的保留时间减去死时间后的时间，它是组分在固定相中的滞留时间。

保留时间 t_R 包括组分随流动相通过柱子的时间 t_m 和组分在固定相中滞留的时间 t'_R。

$$t'_R = t_R - t_m \tag{1-13}$$

④ 死体积（dead volumn，V_m）　色谱柱管内固定相颗粒间空隙、色谱仪管路和连接头间空隙和检测器间隙的总和。当后两项忽略不计时，死体积可由死时间与流动相平均体积流量（mL/min）的乘积来计算。

$$V_m = t_m F_c \tag{1-14}$$

式中，F_c 为流动相平均体积流量。

⑤ 保留体积（retention volume，V_R）　从进样到组分在柱后出现峰最大值时所通过的流动相的体积，即保留时间内流经色谱柱的流动相体积。

$$V_R = t_R F_c \tag{1-15}$$

⑥ 调整保留体积（adjusted retention volume，V'_R）　保留体积减去死体积后的体积，即组分调整保留时间内流经色谱柱的流动相体积。

$$V'_R = V_R - V_m \tag{1-16}$$

$$V'_R = t'_R F_c \tag{1-17}$$

二、分配系数

分配系数（partition coefficient）是指在一定温度下，处于平衡状态时，组分在固定相中的浓度和在流动相中的浓度之比，用符号 K 表示，见式（1-3）。

分配系数反映了溶质在两相中的迁移能力及分离效能，是描述物质在两相中行为的重要物理化学特征参数。

三、容量因子

容量因子（capacity factor）是指在一定温度和压力下，组分在两相中分配达到平衡时，分配在固定相和流动相中的质量比。容量因子反映了组分在柱中的迁移速率，又称作分配比（partition ratio），用符号 κ 表示。

$$\kappa = \frac{m_{\mathrm{s}}}{m_{\mathrm{m}}} = \frac{c_{\mathrm{s}} V_{\mathrm{s}}}{c_{\mathrm{m}} V_{\mathrm{m}}} \tag{1-18}$$

式中，m_{s} 为组分分配在固定相中的质量；m_{m} 为组分分配在流动相中的质量；V_{s} 为色谱柱或色谱系统中固定相体积；V_{m} 为色谱柱或色谱系统中流动相体积。

u_x 与 u 的比值为滞留因子，通常用 R_{s} 表示，通过质量分数转化，可得 $R_{\mathrm{s}}=1/(1+\kappa)$。所以，根据式（1-11）和式（1-12）可导出：

$$\kappa = \frac{t_{\mathrm{R}} - t_{\mathrm{m}}}{t_{\mathrm{m}}} = \frac{t'_{\mathrm{R}}}{t_{\mathrm{m}}} \tag{1-19}$$

容量因子与分配系数不同的是：K 取决于组分、流动相、固定相的性质及温度；K 除了与组分、两相的性质及温度有关外，还与 V_{s}、V_{m} 有关。

四、选择因子

选择因子（selectivity factor）又称为相对保留值，是指两个不同组分的分配系数或容量因子之比、调整保留时间之比，用符号 α 表示。

$$\alpha = \frac{K_{\mathrm{II}}}{K_{\mathrm{I}}} = \frac{\kappa_{\mathrm{II}}}{\kappa_{\mathrm{I}}} = \frac{t'_{\mathrm{R\,II}}}{t'_{\mathrm{R\,I}}} \tag{1-20}$$

式中，下标 I、II 代表两个不同组分。

要使两组分得到分离，必须使 $\alpha \neq 1$。α 与组分在固定相和流动相中的性质、柱温有关，与柱尺寸、流速、填充情况无关。从本质上来说，α 的大小表明两组分在两相间的分配热力学性质的差异。α 越大，柱选择性越好，分离效果越好。

五、分离度

分离度（resolution）是衡量色谱柱分离效果的指标，它表示相邻组分色谱峰的分离情况，具体为相邻组分色谱峰保留值 t_{RII}、t_{RI} 之差与两峰宽 W_I、W_{II} 平均宽度之比，用符号 R 表示。

$$R = \frac{t_{R\,II} - t_{R\,I}}{1/2\left(W_I + W_{II}\right)} \tag{1-21}$$

两峰间距离越大，两峰峰形越窄，R 值就越大，分离得就越好。当 $R=1$ 时，两色谱峰交叠约 4%，可称为基本分离；当 $R=1.5$ 时，两色谱峰交叠约 0.3%，可视为相邻两组分完全分离。

六、常见问题与解答

1. 梯度洗脱的原理是什么?

解　答　（1）梯度洗脱是指在同一个分析周期中，按一定程序不断改变流动相的组成配比，达到有效分离的洗脱方式。梯度洗脱一般采用二元流动相，通常为水相和有机相。

（2）梯度洗脱时流动相通常由多种不同极性的溶剂组成。梯度洗脱的主要原理是通过调整不同时间段流动相的极性来调节各组分的容量因子 κ，使得在合适的时间范围内将各组分的保留合理分配，最终实现最佳分离。

2. 影响出峰时间的因素有哪些?

解　答　（1）流动相的 pH 值主要通过影响分配系数而导致各组分出峰时间不同。

（2）除此之外，影响出峰时间的因素还有很多，从分配系数、容量因子等各方面考虑，除了与目标化合物在固定相和流动相中的分配性质有关外，还与流速、压力、柱温等液相色谱仪参数有关，具体涉及下面几种因素的影响。

① 目标化合物本身，具体包括分子量、结构、化合物类型、极性等；

② 流动相，具体包括流动相构成、配比，流动相各组分极性，洗脱方式，流速等；

③ 固定相，具体包括固定相种类、结构、色谱柱长度等；

④ 分配系数与容量因子，具体包括化合物在流动相与固定相之间的分配情况、柱温等。

3. 怎样将目标化合物的保留时间提前?

问题描述 用液相色谱做某物质含量测定时,保留时间太长,20min 左右才出峰,采取什么方法可以将目标化合物的保留时间提前?

解　答 可以通过改变目标化合物容量因子、缩短柱长、增加柱温等方式将保留时间提前,具体可以采取以下方法。

（1）调整流动相,具体包括调整流动相构成、配比,流动相各组分极性,洗脱方式,提高流速等。

（2）调整固定相,具体包括固定相种类、结构及缩短色谱柱长度等。

（3）增加柱温,降低流动相传质阻力等。

4. 什么是容量因子? 如何计算容量因子?

解　答 （1）容量因子指在一定温度和压力下组分在两相中分配达平衡时,分配在固定相和流动相中的质量比。容量因子反映了组分在柱中的迁移速率,又称作分配比,用符号 κ 表示。

（2）容量因子的具体计算公式见式（1-19）。需要注意的是,容量因子与分配系数不同,容量因子除了与性质及温度有关外,还与 V_s、V_m 有关。

5. 怎样通过改变流动相比例来延长保留时间?

问题描述 采用 C_{18} 柱测定黄酮苷,用甲醇+乙腈+四氢呋喃+乙酸（1∶1∶19.4∶78.6）溶液作流动相,分离效果不理想,采用什么溶液作为流动相分离效果更好? 若想通过延长保留时间的方式提高分离度,具体应该如何操作?

解　答 （1）甲醇+乙腈+四氢呋喃+乙酸（1∶1∶19.4∶78.6）溶液作流动相,流动相的 pH 值可能超过色谱柱的耐受范围,因此不建议使用。建议直接使用甲醇-水或是乙腈-水作为流动相,水相中可以适当加点甲酸或是乙酸来得到最佳分离效果。

（2）通常可以通过降低流速、减小有机相比例、调节流动相 pH 值或更换较长的色谱柱等方式延长目标化合物的保留时间,从而达到提高目标化合物之间分离度的目的。

6. 为什么保留时间总在变化?

问题描述 采用高效液相色谱分析苯甲酸时,流动相走了很久,进样以后保留时间还是不断漂移,是什么原因造成的?

解　答　保留时间一直在变化，说明系统没有平衡好，可以从多个方面排查原因。

（1）流动相可能是最主要的原因，如流动相平衡时间是否充足、管路有没有气泡、流动相中有机相是否蒸发、比例阀工作是否正常。

（2）泵有可能存在问题，如输液是否正常、压力是否稳定、泵密封垫是否完好、是否有漏点。

（3）色谱柱也需要排查，是否恒温、是否有漏液。

7. 什么是液相色谱的基线？

解　答　（1）当色谱柱中仅有流动相通过时，检测器所产生的响应信号的曲线即为基线。

（2）稳定的基线应该是一条接近于水平的直的线，反映的是随着时间变化的检测器系统噪声值。

8. 分离度（R）应大于 1.5 是指什么？

解　答　分离度要求大于 1.5，那就是说要求两种组分完全分离。

9. 检出限和定量限有什么区别？

问题描述　什么是检出限？什么是定量限？两者有什么区别？

解　答　（1）两者的定义如下。

① 检出限（limit of detection，LOD）　分析方法在规定实验条件下所能检出目标化合物的最低浓度或最低量；

② 定量限（limit of quantification，LOQ）　分析方法可定量测定样品中目标化合物的最低浓度或最低量。

（2）两者的区别如下。

① 检出限指试样在确定的实验条件下，目标化合物能被检测出的最低浓度或含量。它是限度检验效能指标，无须定量测定，只要指出高于或低于该规定浓度即可。

② 定量限指样品中目标化合物能被定量测定的最小值，结果应具有一定准确度和精密度要求。

③ 检出限或定量限的测定通常是在目标化合物的含量接近于"零"的时候才需要进行测定。当方法应用于所测定的目标化合物浓度要比定量限大得多时，检出限与定量限评定就显得不是非常有必要了。但是对于那些浓度接近于检出限与

定量限的痕量和超痕量测试，常报出"未检出"时，这时检出限或定量限对于风险评估或法规决策则就显得非常重要。

④ 不同的基体需要独立评估其检出限和定量限。

⑤ 通常 3 倍信噪比是检出限，10 倍信噪比是定量限，但是不同的领域有不同的规定，测定检出限和定量限的方法也不一样。

10. 如何获得检出限？

问题描述 如何获得检出限？有没有参考标准？

解　答 （1）可用多种方式获得检出限，下面罗列了一些常见的获得检出限的方法。

① 基于虚拟（visual）评估 LOD　Visual 评估可应用于非仪器分析方法和仪器分析方法，同时也可应用于定性测试方法的评估。通过向空白样品中添加已知浓度目标化合物进行分析，评定能够可靠被检测出的最低浓度值。

在空白样品中加入一系列不同浓度的目标化合物，在每一个浓度点需要进行约 7 次的独立测试。各浓度点的重复性测试应该随机。对于定性分析，通过绘制阳性（阴性）百分数与浓度之间的响应曲线，检查确定哪个浓度阈值是不可靠的。

② 空白样品标准偏差评定 LOD　通过分析大量的空白样品进行评定（推荐 20 个以上）。空白样品独立测试的次数（n 大于 10），以及加入最低可接受浓度的空白样品测试次数（n' 大于 10）。该方法 LOD 的评定可用空白样品平均值加上 3 倍标准偏差。

③ 基于校准曲线评定 LOD　如果 LOD 数据或与 LOD 相近的数据无法得到，则可利用校准曲线的参数进行评估。用空白样品平均值加上空白样品的 3 倍标准偏差，仪器对于空白样品的响应可用方程截距 a 表示，仪器响应的标准偏差可用校准曲线的标准偏差 $S_{y/x}$ 来表示。故可利用方程 $y_{LOD}=a+3S_{y/x}=a+bx_{LOD}$，$b$ 为斜率则 $x_{LOD}=3S_{y/x}/b$。这个方程广泛应用于分析化学，然而由于这是推断，当浓度接近于期望 LOD 时，则所测定的数据就会显得不那么可靠，建议当浓度接近于 LOD 时，需要确证在合适的置信区间内能够被可靠地测定出来。

④ 基于信噪比评定 LOD　由于仪器分析过程都会有本底噪声，常用的方法就是利用已知低浓度的目标化合物与空白样品的测量信号进行比较，确定出能够可靠测定出的最小浓度，最典型的可接受的信噪比是 2∶1 或 3∶1。

（2）不同领域，获得检出限的依据不一样，下面列出了部分参考依据。

a. GB/T 27417—2017《合格评定　化学分析方法确认和验证指南》；

b. JJG 705—2014《液相色谱仪检定规程》；

c. HJ 168—2020《环境监测　分析方法标准制订技术导则》；

d. GBZ/T 210.4—2008《职业卫生标准制定指南　第 4 部分：工作场所空气中化学物质测定方法》；

e. GB/T 27415—2013《分析方法检出限和定量限的评估》。

第四节　动力学过程

在研究色谱行为时，一般通过热力学和动力学两个方面来进行。色谱热力学主要研究分离机制及分子特征与分离结果之间的关系，上节内容已经做了简述。本节主要简述色谱动力学，包括分析运输规律，解释色谱流出曲线的形状、影响色谱区带展宽及峰形的因素。

一、塔板理论

塔板理论（plate theory）是色谱学的基础理论。塔板理论是将色谱分离过程类比成蒸馏过程，将色谱柱看作一个分馏塔，待分离组分在分馏塔的塔板间移动，在每一个塔板内组分分子在固定相和流动相之间形成平衡。随着流动相的流动，组分分子不断从一个塔板移动到下一个塔板，并不断形成新的平衡。

1. 理论假定

由于塔板理论是从蒸馏过程中借用的半经验理论，因此该理论有如下假设：

① 色谱柱内径一致，填充均匀，由若干高度相等的塔板构成，其高度称为理论塔板高度，用符号 H 表示；

② 所有塔板上的分配系数对于各组分来说都是常数；

③ 组分在各塔板内两相间的分配瞬间达至平衡；

④ 塔板之间无分子扩散；

⑤ 流动相以不连续方式加入，即以一个一个的塔板体积加入。

2. 计算公式

当理论塔板数 n 较少时，组分在柱内达分配平衡的次数较少，流出曲线呈峰形，但不对称；当理论塔板数 $n>50$ 时，峰形接近正态分布。根据呈正态分布的色谱流出曲线可以导出计算理论塔板数 n 的公式，用以评价一根柱子的柱效。

由塔板理论可推导出下式：

$$n = 16 \times \left(\frac{t_R}{W}\right)^2 \qquad (1\text{-}22)$$

若柱长为 L，则理论塔板高度 H 为：

$$H = \frac{L}{n} \qquad (1\text{-}23)$$

由上式可知，理论塔板数 n 越多、理论塔板高度 H 越小、色谱峰越窄，柱效越高。

在实际操作中，由于死时间 t_m 的存在，在死时间内组分不参与色谱柱内分配，因此计算出来的结果往往跟实际结果存在偏差。保留时间 t_R 越小，结果影响越大。

为了扣除死时间 t_m 的影响，引入了调整保留时间 t'_R 来计算有效理论塔板数 n_{eff} 和有效理论塔板高度 H_{eff}。

$$n_{eff} = 16 \times \left(\frac{t'_R}{W}\right)^2 \qquad (1\text{-}24)$$

$$H_{eff} = \frac{L}{n_{eff}} \qquad (1\text{-}25)$$

3. 应用与局限性

塔板理论在解释流出曲线的形状、浓度极大点的位置及柱效评价方面都取得了成功，推导出的流出曲线方程、相关计算公式部分反映了色谱动力学过程，也是计算机模拟色谱流出曲线的理论基础，在实际工作中有重要的应用价值。

其局限性在于色谱分离过程不是一个真正的均匀分布、无扩散、瞬间平衡的过程，因此还需要结合其他理论来进一步描述色谱动力学过程。

二、速率理论

速率理论（rate theory）认为，色谱过程分子迁移是高度不规则的，是随机的，在柱中随流动相前进的速率是不均一的。

1. 色谱速率理论方程

速率理论在塔板理论的基础上，引入影响板高的动力学因素，导出了塔板高度（H）与流速（u）的关系，即为色谱速率理论方程，其式为

$$H = A + \frac{B}{u} + Cu \qquad (1\text{-}26)$$

式中，A 为涡流扩散项；$\frac{B}{u}$ 为分子扩散项，B 为分子扩散系数；Cu 为传质阻力项，C 为传质阻力系数。A、B、C 均为常数。

由上式可知，当 u 一定时，只有当 A、B、C 较小时，H 才能有较小值，才能获得较高的柱效；反之，色谱峰扩张，柱效较低。

2. 影响液相色谱柱效的因素

（1）涡流扩散项（A）　涡流扩散是由于柱填料粒径大小不同及填充不均匀等因素造成的流动相携带溶质分子在色谱柱内迁移过程中形成的涡流运动。

根据溶质在液体中扩散和传质的特点，液相色谱涡流扩散项如下：

$$A = 2\lambda d_{\mathrm{p}} \qquad (1\text{-}27)$$

式中，d_{p} 为柱填料平均粒径；λ 为填充不规则因子，填充越均匀，λ 越小。由式（1-27）可知，装柱时尽量填充均匀，并且使用适当大小的粒度和颗粒均匀的载体，是提高柱效能的有效途径。

（2）分子扩散项（B/u）　分子扩散项又称纵向扩散，是由于进样后，溶质分子在柱内纵轴上存在浓度梯度，引起浓度差扩散而使谱带展宽。

$$\frac{B}{u} = \frac{C_{\mathrm{d}} D_{\mathrm{m}}}{u} \qquad (1\text{-}28)$$

式中，C_{d} 为常数，D_{m} 为分子在流动相中的扩散系数。由于分子在液体中的扩散系数要远远小于在气体中的，因此液相的 D_{m} 很小，在高效液相色谱流动相线速度大于 $0.5\mathrm{cm \cdot s^{-1}}$ 时，分子扩散项可以忽略不计。

（3）传质阻力项（Cu）　色谱过程处于连续状态，由于溶质分子与固定相、流动相分子间存在相互作用，扩散、分配、转移的过程并不是瞬间达到平衡，实际传质速度是有限的，总是存在超前与滞后现象。这使色谱柱总是在非平衡状态下工作，从而产生峰展宽。

液相色谱的传质阻力系数 C 又包括固定相传质阻力系数 C_{s}、流动相传质阻力

系数 C_m 和滞留流动相传质阻力系数 C_{sm}。

$$C = C_s + C_m + C_{sm} \tag{1-29}$$

① 固定相传质阻力系数（C_s）　主要发生在液液分配色谱分析中。

固定相传质阻力系数 C_s 与固定液液膜厚度 d_f 的平方成正比，与扩散系数 D_s 成反比。

$$C_s = \frac{\psi d_f^2}{D_s} \tag{1-30}$$

式中，ψ 是与容量因子 κ 有关的常数，D_s 为组分在固定相中的扩散系数。

② 流动相传质阻力系数（C_m）　当流动相流过色谱柱内的填充物时，靠近填充物的颗粒的流动相流动较慢，所以柱内流动相的流速不是均匀的。

流动相传质阻力系数 C_m 正比于柱填料平均粒径 d_p 的平方，反比于溶质在流动相中的扩散系数 D_m。

$$C_m = \frac{\omega d_p^2}{D_m} \tag{1-31}$$

式中，ω 是与柱内径、形状、填料性质有关的常数。由式（1-31）可知，选用细颗粒固定相、增加溶质在流动相中的扩散系数 D_m，可以提高柱效。

对于分配色谱法，可以使用薄的固定相；对于吸附、排阻和离子交换色谱法，可以使用细颗粒填料。另外，减少流动相流速，也可以改善传质阻力。

③ 滞留流动相传质阻力系数（C_{sm}）　由于固定相的多孔性，会有部分流动相滞留在固定相微孔内；流动相中的溶质分子要与固定相进行质量交换，必须先由流动相扩散到滞留区。不同深度和孔径的微孔，导致了流动相扩散距离和时间的不同。

滞留流动相传质阻力系数 C_{sm} 正比于柱填料粒径 d_p 的平方，反比于溶质在流动相中的扩散系数 D_m。

$$C_{sm} = \frac{\varphi d_p^2}{D_m} \tag{1-32}$$

式中，φ 是与颗粒微孔中被流动相所占据部分的分数以及容量因子 κ 有关的常数。由式（1-32）可知，固定相粒度越小，微孔径越大，传质途径越短，柱效也越高。

（4）流速（u）　以 u 对 H 作图，可以获得 H 随 u 变化曲线，见图1-11。

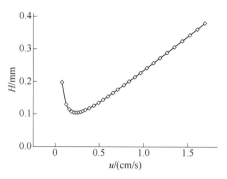

图 1-11　液相色谱 *H-u* 曲线

对应的流动相流速称最佳流速，以 u_{opt} 表示。

在液相色谱法中，由于液体流动相的传质速度较慢，分子扩散项 B/u 可以忽略不计。u_{opt} 趋近于零，一般难以观察到最低 H 对应的最佳流速，因为流速降低，H 总是降低。当 $u>u_{opt}$ 时，H 随着 u 升高而升高，曲线上升斜率较大。因此对于液相色谱，宜采用低黏度溶剂为流动相，提高扩散系数，改善传质以提高柱效。

（5）柱填料平均粒径（d_p）　涡流扩散项 A、流动相传质阻力系数 C_m 和滞留流动相传质阻力系数 C_{sm} 均与柱填料平均粒径 d_p 的平方成正比，所以减小固定相粒径可减小涡流扩散项 A、流动相传质阻力系数 C_m 和滞留流动相传质阻力系数 C_{sm}，降低塔板高度，提高柱效。

值得注意的是，使用细粒径的填料会增大流动相流动时的阻力，为达到相应的流速需要较高的压力；另外，由于颗粒间隙较小，液相色谱柱容易被固体杂质堵塞，因而样品前处理要更加严格。

（6）色谱柱温　色谱柱温直接影响到溶质分子在固定相中的扩散系数 D_s 和在流动相中的扩散系数 D_m，从而影响溶质分子扩散和传质的速率。柱温升高，D_s 和 D_m 升高，溶质分子扩散导致柱效降低，而传质改善又导致柱效升高，因此，应当选择合适的色谱柱温度。

三、常见问题与解答

1. 液相色谱中影响峰扩散的因素有哪些？

问题描述　液相色谱中影响峰扩散的因素有哪些？与气相色谱相比，有哪些不同之处？

解　答　（1）主要有以下几个方面会影响液相色谱色谱峰扩散：

① 涡流扩散 涡流扩散是由柱填料粒径大小不同及填充不均匀等因素造成的流动相在色谱柱内迁移过程中发生的涡流运动。

② 分子扩散 由于进样后，溶质分子在柱内纵轴上存在浓度梯度，引起浓度差扩散而使谱带展宽。由于液体流动相的传质速度较慢，分子扩散项 B/u 可以忽略不计。

③ 传质阻力 溶质分子与固定相、流动相分子间存在相互作用，扩散、分配、转移的过程并不是瞬间达到平衡，实际传质速度是有限的，总是存在超前与滞后现象。这使色谱柱总是在非平衡状态下工作，从而产生峰展宽。

④ 流速 一般难以观察到最低 H 对应的最佳流速，因为流速降低，H 总是降低。当 $u > u_{opt}$ 时，H 随着 u 升高而升高，传质引起的色谱峰扩张也会更明显。

⑤ 固定相颗粒大小 涡流扩散项 A、传质阻力项 C_m 和 C_{sm} 均与柱填料平均粒径 d_p 的平方成正比，所以固定相粒径与色谱峰扩张有很大的关系。

⑥ 柱温 色谱柱温直接影响到溶质分子的扩散系数 D_s 和 D_m，从而影响溶质分子扩散和传质的速率。柱温升高，D_s 和 D_m 升高，溶质分子扩散导致柱效降低，而传质改善又导致柱效升高，因此柱温对色谱峰扩张的影响是矛盾的。

（2）气相色谱与液相色谱在速率理论方程上的差异主要是由气体与液体的性质差异造成的。液体的黏度比气体大约 100 倍，表面张力大约 10000 倍，密度大约 1000 倍；气体还具有高压缩性系数。溶质在液体中的扩散系数要远远小于在气体中，液相在传质过程中对理论塔板高度的影响尤其大。与气相色谱速率理论方程不同的是，液相色谱增加了固定相孔结构内滞留流动相传质项。

2. 怎样提高液相色谱的分离度？

解 答 （1）增加理论塔板数

① 适当增加柱长；

② 选择固定相填料粒径小的色谱柱。

（2）调节容量因子

① 改变流动相 pH 值；

② 调整流动相离子强度；

③ 采用梯度洗脱。

（3）提高选择性

① 改变流动相配比；

② 改变柱温；

③ 改变固定相，选择合适种类的色谱柱。

3. 怎样提高液相色谱柱的柱效？

解　答　（1）若想提高液相色谱柱的柱效，应当用小而均匀的固定相颗粒填充均匀，以减小涡流扩散和流动相传质阻力，这是最佳的提升柱效的方法。

（2）改进固定相的结构，可以减小滞留流动相传质阻力以及固定相传质阻力。

（3）选用低黏度的流动相（如甲醇、乙腈等），也有利于减小传质阻力，提高柱效。

（4）选择合适的柱温也会提高柱效。

（5）降低流速、增加柱长也可以提高柱效。

4. 色谱柱直径对峰扩散有哪些影响？

解　答　（1）色谱峰扩散程度与色谱柱的柱结构有一定的关系，为使色谱柱达到最佳效率，除柱外死体积要小外，还要有合理的柱结构及装填技术。

（2）柱径宽可提高载样量，但也会增加横向扩散，导致峰展宽。柱径窄可以节约溶剂，可减少横向扩散，但压力较大，对系统要求较高。

第五节　应用与前景

液相色谱法能对有机化合物中 70%～80%的化合物进行分离与检测，适用于农药、制药、化工、生命科学等多个领域，作为常用的定性定量的检测方法，发挥着不可忽视的作用。除了液相色谱本身在不断革新之外，一些联用技术也层出不穷，大大拓宽了液相色谱法的使用范围。

一、重点领域应用情况

在检测标准方面，到目前为止，我国涉及液相色谱的强制性标准共有 42 项，推荐性标准 2240 项；国家标准 433 项，行业标准 842 项，地方标准 448 项；现行有效标准 1496 项，已经废止的有 166 项（数据来源于全国标准信息公共服务平台，截至 2021 年 8 月份）。特别是在制药领域，高效液相色谱法凭借高效、快速、自动化、大通量的特性，正成为药物分离纯化技术在新世纪中的发展主流，得到了广泛的应用。

《中国药典》收载高效液相色谱法项目和数量比较见表1-2。

表1-2　《中国药典》收录液相色谱法情况表

项目	数量					
	1985 版	1990 版	1995 版	2000 版	2010 版	2020 版
鉴别、检查、含量测定等项目合计	7	81	217	620	约 2000[①]	约 9000[①]

①为提及液相色谱法的次数。

在食品检测领域，液相色谱法已经成为检测营养成分以及各种有害物质残留的重要手段。包括维生素的分离和鉴定，生物毒素的鉴定与检测，农药残留、兽药残留的鉴定与检测，以及添加剂的鉴定与检测等。

二、多维色谱技术

多维色谱技术是将同种色谱不同选择性分离柱或不同类型色谱分离技术组合，构成联用系统的技术。

现在应用最多的是二维色谱，它是在单分离柱基础上发展起来的，其技术关键是连接色谱分离系统之间的接口设备和技术。二维液相色谱，是将分离机理不同又相互独立的两根色谱柱串连起来构成的分离系统，同时易与质谱连接，具有灵敏度高、分析速度快和自动化程度高等优点。

其基本结构通常由第一个或预分离柱和第二个或主分离柱串联组成，两柱之间通过切换阀或压力平衡装置作为接口，以改变流动相流路；部分在预柱未分离的组分，导入主柱进行第二次分离，从而大大提高了系统的分离能力。

二维色谱在环境分析和聚合物分析，尤其在生命科学如蛋白质组学的研究中发挥着重要的作用。在蛋白质组学研究领域，实现了对样品分子尺寸大小差异较大的蛋白质、低丰度的蛋白质以及疏水性蛋白质等的分析；在中药质量控制中，二维色谱能使样品组分在两个不同的分离条件下进行分离，显著提高分离能力，降低色谱峰重叠，同时改善色谱峰鉴定的可靠性。

三、整体色谱柱技术

整体色谱柱不同于微粒填充柱，它是由一整块固体构成的柱子，由具有相互连接骨架并提供流路通道的有机聚合物或硅胶凝胶整体组成。其制备工艺简单、易于修饰改性和分离性能优异，近年来引起了人们的广泛关注。特别是聚合物整体色谱柱，其具有生物相容性好、柱效高、寿命长、选材范围广、重现性好及使用不受 pH 值的限制等优势，广泛应用于食品、化工、农业、环境及生物医学领域小分子化合物及蛋白质的分离和检测，显示出较好的应用前景。

四、衍生化技术

衍生化是利用化学变换将化合物转化成具有特定结构或是理化性质的物质，以满足液相色谱分离和检测的技术方法。

在液相色谱分析中，最常用的检测器为紫外或荧光检测器，但是很多物质因不具有发色基团或不能产生荧光，或者很难与本底区分，以致不能被检测。衍生化技术在某些情况下可以将检测灵敏度提高几个数量级，为样品中痕量药物的分析和弱紫外吸收物质的分析开辟了广阔的应用前景，大大增加了液相色谱的应用范围。

紫外衍生化法通常引入羧基、氨基、羟基、羰基等官能团，使得衍生物在紫外检测器下有稳定的信号；荧光衍生化法通常用荧光胺类等荧光试剂与目标化合物反应，生成具有强荧光性的衍生物。在食品中农、兽药残留检测，氨基酸分析，无机离子分析，生物毒素检测等领域，高效液相色谱-衍生化技术都有着广泛的应用。

五、联用技术

高效液相色谱仪与其他分析仪器的联用是一个重要的发展方向。高效液相色谱-质谱联用技术受到人们普遍重视，如分析氨基甲酸酯农药和多核芳烃等；高效液相色谱-红外光谱联用技术也发展很快，如在环境污染领域分析测定水中的烃类等。

1. 液相色谱–质谱联用

液相色谱-质谱联用（LC-MS）技术，结合了液相色谱仪分离性与质谱仪的组分鉴定能力，能够解析复杂样品基质中的微量化合物的结构，是一种分离分析复杂有机混合物的有效手段。

LC-MS 主要可解决如下几个方面的问题：不挥发性化合物的分析测定；极性化合物的分析测定；热不稳定化合物的分析测定；大分子量化合物（包括蛋白质、多肽、多聚物等）的分析测定。在杂质的分析上，尤其是原料药杂质的分析，以及药物代谢研究中拥有不可或缺的地位。

2. 液相二级质谱联用

液相二级质谱（LC-MS-MS）技术是将经过第一次质谱检测的离子以某种方式碎裂后再进行质谱检测的分析手段，临床应用非常广泛。

LC-MS-MS 与免疫学方法互补长短，可以灵敏、准确、高通量地检测低浓度激素；在新生儿筛查方面，质谱技术通量更高，采血量少，样品易于保存，且诊断准确性高；在治疗药物检测方面，在单次测量时可以定量分析多种化合物；在联合给药检测方面更为便捷，具有特异性高、灵敏度高、具有多组分检测能力等方面的优势；在农药残留检测方面可以同时检测数百种农药残留，定性准确。

3. 液相色谱-核磁共振联用

液相色谱-核磁共振联用技术（LC-NMR），是将液相色谱仪与内置样品流动检测池的 NMR 探头直接联用，使液相色谱的分离能力同核磁共振技术的结构解析能力结合，是分析聚合物重要的手段之一。

通过液相色谱的分离，不仅能根据聚合物的分子量对聚合物进行分离，而且能够区分相同分子量但是采用不同接枝方式的聚合物，在之后的分析检测中，根据末端官能团的差异还可以进行 NMR 的鉴定。

LC-NMR 技术简化了样品的前处理过程，提高了自动化程度，缩短了检测时间，建立了相关化合物色谱和核磁数据之间的对应关系，在分子分离鉴定领域有非常大的应用潜力。

4. 液相色谱-酶亲和检测联用

液相色谱-酶亲和检测联用（LC-EAD）技术是根据酶对底物具有亲和性，进而出现竞争性抑制的原理，用于筛选复杂体系中某种特异性底物的一种新技术。

LC-EAD 流动注射系统通常包括以下几个部分：反应体系输送系统，含待筛选物的复杂体系进样系统，反应体系和检测体系。LC-EAD 技术多用于代谢酶抑制剂和药物活性成分的筛选，在药物研发和临床领域也有所应用。

5. 液相色谱-同位素比质谱联用

液相色谱-同位素比质谱联用（LC-IRMS）技术是一种特征化合物同位素分析手段，该技术通过检测目标物质的稳定碳同位素比，实现样品的产地来源与品质真实性鉴定。

LC-IRMS 的主要结构是液相色谱系统与同位素比质谱仪；样品在质谱部分经由"接口"和流动相分离，然后经质谱分析，不同质量离子同时收集，从而可以精确测定不同质量离子之间的比率。该技术在食品安全、生态与环境、生命科学及考古学等领域有所应用。

6. 液相色谱-原子荧光联用

液相色谱-原子荧光联用（LC-AFS）技术是一种将痕量元素的不同形态进行分离后再分别检测的分析手段。

新一代的 LC-AFS 采用一体化设计，形态单元部分集成色谱泵、进样单元、分离单元、紫外消解单元、蒸气发生单元，检测器部分主要集成 AFS 整机。在 As、Hg、Sb、Se 等元素的形态检测上具有一定的优势，在食品安全、生态与环境、生命科学等领域有所应用。

六、常见问题与解答

1. 多维液相色谱的优势有哪些?

解　答　色谱作为复杂混合物的分离工具，对化合物的分离分析发挥了很大的作用。目前使用的大多数液相色谱为一维色谱，使用一根柱子，适合含几十至几百种物质的样品分析。当样品更复杂时，例如有人分析鹿茸蛋白，得到上千个色谱峰，可是经质谱定性表明，平均每个峰又含有两个组分，这就需要用到多维色谱技术。

多维液相色谱又称为色谱/色谱联用技术，是采用匹配的接口将不同分离性能或特点的色谱连接起来，第一级色谱中未分离或需要富集的组分由接口转移到第二级色谱中，第二级色谱仍需进一步分离或富集的组分，也可以继续通过接口转移到第三级色谱中。

理论上，可以通过接口将任意级色谱串联或并联起来，直至将混合物样品中所有的难分离、需富集的组分都分离或富集。但实际上，一般只要选用两个合适的色谱联用就可以满足绝大多数难分离混合物样品的分离或富集要求。因此，一般的色谱/色谱联用都是二级，即二维色谱。

综上，二维色谱大大降低了样品分析的复杂性，同时由于二维分离机理的正交性，进一步拓宽了样品的分离空间，增强了系统的分离能力。

2. **液相色谱与质谱联用在定性方面有哪些优势?**

　　解　　答　（1）液相色谱与质谱联用应用范围广，可以检测绝大部分现有的化合物，特别是解决了分析热不稳定化合物的难题。

　　（2）液相色谱与质谱联用结合了色谱与质谱两者的优势，具有较强的分离能力，即使被分析混合物在色谱上没有完全分离，通过特征离子也能定性定量；当色谱分析有杂质干扰或待测组分结构、性质相近无法分离时，液相色谱与质谱联用技术在定性和定量方面的优势就能立竿见影地体现出来。

　　（3）液相色谱与质谱联用可以同时给出每一个组分的分子量和丰富的结构信息，定性分析结果可靠。

　　（4）液相色谱与质谱联用具有多级串级和高分辨能力，检测到的样品量最小可达 10^{-10}g，检出限可达 10^{-14}g，可适用于低含量物质的定性和定量。

　　（5）液相色谱与质谱联用使用的液相色谱柱为窄径柱，缩短了分析时间，提高了分离效果，同时还具有进样量少、灵敏度高等优点。

3. **液相色谱与光谱联用技术在形态分析上有哪些优势?**

　　解　　答　（1）液相色谱与光谱技术联用是元素形态分析的主要手段，可以利用色谱技术将不同形态的金属化合物进行分离，再利用光谱检测技术对各形态的金属化合物进行检测，充分利用光谱仪的灵敏度高、专一性和抗干扰能力强的优势。

　　（2）液相色谱与原子荧光光谱仪联用具有灵敏度高、线性范围宽等特点，可以避免盐、有机组分等的干扰，同时成本相对较低、干扰少、易于维护，应用范围广。

4. 液相色谱微型化的意义在哪里?

解　答　色谱仪器微型化所带来的好处不仅仅是单位体积分离效率的提高,还有总分离能力的保持甚至提高;不仅仅是分离系统或某个部件的微型化,还有整体的微型化;不仅仅是质量灵敏度的提高,还有浓度灵敏度的保持或提高;不仅仅是能量和物质的低消耗,还有使用的方便和友好;不仅仅是整体尺寸的缩小,更重要的是整机的稳定性和可靠性的提高。

5. 液质联用技术能完全替代液相色谱吗?

解　答　(1)液质联用技术的分离单元仍然是液相色谱,质谱仪只是液相色谱分离后的检测单元。

(2)液相色谱除了可以与质谱仪串联外,还可以与其他检测器串联,如紫外检测器、荧光检测器等,不同的检测器其功能与用途也是不一样的,目前质谱仪还不能完全取代其他所有检测器。

(3)液质联用技术通常用于痕量物质的分析,对于高浓度组分容易造成污染,而液相色谱可以用于化合物纯度的分析。

第二章

液相色谱仪结构
简介及故障排除

典型的液相色谱仪由储液器、泵、进样器、柱温箱（装填色谱柱）、检测器和数据处理系统（积分仪）等几个主要模块组成。本章按照组成模块简单介绍液相色谱仪的结构，阐述相应模块的故障排查方法。

第一节　储液器和溶剂过滤器

储液器主要用来储存流动相，溶剂过滤器则是为系统提供纯净无杂质的流动相；两者相辅相成，是系统持续稳定工作的有力保障。

一、储液器

液相色谱仪中储液器一般是用来存放流动相的容器，供给符合要求的流动相以完成液相色谱分析工作。其材质应耐腐蚀，对流动相呈化学惰性，可为玻璃、不锈钢和聚四氟乙烯等材料。

分析型液相色谱仪中储液器容积一般为 0.5～2L，大体积的储液器可以在不重复加液的情况下连续工作，如果中途增加流动相，容易造成出峰时间的漂移。凝胶色谱仪和制备液相色谱仪的储液器容积相比之下会更大一些。

通常储液器放置位置高于输液泵，以便于保持一定的静压差；同时在实验过程中，储液器应密闭，防止溶剂蒸发引起流动相组成的变化，防止空气中 O_2 和 CO_2 重新溶解在已脱气的流动相中。

二、溶剂过滤器

流动相溶剂在装入储液器之前应经过 0.45μm 孔径滤膜过滤，但为了防止输液管道或进样阀产生阻塞，还是需要溶剂过滤器除去溶剂中可能含有的机械性杂质。溶剂过滤器是插入储液器内的流动相输入管路末端的过滤装置，一般为孔径 0.45μm 的多孔不锈钢材质 [如图 2-1（a）所示] 或玻璃材质，也包括流动相管道过滤器 [如图 2-1（b）所示]，其主要目的都是防止流动相中的颗粒进入液相色谱仪系统中。

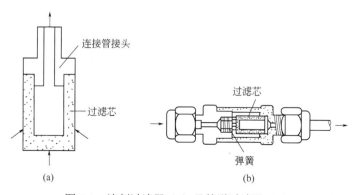

图 2-1　溶剂过滤器（a）及管道过滤器（b）

若发现过滤器堵塞（流量减少或不吸流动相等现象），不锈钢材质的溶剂过滤器可以先用超纯水进行超声振荡 10～15min，再换甲醇超声；玻璃材质的过滤器可以用稀硝酸溶液浸泡 10～15min，再用超纯水冲洗。若清洗后仍不能达到要求，应考虑更换过滤器。

三、常见问题与解答

1. 为什么流动相使用前要过滤?

问题描述 液相色谱流动相使用前是否需要过滤?过滤有何作用?

解答 (1)色谱纯或者更高级别的有机试剂原则上可以不过滤,但使用分析纯有机试剂或使用缓冲盐时,因其纯度不够,或是有可能出现结晶,因此一定要过滤。

(2)流动相过滤主要是对液相系统起到保护作用,消除污染对分析结果的影响。如果不过滤,流动相中的细小颗粒会加速进样阀的堵塞和磨损;同时也会加速柱塞杆及密封组件的磨损。

(3)过滤还能在一定程度上消除流动相中的气泡,起到脱气的作用。

2. 液相系统中不锈钢管路应避免使用哪些溶剂?

解答 (1)碱金属卤化物及其酸溶液(如碘化锂、氯化钾等)可能腐蚀不锈钢。

(2)应避免直接使用高浓度无机酸(如硫酸、硝酸等),尤其在较高温度下应禁止使用,可由对不锈钢的腐蚀性较小的磷酸或磷酸盐缓冲液等代替。

(3)应避免使用能形成自由基或酸的含卤溶剂或混合物,由于不锈钢对该类物质可起到催化作用,因此使用该类物质会在不锈钢材质的管路中发生反应。

(4)可能含有过氧化物的醚类(如四氢呋喃、二氧六环、二丙基乙醚等)应通过干燥氧化铝过滤先除去过氧化物,否则应避免直接使用。

(5)四氯化碳与异丙醇或四氢呋喃的混合液会腐蚀不锈钢,应避免使用。

3. 怎样防止和处理溶剂过滤器堵塞?

解答 (1)污染的溶剂或储液瓶里的藻类会缩短溶剂过滤器的使用寿命,藻类易在水相中生长,尤其是 pH 值在 4~8 范围内的水相,另外缓冲溶剂(如磷酸盐或乙酸盐)的使用会加速藻类的生长。

(2)防止溶剂过滤器堵塞的方案有:

① 尽量使用新制备好的溶剂,尤其是缓冲液,流动相应尽可能用 0.22μm 过滤器过滤;

② 尽量不要使用长期搁置的流动相，如必须使用，应当重新过滤；

③ 建议每两天更换一次溶剂，或重新过滤；

④ 避免将储液瓶暴露在直射的阳光下；

⑤ 如果允许，可适当在含水的流动相中添加一定百分数的有机溶剂或酸；

⑥ 对于含水的流动相，建议采用棕色的储液瓶。

4. 怎样解决切换溶剂后系统压力和基线不稳的问题？

解　答　可参考溶剂互溶性图（图 4-1），尽量选择互溶性好的试剂作为流动相或是溶解试样的溶剂。还可以在实验室中常备异丙醇，它是一种很好的可用于置换的溶剂。当存在溶剂不互溶的情况时，如正己烷和甲醇，两者互溶性能不好，系统切换溶剂时由于两种溶剂互不相溶，会引起压力和基线的波动。类似这样的流动相极性相差较大、相互溶解度不好的情况即可使用互溶性良好的异丙醇过渡。

5. 如果溶剂跑空，气泡会不会进到柱子里？

解　答　液相色谱泵只能输送液体，当泵内完全被气体占据时，泵的单向阀会因没有液体的反压而无法密封，加之色谱柱的高背压，气体将始终在泵头被反复推挤，并不会继续向前进入色谱柱。

6. 怎样维护液相色谱溶剂过滤器？

解　答　（1）当使用水或缓冲盐作流动相时，一定要经常更换流动相，水最好每天更换，至少两天换一次，缓冲盐最好现配现用。如果不及时更换溶剂，则会很容易滋生微生物，这样会影响基线的稳定，甚至堵塞过滤器。

（2）测试溶剂过滤器是否堵塞，可以将过滤器拔下，当管线中充满溶剂，且过滤器没有堵塞时，静压作用会让溶剂从过滤器正常流出；如果过滤器已经堵塞，则没有溶剂或只有很少的溶剂流出。

（3）玻璃材料的溶剂过滤器发生堵塞后，不推荐超声清洗，因为超声很容易破坏玻璃过滤器的过滤板，推荐用稀硝酸（35%左右）浸泡，浸泡约 1h 后，再用纯水洗净过滤器；不锈钢材料的过滤器可以超声清洗。

7. 如何解决溶剂过滤器处气泡排不干净的问题？

解　答　下面阐述了一些产生气泡的原因及处理方式，以供参考。

（1）不同溶剂混合时容易产生气泡，如果溶剂未进行脱气处理，流动相中会有大量气泡，因此可以使用超声等方式进行脱气。

（2）溶剂过滤器污染导致产生气泡，可对过滤器进行清洗，甚至更换过滤器。

（3）色谱系统管路密封不好导致产生气泡，必要时应对仪器管路进行检漏。

8. 不锈钢材质与玻璃材质的溶剂过滤器有什么区别？

解　答　不锈钢材质的溶剂过滤器化学相容性好，适用范围广，牢固耐用且无任何释放物污染流动相，可清洗重复使用，具有过滤精度高、渗透性好、纳污量大、起始压差低、强度好、耐高温、耐急冷急热、耐酸碱腐蚀、使用寿命长等特点。玻璃材质的溶剂过滤器流量大、压力损失少、更换方便、截留净化效果好、成本低。

9. 怎样防止流动相中长藻？

解　答　（1）通常流动相为水或缓冲盐时容易长藻，流动相避免长藻的最好方式就是现配现用，如果条件允许，可以往水相或缓冲盐流动相中适当加点有机溶剂，这样可以防止流动相长藻。

（2）磷酸盐、乙酸盐缓冲液很容易长藻，应尽量现配现用，不要贮存。如确需贮存，可在冰箱内冷藏，并在 3 天内使用，用前应重新过滤。流动相存储容器应定期清洗，特别是盛水、缓冲液和混合溶液的溶剂瓶，以除去杂质沉淀和微生物。

第二节　输液泵

输液泵是液相色谱仪的关键组成部分，其主要作用是以稳定的压力或流速将流动相转移到色谱分离系统。输液泵的稳定程度直接关系到分析结果的可重复性和准确性。

一、基本要求与分类

1. 输液泵的基本要求

① 泵体材料通常使用耐酸/碱和缓冲液腐蚀的不锈钢。

② 能在高压下连续工作。

③ 输出流量范围宽，常规分析用一般为 0.1～10mL/min，制备型一般在 1～100mL/min。

④ 输出流量稳定，设定值误差小。指标要求可参考 JJG 705—2014《液相色谱仪检定规程》，详见表 2-1。

表2-1　泵流量设定值最大允许误差 S_S 和稳定性 S_R 的指标要求

泵流量设定值 /(mL/min)	测量次数	流动相收集时间 /min	泵流量设定值最大允许误差 S_S	泵流量稳定性 S_R
0.2～0.5	3	20～10	±5%	3%
0.6～1.0	3	10～5	±3%	2%
>1.0	3	5	±2%	2%

注：1. 最大流量的设定值可根据用户使用情况而定。
　　2. 对特殊的、流量小的仪器，流量的设定可根据用户使用情况选大、中、小三个流量，流动相的收集时间则根据情况适当缩短或延长。

⑤ 易于清洗，易于更换溶剂。

2. 输液泵的分类

输液泵有两种类型，即恒流泵和恒压泵。恒流泵使输出的液体流量稳定；而恒压泵则使输出的液体压力稳定。恒流泵有往复泵、注射泵，恒压泵有气动放大泵，如图 2-2 所示。

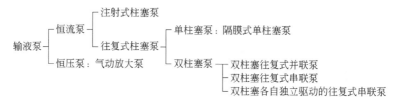

图 2-2　液相色谱仪输液泵分类

（1）恒流泵

在液相色谱仪中应用最多的是往复泵，这种泵使用带有往复柱塞或柔韧隔膜的小体积泵室。往复泵有两种，一种是柱塞式，另一种是隔膜式。前者的柱塞直接和流动相接触；后者的柱塞是通过某种介质推动隔膜，隔膜再压缩或吸入流动相。

注射泵类似于注射器，用一台步进电机驱动注射泵的柱塞把液体从泵腔中挤出，使泵腔中的液体等速流出，其特点是泵腔体积较大，一般应用于超临界流体色谱仪中。

（2）恒压泵

气动放大泵是利用气体为动力源，通过帕斯卡原理把气体的压力放大成流动相的压力。这种泵可以用较小的气体压力得到较高的流动相压力，一般应用于液相色谱柱的装填。

二、往复式恒流柱塞泵结构与工作原理

1. 基本结构

目前液相色谱仪中使用最广泛的是往复式恒流柱塞泵（图 2-3），由柱塞杆、柱塞、凸轮、密封垫圈、泵室和两个单向阀等组成泵体，其中密封垫圈、泵室和单向阀称为泵头，凸轮接在发动机上驱动柱塞杆来回往复运动。

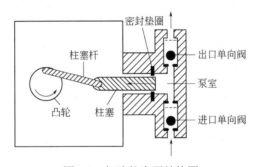

图 2-3　恒流柱塞泵结构图

2. 工作原理

吸液：柱塞杆向左运动，进口单向阀打开，流动相流进泵室；因系统压力大于泵室内压力，出口单向阀关闭。

排液：柱塞杆向右运动，进口单向阀关闭，出口单向阀打开，流动相排出泵室。

三、常见的泵模块构造

1. Waters 2695 液相色谱仪

Waters 2695 液相色谱仪的泵模块一般由柱塞杆、在线过滤器、单向阀、在线

脱气机（早期为外置脱气机）、比例阀组成，如图2-4所示。

柱塞杆　　　　在线过滤器　　单向阀　　在线脱气机　　比例阀

图2-4　Waters 2695 液相色谱仪泵模块

（1）柱塞杆　如图 2-3 所示，柱塞杆在凸轮的带动下，为泵体中的柱塞提供动力，使得柱塞在泵腔中做往复运动；通常情况下柱塞杆上套有柱塞杆密封圈。

（2）在线过滤器　主要负责溶剂过滤，除去流动相中细小杂质和固体颗粒，保护液相系统；通常安装在泵后端、自动进样器的前端。

（3）单向阀　通常情况下，高压输液泵中的单向阀包括输入单向阀和输出单向阀，最关键的部件是宝石球和宝石球座，当柱塞杆抽动时，输入单向阀宝石球上浮，与宝石球座分离，输入单向阀打开，输出单向阀关闭，液体进入；当柱塞杆推动时，输入单向阀宝石球回到球座，封堵入口，输出单向阀打开，液体从出口排出。

（4）在线脱气机　主要用来去除管路和溶剂中的气泡，降低基线噪声。

（5）比例阀　比例阀可以按输入的电信号控制各通道打开的顺序和时间，将不同通道的溶剂按照实验需求进行混合；各通道溶剂比例之和等于100%。

2. Thermo Ultimate 3000 液相色谱仪

Thermo Ultimate 3000 液相色谱仪的泵模块主要由泵、单向阀、比例阀、在线脱气机等部件组成，见图2-5。

其单向阀、比例阀、在线脱气机与 Waters 无明显差异，但 Waters 2695 采用的是相互独立控制的线性双柱塞驱动装置，双压力传感器反馈回路，无脉动，不需混合器和阻尼器；而 Thermo 采用的是单柱塞杆驱动的低压四元泵，后接可变体积的混合器，混合器可根据需求进行不同体积的转换，最大体积达 1500μL。且不同于 Waters 的是，Thermo 多了一个液滴计数器，该液滴计数器主要是自动监控泵漏液情况和泵清洗液情况，一般 1h 滴 80 滴。

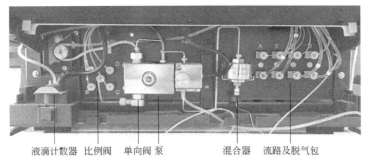

液滴计数器　比例阀　单向阀　泵　　混合器　流路及脱气包

图 2-5　Thermo Ultimate 3000 液相色谱仪泵模块

3. Agilent 1260 液相色谱仪

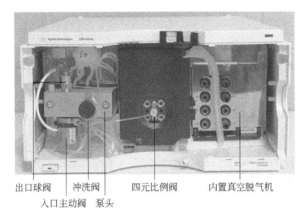

出口球阀　冲洗阀　　四元比例阀　　内置真空脱气机
　　入口主动阀　泵头

图 2-6　Agilent 1260 液相色谱仪泵模块

Agilent 1260 液相色谱仪的泵模块主要由泵、单向阀、比例阀、真空脱气机、阻尼器等部件组成，见图 2-6，不同于 Waters 与 Thermo 的是 Agilent 的真空脱气机既可以内置于泵模块中，也可以作为一个独立的模块串接于泵模块之前。

四、维护、故障分析及排除方法

1. Waters 2695 液相色谱仪

（1）柱塞杆维护　在液相色谱仪使用过程中，往往会因为平时操作不当、缓冲液冲洗不够充分、清洗液未及时更换等情况，造成柱塞杆磨损，从而导致漏液现象出现。柱塞组件见图2-7。

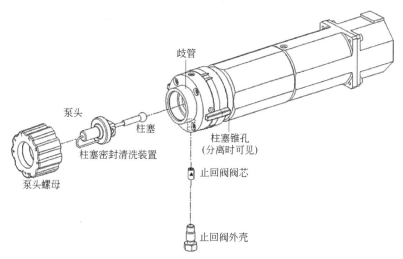

歧管

泵头

柱塞

柱塞锥孔
（分离时可见）

柱塞密封清洗装置

止回阀阀芯

泵头螺母

止回阀外壳

图 2-7　Waters 2695 液相色谱仪柱塞组件

　　柱塞杆出现问题之后，可以按照 Waters 2695 的操作手册来进行维护，这里简要阐述操作方法。

　　① 移除泵头、密封清洗装置及柱塞。在仪器控制面板上，先点击"Main"主屏幕上的"Diag"键；然后点击"Diagnostics"屏幕上的"Other Tests"键；然后选择列表中的"Head Removal & Replacement"（泵头移除和替换）；按照屏幕上出现的指示进行操作，将泵头、密封清洗装置及柱塞移除。如图 2-8 所示。

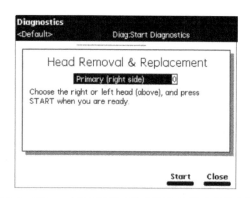

图 2-8　Waters 2695 液相色谱仪泵头移除和替换界面

　　② 检查柱塞杆是否损坏、磨损过度或有流动相杂质残留物。如果柱塞杆密封上附有残留物，可以将柱塞杆从泵头和密封清洗壳装置中分离处理，然后用精细

浮石清洁柱塞杆，最后用水彻底冲洗柱塞杆，擦干。如果柱塞杆磨损过度，建议更换。如图 2-9 所示。

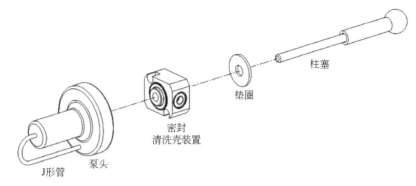

图 2-9　Waters 2695 液相色谱仪柱塞杆、密封清洗壳装置和泵头

（2）单向阀维护　单向阀的主要结构有单向阀阀芯及单向阀外壳。单向阀堵塞一般是流动相中盐析出或者流动相黏度过高引起的。在长时间使用后，应对单向阀进行超声清洗（先超纯水后甲醇），减少可能产生的黏滞。单向阀维护操作方法如下。

用一个扳手固定单向阀外壳，另一个扳手拧松外壳下方的压力螺钉，取出单向阀阀芯，注意单向阀阀芯的指向，如图 2-10 所示。

图 2-10　Waters 2695 液相色谱仪单向阀

在仪器控制面板中，先点击"Main"主屏幕上的"Diag"键；然后点击"Other Diagnostics"屏幕上的"Motors and Valves"；确保阀设置在 off 位置，否则在拆装单向阀外壳时，静液压会使泵头里残余的流动相渗出。如图 2-11 所示。

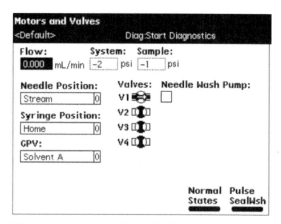

图 2-11　Waters 2695 液相色谱仪电机和阀诊断界面

（3）在线过滤器维护　仪器在使用一段时间后，如果频繁出现"lost prime"等故障提示，建议对该部件进行超声清洗。用扳手将在线过滤器两端螺钉拧松，取下在线过滤器进行超声清洗。装回时要注意朝向。如图 2-12 所示。

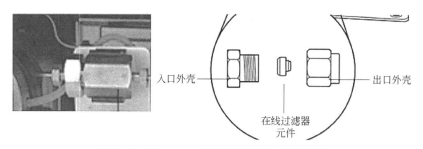

图 2-12　Waters 2695 液相色谱仪在线过滤器

2. Thermo Ultimate 3000 液相色谱仪

（1）液滴计数器维护　如发现液滴计数器被抽空，可先手动将"1"处掰开，然后把"2"处的管路拔开，用注射器进行抽取，待充满液体后，再插回孔中即可。如图 2-13 所示。

（2）单向阀维护　如果单向阀被污染，应将其拆下，先用超纯水超声清洗，再替换成甲醇超声清洗。

拆装的时候需要注意，该仪器上下分别各有一个单向阀。先用扳手拧开"1"处和"2"处，再用扳手拧开"3"处，取出上单向阀，注意方向，安装时不能装反；然后拧开"4"处，拧松"5"处和"6"处，取出下单向阀。安装下单向阀需注意，拧紧"6"处时要同时固定住"5"处，否则会带动"5"处转动，如图 2-14 所示。

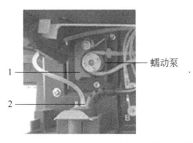

图 2-13 Thermo Ultimate 3000 液相色谱仪液滴计数器

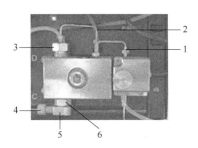

图 2-14 Thermo Ultimate 3000 液相色谱仪单向阀

3. Agilent 1260 液相色谱仪

（1）主动阀维护

① 断开入口主动阀处的溶剂入口管连接。

② 松开主动阀上的接头，用扳手拧松主动阀，并将阀从泵头上卸下；用镊子从入口主动阀中将阀滤芯取出，更换滤芯之前先用异丙醇彻底冲洗，然后再放入其中，最后重新接好，如图 2-15 所示。

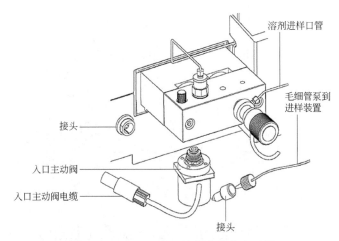

图 2-15 Agilent 1260 液相色谱仪主动阀

（2）单向阀维护　先用扳手将阀毛细管与出口球阀连接断开；然后再用扳手拧松出口球阀，并将其从泵体上卸下，取出里面的单向阀芯，进行超声清洗；拆解过程中注意零部件的方向。如果超声无法完全清洁掉内部的污染物，可以考虑更换整个出口球阀，如图 2-16 所示。

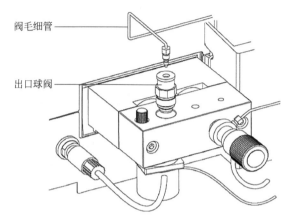

图 2-16　Agilent 1260 液相色谱仪单向阀

（3）冲洗阀维护　先用扳手将出口毛细管拧开，松开废液管的连接；然后用扳手拧松冲洗阀，将其取出；卸下冲洗阀上的塑料帽及金色密封垫；用镊子将滤芯取出。此滤芯为一次性耗材，应根据检测频次及被检样品的性质进行定期更换，如图 2-17 所示。

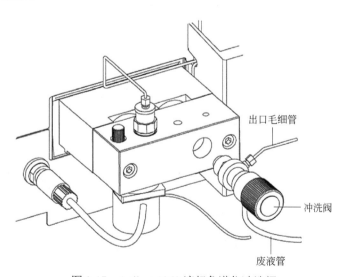

图 2-17　Agilent 1260 液相色谱仪冲洗阀

（4）密封圈及柱塞维护

① 关闭泵模块电源，断开入口主动阀电缆和阀毛细管的连接；取下废液管并断开入口主动阀管的连接，取出泵头底部的毛细管，用内六角扳手拧松两个泵头螺钉，见图 2-18。

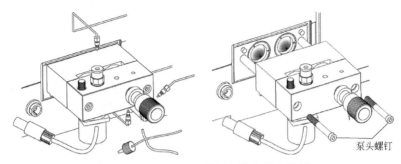

图 2-18　Agilent 1260 液相色谱仪泵头拆解 1

② 将泵头放置在平面上。拧松锁定螺钉（旋转两圈），握住组件的下半部分，小心地将泵头从柱塞腔中拉出来；从柱塞腔中卸下支撑环，并把柱塞从柱塞腔中上提起来，见图 2-19。

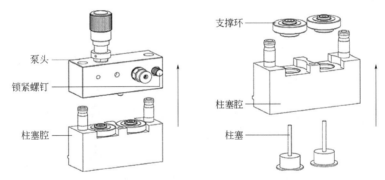

图 2-19　Agilent 1260 液相色谱仪泵头拆解 2

③ 用一个柱塞作为工具小心地将密封垫从泵头中取出（注意不要损坏柱塞）。如传动座有磨损，也一起取出维护；将新的密封圈插入泵头中，见图 2-20。

④ 检查柱塞表面，清除所有沉淀物或涂层，可以用乙醇或牙膏清洗，如有刮损需更换柱塞。

⑤ 重新装配泵头组件。

（5）比例阀维护　定期冲洗比例阀阀体可以延长多通道梯度阀的寿命，尤其是在使用缓冲溶液时。如果使用缓冲溶液，应用水冲洗比例阀的所有通道，以防止缓冲溶液引起的缓冲盐沉积。盐结晶长期存留在比例阀通道中会影响通道开闭，进而引起通道内漏，这种泄漏会干扰阀的正常工作。在 Agilent 1260 系列四元泵中使用缓冲溶液和有机溶剂时，建议将缓冲溶液接到下面的梯度阀端口上，有机溶剂接到上面的梯度阀端口上。有机溶剂通道最好紧挨在缓冲溶液通道的上面（例如，A——盐溶液、B——有机溶剂）。

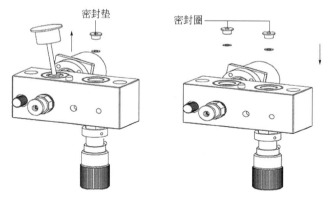

图 2-20　Agilent 1260 液相色谱仪泵头拆解 3

① 断开连接管、废液管和溶剂管与比例阀的连接，将溶剂过滤器高出储液瓶中液面，以防静液压引起溶剂流出，见图 2-21。

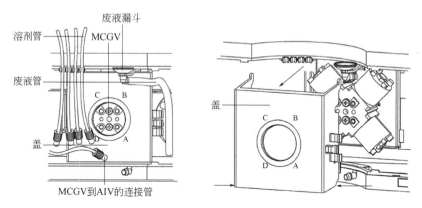

图 2-21　Agilent 1260 液相色谱仪比例阀拆解 1

② 断开比例阀电缆，拧开两只固定螺钉并将阀取出；将新的比例阀放在原来的位置。确保阀放置正确，通道 A 在右下方。拧紧两个固定螺钉，将电缆连接到接头，见图 2-22。

③ 盖上比例阀盖。重新连接废液漏斗，并将废液管连在顶盖上。将废液管插入废液盘的管夹中，并将废液管夹在比例阀盖上；重新将连接入口主动阀的管道连接到比例阀的中间位置，然后连接到比例阀的 A 至 D 四个通道的溶剂管上。确

保盖上通道方位的标记如图 2-21 所示，否则应在盖上重新标记。

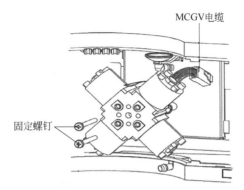

图 2-22 　Agilent 1260 液相色谱仪比例阀拆解 2

4. 共性问题

（1）输液泵常见问题及解决方案（表 2-2）

表 2-2　输液泵故障原因分析及解决方案

故障表现	可能的故障原因	解决方案
泵头漏液	拆装清洗的时候未拧紧 泵密封垫圈磨损	拧紧漏液处 更换泵密封垫圈
泵不抽溶剂	泵头或管路中有大量气泡 溶剂黏性过高 溶剂过滤器脏	排气泡，并对流动相脱气 更换溶剂体系 清洗溶剂瓶和溶剂过滤器
压力过低	系统漏液 流速设置问题 压力传感器故障	查漏并维修 选择合适流速 维修或者更换压力传感器
压力过高	管路被堵塞	排查并清洗
压力时高时低	溶剂过滤器接触不良 溶剂脱气不当 单向阀有异物	清洗或更换溶剂过滤器或管路 对溶剂进行脱气处理 超声清洗单向阀

（2）柱塞杆常见问题及解决方案（表 2-3）

表 2-3　柱塞杆故障原因分析及解决方案

故障表现	可能的故障原因	解决方案
漏液	柱塞杆密封圈磨损	更换密封圈
	柱塞杆磨损	更换柱塞杆

（3）单向阀常见问题及解决方案（表2-4）

表2-4　单向阀故障原因分析及解决方案

故障表现	可能的故障原因	解决方案
不出液体，无压力显示	单向阀被堵死	先用水后用甲醇浸泡超声处理单向阀芯，或更换阀芯
压力波动大	有缓冲盐析出	

（4）在线脱气机常见问题及解决方案（表2-5）

表2-5　在线脱气机故障原因分析及解决方案

故障表现	可能的故障原因	解决方案
脱气机压力不达标	脱气包内管路破损	更换脱气包
	脱气机马达或主板故障	建议联系售后维修

（5）比例阀常见问题及解决方案（表2-6）

表2-6　比例阀故障原因分析及解决方案

故障表现	可能的故障原因	解决方案
不出峰或出峰时间延后	比例阀故障	建议联系售后维修
不同通道输液混乱		

五、常见问题与解答

1. 为什么流动相使用前要脱气?

问题描述　液相色谱流动相使用前为什么要脱气？脱气有什么作用？如何脱气？

解　答　（1）脱气的必要性

①气泡会增加基线的噪声，造成灵敏度下降，甚至无法分析（如噪声增大，基线不稳，突然跳动等情况）。

②溶解的氧气还会导致样品中某些组分被氧化,溶解的氧气与色谱柱中固定相（如烷基胺）发生反应，从而改变色谱柱的分离性能。

③溶解氧能与某些溶剂（如甲醇、四氢呋喃）形成有紫外吸收的络合物，络合物会提高本底吸收（特别是在260nm以下），并导致检测灵敏度轻微降低，表现为在梯度淋洗时基线漂移或出现鬼峰（假峰）。

④若用FLD（荧光检测器），溶解氧在一定条件下还会引起猝灭现象，特

别是对芳香烃、脂肪醛、酮等。在某些情况下，荧光响应可降低 95%。

（2）脱气的作用

① 除去流动相中溶解的气体（如 O_2），以防止在洗脱过程中当流动相由色谱柱流至检测器时，因压力降低而产生气泡。

② 排出气泡能降低对输液泵的伤害，提高检测器的性能，改善灵敏度。

（3）脱气的方式

① 加热回流法　效果较好，但操作复杂，且有挥发污染，同时还需要考虑低沸点溶剂挥发造成的组成变化。

② 抽真空脱气法　缺点是易抽走有机相，使混合溶剂组成发生变化。

③ 超声脱气法　流动相放在超声容器中（一般 500mL 溶液需超声 20～30min），此法不影响溶剂组成。超声时应注意避免溶剂瓶与超声设备槽底部或壁接触，以免超声过程中发生玻璃瓶破裂，溶剂瓶内液面不要高出超声设备容器内水面太多。

④ 氦气脱气法　将惰性气体通入溶剂中把溶解的空气排出。严格来说，此方法不能将溶剂脱气，它只是用低溶解度的惰性气体（通常是氦）将空气替换出来。连续通氦脱气效果较好，但成本高。

⑤ 在线真空脱气法　利用在线脱气机在线脱气，可智能控制，不需额外操作，成本较低，脱气效果明显优于以上几种方法，并适用于多元溶剂体系。

2. 如何判断和排除单向阀故障？

解　答　（1）单向阀出现故障的概率较高，出现故障时通常有两种情况：

① 单向阀被堵死，表现为：液体出不来，无压力显示。这种情况往往是宝石球和球座黏住了，无法吸入流动相。出现这种情况一般是用过缓冲液作流动相，或者流动相较脏、黏度高引起的，例如乙腈产生的聚合物，就会导致宝石球和球座黏住，造成单向阀堵塞。

② 单向阀被污染，表现为：压力波动大。这种情况通常是球座上有细微的固体颗粒造成的。固体颗粒有可能是盐析出，尤其是在使用缓冲液作流动相后未能及时冲洗或冲洗不当，致使缓冲盐析出，进而导致宝石球和球座密封性不好，出现压力波动大，甚至流动相回流等现象。

（2）当确认是单向阀故障后，将单向阀小心拆卸下来，置于装有纯水的玻璃烧杯中，注意将宝石球向上放置，纯水超声清洗 10min 左右，为了达到更好的清洗效果，纯水可以事先加热至50℃左右；然后换异丙醇超声清洗15min。

（3）将单向阀按原样装回，注意不要将进口阀和出口阀装错，用纯甲醇作为流动相按正常操作顺序开启液相色谱输液泵，检查有无泄漏点，检查泵压是否正常。如果还是压力不稳或检测不到泵压，可重复以上处理操作。

3. 如何解决 Waters 2695 液相色谱仪出现的"solv delivery h/w fault"故障？

问题描述 Waters 2695 正常进样运行时仪器报警，出现"solv delivery h/w fault"，重启结果仪器自检不通过，显示"plunger homing fault(0)"，如何处理？

解　　答　（1）相应的故障代码含义为：0对应左边输液泵头，1对应右边输液泵头。

（2）柱塞复位失败，有几种可能：

① 出口堵塞，尝试复位柱塞时无法泵出液体；

② 泵电机不转；

③ 电机编码器故障。

（3）大多数是由于在线过滤器堵塞所致，当这个错误出现时，将排空阀松开，点击面板的"ok"，自检就可以通过，但是记得要将在线过滤器滤芯卸下来超声清洗，在 wet prime 压力时一般超过500psi（1psi=6.895kPa）都需要超声，当超声无效时只能进行更换滤芯。

4. 为什么系统压力会随着测样时间增加而变大？

问题描述　为什么系统压力会随着测样时间增加而变大？是不是因为柱子没有冲洗干净？

解　　答　（1）首先查看之前做此实验的压力波动是在多少范围内，超出正常范围有可能是系统堵塞或色谱柱堵塞。

（2）如果仪器压力快达到设置上限，建议先终止实验，在不接色谱柱的情况下，查看系统压力是正常还是偏高。如果正常，则说明系统没有堵塞；如果偏高，则说明系统存在堵塞，需进一步排查哪一段管路堵塞。

（3）如果系统压力正常，接色谱柱的进口端，查看压力情况，如果压力突然增加，则说明色谱柱被堵塞，应更换新的色谱柱或增加保护柱。并建议对样品进行过滤处理。

（4）系统压力随着测样时间增加而变大，通常与流动相或者样品中含有杂质颗粒物有关，随着进样次数的增加，流动相或者样品中的杂质颗粒物会不断聚集在柱塞板或者在线过滤器中，导致压力增加。

5. 为什么仪器接上色谱柱与不接色谱柱压力基本不变?

问题描述 Waters 2695 仪器压力只有 100psi，取下色谱柱，从柱前端出来的流动相流速正常，压力 50psi（1psi=6895Pa）；接上色谱柱，不接检测器，压力 100psi，柱后端无流动相流出，怎样解决?

解　答　（1）根据描述，表现为高压下流量不足。有以下几种情况:

① 高压不能正常工作，流量不足。

② 高压下泵正常，连接管路，密封异常，导致流量不足。

③ 压力传感器故障。

（2）判断方法

① 采用单泵模式，设定好流速，分别收集色谱柱入口端和出口端固定时间内流出液的体积，检查流速和流量是否异常。

② 检查管路、泵等是否有漏液，压力是否有波动。

③ 连接一根废弃色谱柱或用塑料双通将色谱柱出口端堵住（勿拧过紧），设定 A 100%，流速 2～3mL/min，观察结果。此时压力若能达到 2000psi，甚至 3000psi，压力传感器正常，否则压力传感器有故障。

（3）从在线过滤器那里断开测流量是正常的，而且接上色谱柱压力正常，流动相流速正常，也就是说问题出在泵后到色谱柱前，建议检查高压阀。

6. 什么原因导致保留时间和峰面积的重复性不好?

解　答　（1）保留时间不一致往往是系统压力不稳定造成的，可能的原因有流动相脱气不充分、泵输液异常等；此外，色谱柱污染堵塞也会导致系统压力变大保留时间偏差。建议对流动相充分脱气，清洗系统，维护好色谱柱，保证每次重复进样前系统均已恢复到初始压力值。

（2）峰面积重复性不好，可能是由于色谱柱未冲洗干净或色谱系统污染所致。在确保样品和流动相都是现配现用的情况下，建议做好色谱柱的日常维护工作，确保样品分析前都有稳定的系统压力。每天开机应进行自动进样器排气，清洗进样器系统和进样针 2～3 次，另外也要注意检测器的灯能量是否正常，如果灯的能量不够则应更换，如果是检测器污染还应清洗流通池。

7. 如何清洗单向阀?

解　答　（1）不拆单向阀，取下色谱柱，用两通连接管线，用热水冲洗整个系统，如效果不好还可用异丙醇等冲洗。

（2）如联机冲洗效果不好可拆下单向阀，持注射器顺单向阀流路方向缓慢推送热水或者异丙醇溶剂，冲洗单向阀内部通路。

第三节　进样系统

早期的液相色谱进样系统一般都是隔膜和停流进样器，装在色谱柱的入口处；现代液相色谱大都使用六通进样阀或自动进样器。进样器损坏或零件不配套可引起峰展宽、样品体积改变、进样渗漏或系统压力升高等问题。

一、基本构造

进样系统主要由进样针、注射器、六通阀、定量环、样品架等部分组成。个别仪器样品架还带有制冷功能，可以对样品控温。

1. 进样针

对于手动进样而言，多采用平头针，针头外侧紧贴进样器密封管内侧；益处是密封性能好、不漏液，不引入空气，针头顶部能插到进样孔底部而触不到定子。

自动进样器的针头多数采用斜面并带有细长钩的针头，易于刺破样品瓶上的垫片，或者一侧带孔的针头，可防止垫片碎片阻塞。

2. 注射器

注射器是用来抽取一定体积的进样辅助装置。由于注射器抽取的是溶剂瓶中的溶液，一段时间后，注射器中容易产生气泡，需要定期拆除注射器进行排气泡处理。

3. 六通阀

（1）六通阀的组成　六通阀主要由定子和转子构成，如图 2-23 所示，定子与定子面紧密接触，其上的六个孔洞分别连接输液泵、色谱柱、定量环、进样针或进样针座以及废液接口。

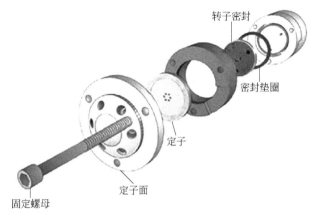

图 2-23　六通阀结构

工作时，定子面（多为不锈钢）、定子（多为陶瓷）以及转子密封（多为聚合物）三者之间紧密接触，由电动马达带动转子转动实现进样状态的改变。

不同材质的转子密封具有不同耐受环境限制，如聚酰亚胺材质的转子密封最大耐受 pH 值为 10，当体系流动相 pH 值超过 10 时，就需要使用其他材质如乙烯-四氟乙烯共聚物或聚醚醚酮聚合物材质的转子密封。

（2）六通阀工作原理　上样时，六通阀切换到取样状态，如图 2-24（a）所示，流动相直接进色谱柱，进样口与定量环连接，待样品充满定量环后，多余的样品从"6"废液接口处排出。

进样时，六通阀切换到进样状态，如图 2-24（b）所示，输液泵将流动相压入定量环，定量环中的样品因此全部注入色谱柱中进行分析。

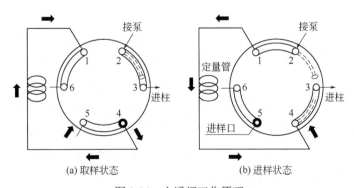

图 2-24　六通阀工作原理

4. 定量环

根据实验所需，选取适合的定量环，一般应大于检测时的进样量。

5. 样品架

用于放置样品瓶的装置，样品瓶的规格需与样品架相匹配。

二、进样方式分类

液相色谱的进样方式可分为隔膜进样、停流进样、阀进样、自动进样。

1. 隔膜进样

用微量注射器将样品注入专门设计的与色谱柱相连的进样头内，可把样品直接送到柱头填充床的中心，死体积几乎等于零，可以获得最佳的柱效，且价格便宜，操作简便；但不能在高压下使用（如 10MPa 以上）。此外，隔膜容易吸附样品产生记忆效应，使进样重复性只能达到 1%～2%；加之能耐受各种溶剂的材料不易找到，因此使用受到限制。

2. 停流进样

特点是可避免在高压下进样，但容易隔膜污染，停泵或重新启动时往往会出现鬼峰；且组分保留时间不准确，常用在以峰的始末信号来控制馏分收集的制备色谱中。

3. 阀进样（手动进样）

一般常用六通阀进样，由于阀接头和连接管死体积的存在，柱效率低于隔膜进样（下降 5%～10%），但耐高压（35～40MPa），操作较简便。

手动进样方式对于检测人员的操作熟练程度要求比较高，操作流程如图 2-25 所示。图 2-25（a）所示为取样位，此时流动相直接接入色谱柱，同时注射针将样品注入定量环；图 2-25（b）所示为进样位，通过转子转动，输液泵、定量环、色谱柱形成一个通路，样品溶液随流动相进入色谱柱。同时，注射针与废液相接，可注入溶剂冲洗进样管路。

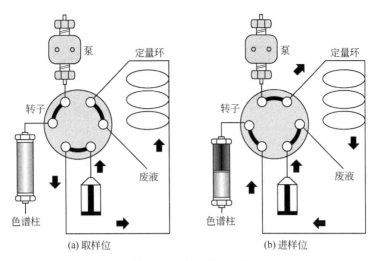

图 2-25　手动进样流程

　　在进样完成之后，不必急于将进样阀搬回取样位，可依靠流动相的流动将定量环充分冲洗之后，再扳回原位，为下一针做准备。

4. 自动进样

　　由计算机控制进样阀，按预先编制注射样品的操作程序工作。操作者只需把装好样品的样品瓶按一定次序放在样品架上，取样、进样、复位和样品管路清洗等全部按预定程序自动运行，一次可进行几十个或上百个样品的分析；同时样品量可连续调节，进样重复性高，可自动化操作，适合大批量样品分析。

　　自动进样一般有三种模式，分别为吸入式自动进样、推入式自动进样以及整体样品环自动进样。

　　（1）吸入式自动进样　如图 2-26 所示，通过抽拉注射器将样品溶液吸入定量环中，首先是进样阀处于进样位，流动相混合之后通过定量环进入色谱柱。进样程序开始时，进样阀相位调整到取样位，样品在负压的作用下进入定量环，之后进样阀重新调整到进样位，样品溶液随流动相进入色谱柱。

　　当泵、定量环以及色谱柱之间形成通路的同时，如图 2-27 所示，针筒以及管路中的样品被排入废液，之后切换到取样位，针筒抽吸洗针液对定量环进行清洗。

　　（2）推入式自动进样　推入式自动进样方式和手动进样极为相似。注射器移动到样品瓶，吸入预定量的样品，再移动至进样口，将样品注入样品环。

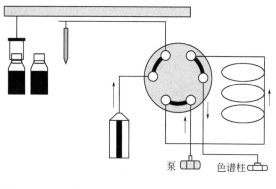

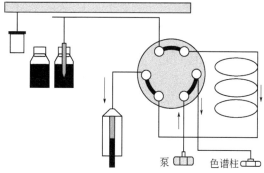

图 2-26　吸入式进样流程 1

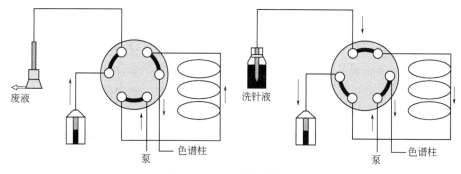

图 2-27　吸入式进样流程 2

　　如图 2-28 所示，进样阀处于进样位时，流动相、定量环以及色谱柱构成一个完整的通路，此时进样针座与废液连通。样品经计量泵拉入临时定量环中；之后进样阀切换到取样位，进样针与针座连接，而针座与定量环连接，通过计量泵将样品溶液推入定量环中。

　　如图 2-29 所示，进样阀再次切换到进样位，流动相、定量环以及色谱柱构成一个完整的通路，样品溶液随流动相进入色谱柱中。临时定量环中的样品溶液被排放入废液。

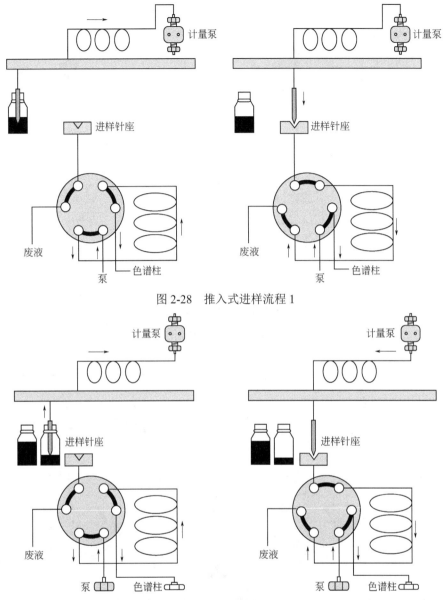

图 2-28　推入式进样流程 1

图 2-29　推入式进样流程 2

（3）整体样品环自动进样　整体样品环自动进样器的不同点在于进样针与定量环是一个整体。如图 2-30 所示，同推入式自动进样器一样，首先进样阀处于进样位，流动相经泵后与定量环及进样针、进样针座以及色谱柱形成通路。之后进样阀切换到取样位，样品溶液随着柱塞杆的拉出而进入定量环中，此时流动相经泵之后直接与色谱柱相连。

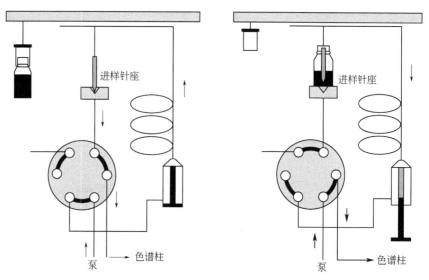

图 2-30　整体样品环进样流程 1

如图 2-31 所示，进样时，进样阀重新切换回进样位，样品进入色谱柱。在下次进样之前一直处于该相位，以流动相对定量环以及进样针进行冲洗。

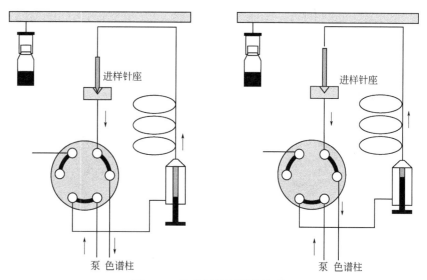

图 2-31　整体样品环进样流程 2

三、注意事项

① 使用手动进样器进样时，在进样前和进样后都需用洗针液洗净进样针筒，

洗针液一般与样品溶剂一致，进样前应清洗进样针筒 3 遍以上，并排除针筒中的气泡。进样针一般为平头针。

② 样品瓶中样品量较少时，自动进样器进样针无法到达液面，可调低进样针高度，注意设置时不要使进样针碰到瓶底，不然容易扎破进样瓶或者扎弯进样针。微量样品分析应使用微量样品瓶或在进样瓶中放置内插管。

③ 进样的样品应该是无微粒、对液相系统无危害的纯净溶液。应在光线下检查样品有无颗粒、浑浊或乳化，必要时用孔径为 0.22μm 的过滤器过滤。

④ 样品瓶应无任何污染物，一般为玻璃瓶；如样品需要避光，则应关闭进样器照明，并使用棕色进样瓶。

四、故障分析及排除方法

1. 注射器（表 2-7）

表2-7　注射器故障表现、可能的故障原因及解决方案

故障表现	可能的故障原因	解决方案
存在气泡	从清洗液中吸入	超声清洗，排除注射器气泡
推杆渗液	推杆的密封圈磨损	更换注射器

2. 六通阀（表 2-8）

表2-8　六通阀故障表现、可能的故障原因及解决方案

故障表现	可能的故障原因	解决方案
漏液	定子或者转子磨损	清洗或更换六通阀

3. 进样针与针座（表 2-9）

表2-9　进样针与针座故障表现、可能的故障原因及解决方案

故障表现	可能的故障原因	解决方案
针头漏液	进样器后管道堵塞	高流速冲洗或更换在线过滤器
	样品瓶垫多次使用	更换样品瓶垫，使用次数一般不超过 5 次
针座漏液	针座密封问题	清洗或更换针座密封
进样障碍	进样针定位不准	进样针校准

4. 样品盘（表2-10）

表2-10　样品盘故障表现、可能的故障原因及解决方案

故障表现	可能的故障原因	解决方案
转动声响大	磨损干涩	涂抹润滑剂
不转	马达故障	报修并更换

五、常见问题与解答

1. 如何更换 Ultimate 3000 液相色谱注射器？

解　答　（1）通过软件或仪器面板菜单执行"Initiate Change Syringe"命令，确认注射器拉杆到位。

（2）用扳手将底座固定螺钉固定，用另一个扳手拧松注射器固定螺钉。

（3）拧松并取下旧的注射器。

（4）用脱过气的溶剂充满新的注射器，稍微上推，加上新的密封垫重新拧紧固定。

（5）反拆卸过程安装到位后，执行"Terminate Change Syringe"命令，仪器重新调节注射器，完成后执行"Prime"即可。

由于注射器清洗溶剂没有经过脱气装置，建议每次试验前先脱气。

2. Ultimate 3000 液相色谱进样针与定量环如何更换？

解　答　（1）断开缓冲管与注射器阀的连接，再断开缓冲管与进样阀的连接后更换新的缓冲管，完成后执行"Wash Buffer Loop"命令。

（2）执行"Initaite Change Vial"命令，将前面板抬起，执行"Initiate Change Needle"命令，完成后拧松并抽出固定螺钉，向上抽出进样针，使用专用扳手拧松针头固定螺钉后，更换新的进样针，按反拆卸过程重新装配，安装完成后执行自检以确认安装无误。

（3）执行"Initaite Change Vial"命令，将前面板抬起，执行"Initiate Change Needle"命令，完成后拧松并抽出固定螺钉，向上抽出进样针，将定量环与进样针断开，进一步断开定量环与进样阀的连接，更换新的定量环后，按反拆卸过程

重新装配，安装完成后执行自检以确认安装无误。

（4）执行"Initaite Change Vial"命令，将前面板抬起，移动进样针到中部位置，执行"Initiate Change Needle"命令，完成后用扳手拆下针座将新的针座安装固定，完成后执行自检以确认安装无误。

3. 为什么机械手臂抓住小瓶子进完样品后放不下来？

解　答　（1）建议检查进样瓶瓶盖是否完好，是否有不明物体附着。

（2）检查机械手是否有管线缠绕。

（3）检查样品盘孔是否堵塞。

（4）如果上述检查都没有问题，在工作站中自动复位进样器。如果无法复位，需在工作站中进行进样器测试，测试不通过应考虑更换硬件。

4. 如何使自动进样器弯曲的进样针恢复原状？

问题描述　AS 3500自动进样器，进样针扎到进样瓶盖致使进样针弯曲。此外，进样针容易断，不敢随意掰直，如何处理能使针恢复原状？

解　答　（1）查找导致进样针扎弯的原因，例如是否正确安装进样针、进样针位置是否需要重新校正、进样瓶是否正确放置等。

（2）如果进样针变形得幅度不是很大，可以尝试用手慢慢将针掰直，需注意力度和方式，防止进样针折断，特别注意不能往复掰。

（3）进样针属于消耗品，无法成功处理，应重新购置新进样针进行更换。

5. 为什么手动进样只能选择定量环的满环进样或者半环进样？

问题描述　为什么手动进样只能选择定量环的满环进样或者半环进样？而自动进样器可以设置不同的进样体积？

解　答　（1）由于手动进样的特殊性，对操作人员的要求很多，满环或者半环进样能保证一定的准确性。手动进样时，通常采用满环进样，进样体积要求为2～3倍的定量环体积。

手动进样时，样品溶液充满进样管路和定量环，多余的样品溶液由废液管排出。非满环进样方式，要求进样体积小于满环进样体积的一半。对于非满环进样，之所以要求进样体积小于满环体积的一半是因为在非满环条件下定量环内存在两种溶液，一是流动相，二是样品溶液。样品溶液在注入定量环中的时候与流动相发生混合而被稀释。因此，非满环进样时，进样体积最好小于满环进样体积的一半。

（2）自动进样器主要依靠计量泵准确吸取样品体积，可以很好地解决进样重复性、准确性差的问题，不受人为因素影响，同时还能够实现批量操作。

6. 液相手动进样的六通阀与自动进样器的进样阀是否一样？

解　答　（1）原理是一样的，手动进样是通过手动切换进样状态，控制进样过程，两者的差别主要在阀外。

（2）对于液相色谱而言，无论是手动进样器还是自动进样器都是用六通阀进样的，自动进样则是依靠仪器自动操作，只是自动进样比手动进样的死体积大，多了计量泵和一部分连接管线。

7. 为什么自动进样器进样后样品盘中时常会有液体？

解　答　有可能是进样组件出现问题，建议联系工程师上门维修；常规的清洗维护方法可以参考液相色谱仪的相关操作手册。表2-9列出了进样组件部分问题及排除方法。

8. 怎样解决由进样器污染导致的鬼峰问题？

问题描述　测定某组分时，在主峰后面总是会出现一个鬼峰。经试验，试剂空白没有鬼峰，样品经其他仪器测试也没有发现鬼峰。有没有可能是进样器污染造成的？该如何解决？

解　答　对于鬼峰的来源，建议按表2-11进行排查，试剂空白没有鬼峰而样品有，并不一定是进样器污染。

表2-11　鬼峰的来源分析及处理方法

鬼峰的来源	问题分析	处理方法
进样阀污染	前期分析的样品残留在进样阀中	样品分析完成后清洗进样阀
色谱柱污染	存在强保留组分，被缓慢洗脱下来，出峰时间无规律	安装保护柱，样品分析完成后清洗色谱柱
流通池污染	流通池中吸附有未知化合物，然后逐渐被洗脱下来	清洗系统，可采用强极性溶剂清洗流通池
溶剂污染	溶剂纯度不够，或是被污染分析过程中杂质或是污染物不断被流动相所洗脱	选择高纯度溶剂和试剂；选择低吸收值的添加剂；长时间放置的溶剂不用

9. 安捷伦自动进样器如何更换进样针?

解　答　安捷伦液相安装时随机配有 Lab Advisor 软件,可以用该软件连接仪器,按照软件指引完成进样针、针座、定量环的更换。

本题以 G1313、G1329 更换进样针的过程为例。

(1)打开"Lab Advisor",输入仪器的 IP 地址连接仪器后,在"服务与诊断"中,点击进样器模块,然后点击"维护位置"(图 2-32)。

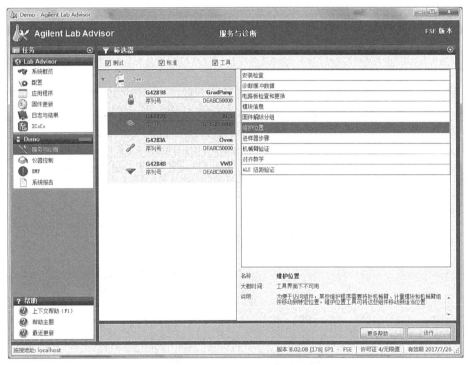

图 2-32　安捷伦 Lab Advisor 界面维护位置

(2)在"更改进样针/针座"处,点击"启动",完成后进样针提起(图 2-33、图 2-34)。

图 2-33　安捷伦 Lab Advisor 界面更改进样针/针座

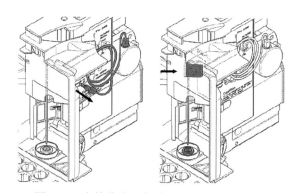

图 2-34　安捷伦液相色谱进样器更换进样针 1

（3）断开针与定量环的连接。

（4）点击"针下降"，直至固定螺钉可见（图 2-35）。

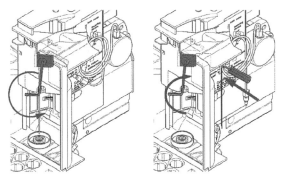

图 2-35　安捷伦液相色谱进样器更换进样针 2

（5）松开固定螺钉，抽出进样针。

（6）安装进样针，拧紧螺钉，使进样针与针座对齐。

（7）连接进样针与定量环之间管线（图 2-36）。

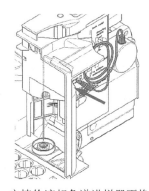

图 2-36　安捷伦液相色谱进样器更换进样针 3

（8）点击"针提起"，使进样针处于距离针座约 2mm 的位置（图 2-37）。

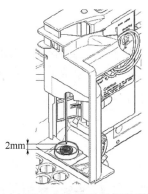

图 2-37　安捷伦液相色谱进样器更换进样针 4

（9）手动微调使进样针与针座对齐（图2-38）。

（10）完成以后，安装仪器前盖，点击结束，完成进样针更换。

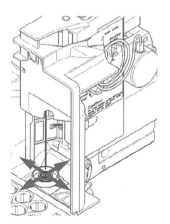

图 2-38　安捷伦液相色谱进样器更换进样针 5

10. 安捷伦自动进样器如何更换进样针座？

解　答　按上述换进样针的步骤，取下进样针以后进行如下操作。

（1）拧开针座与六通阀的管线接头。

（2）将针座用工具（一字螺丝刀，镊子等）撬下来。

（3）安装新的针座，并用力压到固定位置，重新连接针座与六通阀之间的管线，安装进样针。

第四节　色谱柱

色谱柱是液相色谱分离过程的核心，对液相色谱法的可行性、适用性、重复性和稳定性等有直接的影响。本节主要从液相色谱柱的结构、填料、性能指标、使用和维护等方面进行阐述。

一、柱结构

液相色谱柱通常由填料、柱管、螺帽、垫圈（前、后垫圈）、筛板（过滤片）、柱接头等组成（图2-39）。

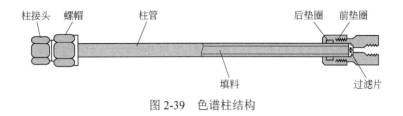

图2-39　色谱柱结构

1. 柱管

柱管多用不锈钢制成，也可用厚壁玻璃或石英管，管内壁要求有很高的光洁度。为提高柱效，减小管壁效应，不锈钢柱内壁多经过抛光处理，也可以在不锈钢柱内壁涂覆氟塑料以提高内部的光洁度。

液相色谱柱柱管中装有大量粒径只有几微米甚至粒径更小的填料，为阻挡填料从液相色谱柱中流失，筛板是必不可少的部件（图 2-40）。液相色谱柱中使用的筛板通常是由具有特定粒度的不锈钢粉末或镍粉在模型中烧结而成的，是一种具有多孔结构的金属材料，孔径一般为 0.2～20μm，筛板的孔径必须小于填料的粒径。对于制备柱，由于填料粒径较粗，也可使用多孔塑料制成的筛板。

图2-40　筛板

2. 柱接头

液相色谱柱柱接头采用低死体积结构，柱接头是螺纹组件。为了尽量减少柱外死体积，在安装液相色谱柱时，连接色谱柱的管路通过空心螺钉接头后要尽量插到底，然后再拧紧空心螺钉接头（图2-41）。

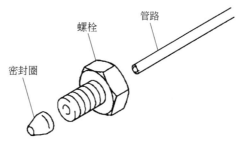

图 2-41　柱接头

　　常见的空心螺钉接头多为不锈钢接头和手拧 PEEK 接头。不锈钢接头通常由不锈钢空心螺钉和不锈钢空心压环组成，当拧紧空心螺钉时，空心压环被空心螺钉挤压变形后紧箍在管路上。不锈钢接头具有更高的耐受压力，通常可耐受 6000psi 的压力，但是不锈钢接头拆卸需要使用工具，如果需要经常拆卸液相色谱柱，不锈钢接头就不够便利；空心压环一旦被紧箍在管路上就很难拆卸，同时，露出压环部分的管路长度很难调整，如要调整，通常需要对管路进行切割，重新更换和安装空心压环。

　　相对于不锈钢接头，PEEK 接头就便利了许多。连接液相色谱柱的 PEEK 接头通常为一体式的，不需要单独安装空心压环，更换色谱柱时用手拧就可以，不需要工具，并且随时可以调整管路长度，无须对管路进行切割，但是 PEEK 接头的耐压范围相对较小，安装不到位容易出现漏液或者管路脱落的情况。PEEK 接头有好几种类型，常用的规格有 1/8、1/16 还有 1/32，使用时分情形使用，需要注意连接管路的直径，然后选择合适规格的接头。其中，1/16 PEEK 接头大部分是一体式接头，方便快捷，通用性强；1/8 PEEK 接头分体式居多，同样由空心压环和空心螺钉构成。需要注意的是，超高效液相色谱仪由于系统压力较高，通常采用不锈钢接头进行连接。

3. 柱密封

　　高效液相色谱系统产生高达 130MPa 的工作压力，甚至更高，因此要求液相色谱柱具有很好的密封性能。为了保证色谱柱的密封性能，通常使用带锥套的线密封连接方式，当旋紧柱头螺母时，锥套在压力作用下向上方移动，其边缘会接触阳螺栓上的锥面，而锥面的角度稍大于锥套的角度。由于锥套前端边缘很薄，在挤压下受到锥面向内的压力会变形并抱紧内管，同时与锥面接触处会形成一圈环状的密封面，即形成了线密封。这种由金属在高的压力下变形而形成的密封十分紧密且可靠，在能耐受很高压力的同时，又可造成很牢靠的机械连接，使其牢牢抱紧柱管或连接管而不致滑脱（图2-42）。

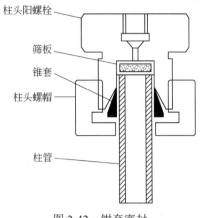

图 2-42　钳套密封

柱效受柱内外因素影响，为使色谱柱达到最佳效率，除柱外死体积要小外，还要有合理的柱结构（尽可能减少填充床以外的死体积）及装填技术。即使最好的装填技术，在柱中心部位和沿管壁部位的填充情况总是不一样的，靠近管壁的部位比较疏松，易产生沟流，流速较快，影响流动相的流形，使谱带加宽，这就是管壁效应。这种管壁区大约是从管壁向内算起 30 倍粒径的厚度。在一般的液相色谱系统中，柱外效应对柱效的影响远远大于管壁效应对柱效的影响。

二、柱填料

液相色谱柱的性能主要取决于填料的性质和类型。常见的液相色谱柱填料有 C_1、C_3、C_4、C_8、C_{18}、C_{30}、氨基、氰基、硅胶色谱柱等。填料的大小、形状、键合相、含碳量等均能影响液相色谱柱的性能。

1. 填料粒径对液相色谱柱性能的影响

液相色谱柱填料的平均粒径越小，涡流扩散越小，传质越好，柱效越高，然而，填料粒径小，导致渗透性能变差，柱压较高。同时，填料粒径分布越宽，渗透性能越差，色谱柱柱效越低。常见的填料粒径有 3μm、3.5μm、5μm、10μm 等。

2. 填料形状对液相色谱柱性能的影响

液相色谱柱的填料分为无定形和球形。无定形填料制备的液相色谱柱柱床结构不均匀，流动相线性速度不均匀，色谱图的峰形较宽；球形填料制备的液相色谱柱柱床结构均匀，因此色谱柱柱效高、重现性好。球形填料是目前最为常见的液相色谱柱填料，这种填料具有更好的性能和重现性（图2-43）。

图 2-43 球形填料

3. 填料的键合相对色谱柱性能的影响

以硅胶为基质，通过化学键合的方式把 C_{18}、C_8、氨基、氰基等基团键合在基质上，作为液相色谱柱中的填料。通过键合不同的化学基团，得到不同性能的液相色谱柱。由于不同键合基团的分离机理不同，因此影响化合物的保留与分离。

填料的键合使得液相色谱柱的固定相相对较为稳定，不易流失，同时很大程度上消除了硅羟基的不良影响，可适用于多种流动相中，应用广泛。然而，键合后的填料耐酸性较差，pH 值不能小于 2，当流动相 pH 值超出酸性范围时，键合相易流失，耐用性和稳定性会变差。

4. 填料的端基封口对色谱柱性能的影响

硅胶因具有特殊的表面化学特性，被广泛用作液相色谱柱填料基质材料。硅胶表面具有硅羟基，硅羟基的密度、分布及其化学特性对各种类型的色谱行为都会产生不同程度的影响。

在使用以硅胶为基质的高效液相色谱柱特别是反相色谱柱时，经常会遇到因游离的硅羟基（或称为硅醇基）而导致的非特异性吸附。对一些极性较强的溶质，如碱性物质，色谱峰会严重拖尾，甚至会因强吸附而不能洗脱。通常采用封尾（也称封端）的方式减少硅羟基的影响，具体做法是将填料与小硅烷（如三甲基氯硅烷）进行后续反应，反应掉部分残余硅羟基，以增加表面覆盖率。采用该方式不仅可以减少不可逆吸附或拖尾，还能增加碳含量。但是，该方法并不能完全反应掉残余的硅羟基，仍有 50%的硅羟基未被反应。

5. 填料的含碳量对色谱柱性能的影响

液相色谱柱填料，特别是反相填料的含碳量，常用于表征表面化学修饰程度。通常通过键合作用将碳链引入填料中，填料含碳量越高，说明碳链密度越高，碳链越长，容量因子越大，疏水性越强。在反相条件中，碳链增长，意味着填料具有更大的比表面积，缔合作用增强，目标化合物保留增加。因此，高含碳量填料的液相色谱柱稳定性好，重复性好，有利于保留效果差的化合物的分离，可以改善极性化合物的拖尾；低碳量填料的液相色谱柱有利于分析中性及碱性化合物，可以降低溶剂损耗。

6. 填料的其他因素对色谱柱性能的影响

除上述情况外，硅胶填料的活性、杂质含量、pH 值稳定性、热稳定性等也会影响液相色谱柱性能。

生产硅胶时，处理温度不同，硅胶活性也不同。硅胶的活性是选择性差异的主要来源，主要影响碱性化合物的保留行为；硅胶的杂质含量是色谱柱质量好坏的重要标志，重金属含量低，硅羟基活性小，拖尾减小。

填料的 pH 值稳定性直接影响液相色谱柱的酸碱耐受范围，硅胶填料的 pH 值耐受范围为 2～8，聚合物和杂化硅胶填料的 pH 值耐受范围为 2～12。当流动相 pH 值小于 2 时键合相会水解，当流动相 pH 值大于 8 时硅胶溶解，因此在选择液相色谱柱时需要了解流动相的 pH 值及液相色谱柱的 pH 值使用范围。目前，市售常规液相色谱柱的 pH 值使用范围为 2～8，通过对填料的改性，部分色谱柱 pH 值使用范围拓展为 1～12。

不同类型填料的热稳定性也有差异，普通硅胶填料的使用温度一般不超过 60℃，杂化硅胶填料的使用温度一般不超过 90℃，聚合物填料的使用温度一般不超过 150℃。

三、填料填充技术

液相色谱柱中谱带展宽效应与流动相的线速度、粒径以及溶质在流动相中的扩散系数等密切相关。对于给定粒径的填料来说，填充成均匀而紧密的柱床，是得到高性能柱子的关键，而采用细粒径且粒径分布均匀的优质填料，则是得到高性能柱子的最基本的保证。

1. 干法装填

干法装填是将少量填料借助于漏斗加到柱子的顶端，每加一次要轻轻地敲打填料水平面附近的柱管约 5min，并将柱子垂直在地上敲击几次（地上应用胶皮垫平），重复这个过程直到柱子装满为止。如有条件，最好将装好的柱子连同附加部分接到色谱泵上，以高速高压使溶剂通过 15min，然后再将柱子拆下。取下离柱子顶端 1~2mm 的填料，用一小团硅烷化的玻璃棉或多孔聚四氟乙烯圆板（板孔径<10μm）放置在柱子的顶端并向下压实，该方法就是干法填柱的步骤。

对于粒径较大的填料（多用于制备色谱），如粒径≥20μm 的填料，可以用干法装填，须注意的一点是，在干法填装制备液相色谱柱时，不要过分剧烈地振动和敲打。振动和敲打会使填料因自身粒径的不均匀性而导致柱子整体上的不均匀，即较大的填料粒子靠近柱壁，而较小的填料粒子倾向集中于柱中心。这种柱内颗粒分布的不均匀性，会导致柱效的降低。比较好的方法是采用少量多次的方法向柱内加入填料，例如每次加入相当于 3~5mm 柱床的填料，装一点即在实验台或桌面上垂直地轻轻磕几十下，续加一些填料后，重复上述操作，直至填装完成。

2. 湿法装填

湿法装填也叫匀浆法装填，是用合适的溶剂或混合溶剂作为分散介质，经超声波处理，使填料微粒在介质中呈悬浮状态，高度分散，形成匀浆液，通过加压的方式将匀浆液压入柱管中，制成均匀的、紧密填充的高效柱。

对于细柱径填料填装的高效柱，则必须使用湿法，即匀浆法装柱。因为随着粒径的缩小，因静电作用和表面能的加大，粒子间倾向于聚集和黏结，若以干法填装，它们会黏附在连接管及柱壁上，也会因强烈的静电作用彼此排斥，因而难以填装出均匀而紧密的柱床。但是，在固液系统中存在因重力而引起的沉降现象。粒子在液体中的沉降速度，与粒径直径的平方以及液-固密度之差成正比，而与液体黏度成反比。

最常用的方法是高压匀浆法，将填料悬浮在适宜的匀浆液中制成匀浆，在其尚未沉降之前，用高压泵将其以很高的流速压进柱中，便可制备出填充均匀的柱子。

四、常见色谱柱及其应用范围

液相色谱柱的选择直接影响分离效果的好坏、分析时间的长短以及分析方法的稳定性。但是现在市场上色谱柱种类繁多，不同品牌、类型、规格的液相色谱柱性能差异很大，适用范围也各不相同。如何正确选择液相色谱柱，是进行液相色谱分析时首先需要考虑的因素。常见液相色谱柱及其应用范围见表2-12。

表2-12　常见液相色谱柱及其应用范围

类型	键合基团	性质	应用范围
烷基色谱柱	烷基，如 C_8、C_{18}、C_{30} 等	非极性	中等极性化合物和溶于水的极性化合物
苯基色谱柱	苯基	非极性	非极性至中等极性化合物，如脂肪酸、脂溶性维生素、甾醇等
酚基色谱柱	酚基	弱极性	中等极性化合物，对多环芳烃、极性芳香族化合物、脂肪酸具有不同的选择性
硅胶色谱柱	—	极性	适合异构体和弱酸性化合物的分离
氨基色谱柱	氨基	极性	正相可分离极性化合物，如芳胺取代物、氯代农药；反相可分离单糖、多糖等
氰基色谱柱	氰基	极性	适合分析极性化合物，提供与直链烷基柱和苯基柱不同的选择性
HILIC 色谱柱	酰胺基、羟基、两性离子等	极性	强极性和亲水性的小分子化合物
SAX 强阴离子交换柱	季铵基团	离子交换	适用于分离在水溶液中呈阴离子态的化合物，如芳香族和脂肪族羧酸及磺酸等
SCX 强阳离子交换柱	苯基磺酸基团	离子交换	适用于分离在水溶液中呈阳离子态的化合物，如碱性、水溶性化合物及生物分子
专用柱	键合特定基团	—	适用于特定化合物如多环芳烃、草甘膦、双氰胺等化合物的分析

五、常见问题与解答

1. 液相色谱柱的分离原理有哪些?

解　答　（1）分离原理：样品组分在流动相和固定相之间进行分配，由于不同组分在流动相和固定相之间的相互作用能力（吸附、分配、离子交换、分子尺寸等）不同，使得不同组分在液相色谱柱上的移动速率不一样，从而产生色谱分离。

（2）按照分离原理不同，液相色谱柱分离模式可分为正相、反相、离子交换、离子抑制、亲水作用等。下面简单介绍一下各种分离模式的原理及区别。

① 正相色谱是液相色谱的经典分离模式，使用极性固定相和非极性流动相，目标化合物通过其极性基团和固定相上的极性基团作用被保留。正相色谱的经典应用是使用未键合的硅胶和氧化铝，但现在使用的极性键合相有以下优点：键合相平衡快、对流动相中微量的水不敏感、选择性好。各种极性键合相中二醇基键合相比纯硅胶极性小，平衡速度快；氰基键合相是保留能力最小的正相吸附剂；氨基键合相适宜分离芳香族碳氢化合物。

② 反相色谱已成为最流行的色谱分离模式。反相色谱中，使用非极性固定相和极性流动相。典型的流动相一般是水或水系缓冲液与甲醇、乙腈或四氢呋喃的混合物。典型的固定相是用脂肪烃硅烷化的硅胶键合相，其他用于反相色谱的基质有石墨化碳和苯乙烯-二乙烯苯基质。反相色谱的性能还受残留的硅醇基活性的影响，由于硅醇基能与目标化合物的极性基团相互作用，例如，常能观察到碱性物质在硅醇基活性高的填料上产生拖尾峰。因此，根据硅醇基的活性不同，填料显示出不同的选择性。修饰硅醇基活性的一个办法是封尾，即用硅烷化试剂把硅醇基转变成三甲基甲硅烷基基团。不过，即使是作了封尾，基质表面的硅醇基密度还是比键合配基的密度大。硅醇基的活性也和硅胶的预处理（基质灭活）、硅胶纯度有关。碱性分析物的色谱分析推荐使用高纯度硅胶基质、充分封尾的键合相。但未封尾的填料在许多应用中也有可以获得不同选择性的优点。

③ 使用带有离子电荷的固定相，可以根据目标化合物的电荷进行分离。对于硅胶基质的离子交换填料，离子基团通过标准的硅烷化技术键合到硅胶表面。对于聚合物基质的离子交换填料，离子交换基团分布于交联聚合物的整体。有四种离子交换填料：强/弱阳离子交换填料和强/弱阴离子交换填料。弱离子交换填料的特征是电量与 pH 值有函数关系，以羧酸基为功能基的离子交换剂是弱阳离子交换剂的代表。弱阴离子交换剂以一级、二级、三级铵为功能基。大部分强离子交换剂的电荷与 pH 值无关。四级铵形成强阴离子交换剂，而磺酸基构成了强阳离子交换剂。所有这些离子交换基团都可以在聚合物基质上见到，主要用于分离生物大分子。除了弱阳离子基团外，其他功能基团都可以键合到硅胶上。

④ 离子抑制（离子对）色谱广泛用于在低 pH 下分析洗脱液中的有机酸，它只是反相色谱的一个分支。特殊的聚合物固定相适用于这种应用，因为耐酸碱范围大。

⑤ 亲水作用色谱将正相色谱扩展到水系洗脱液，用极性固定相配合水-有机流动相，与反相色谱相反，保留随有机相的增加而增加。这种应用多用胺丙基键合相作固定相，另外，硅胶、二醇类或其他极性固定相也有应用。通常应用胺丙基固定相来分离碳水化合物，专门设计用于这种应用的柱子称为糖柱。

2. 如何启用、保管和维护液相色谱柱?

解　答　（1）在启用新的液相色谱柱之前一定要仔细阅读色谱柱说明书，色谱柱说明书通常与色谱柱一同保存于包装盒内。

（2）在启用新的液相色谱柱之前一定要了解色谱柱的性能，例如填料规格、耐压范围、pH 值和温度的耐受范围等。

（3）在启用新的液相色谱柱之前一定要了解色谱柱内保存溶剂的类别，在进样前选择合适的流动相对色谱柱内的保存溶剂进行替换，并平衡色谱柱。

（4）液相色谱柱在使用结束后及时冲洗或置换色谱柱内的溶剂，并选择合适的溶剂进行保存。

（5）长期不用的液相色谱柱需保存于合适的溶剂中，两端用死堵拧紧，防止溶剂挥发，建议保存于原色谱柱包装盒内，并做上记号或填写相关记录。

（6）闲置时间较长的液相色谱柱在重新启用时，为防止填料干涸，需选择合适的流动相进行冲洗活化。

3. 如何测试液相色谱柱的柱效?

解　答　JJG 705—2014《液相色谱仪检定规程》中规定了液相色谱柱柱效的测试方法，具体测试方法如下。

（1）测试用标准溶液：反相色谱柱测试用的标准溶液为 1×10^{-4} g/mL 的尿嘧啶、1×10^{-5} g/mL 联苯和蒽（萘）的甲醇溶液；正相色谱柱测试用的标准溶液为 1×10^{-2} mL/mL 甲苯和 1×10^{-4} mL/mL 硝基苯的正己烷溶液。

（2）将被测试的色谱柱接到检定合格的液相色谱仪器上，反相柱用甲醇+水（85%+15%）为流动相，正相柱用正己烷+异丙醇（99.5%+0.5%）为流动相，流速为 1mm/s（内径为 4.6mm 色谱柱，流量为 1.0mL/min），紫外检测器波长为 254nm，灵敏度选择适中。仪器稳定后，从进样口注入 10μL 对应的色谱柱测试标准溶液，记录色谱图。

（3）柱效（理论塔板数）和色谱峰对称性的计算：

由式（2-1）计算液相色谱柱柱效理论塔板数，重复测量 3 次，取平均值。

$$n = 5.54 \times \left[\frac{t_R}{W_{\frac{h}{2}}} \right]^2 \times 1000 / L \qquad (2\text{-}1)$$

式中，n 为理论塔板数；t_R 为色谱峰的保留时间，时间测量需精确到 0.02min；$W_{\frac{h}{2}}$ 为色谱峰半高峰宽；L 为色谱柱长。

按照上述条件测得的色谱图中，按式（2-2）计算色谱峰的不对称因子 A_s。

$$A_s = b/a \qquad (2\text{-}2)$$

式中，a、b 分别为通过 $\frac{1}{10}h$ 峰高处、平行于峰底的直线被峰两侧及峰高截取的两线段的长度。

（4）液相色谱柱性能要求

① 柱效：反相色谱柱的理论塔板数一般在 $3 \times 10^4 \sim 4 \times 10^4 \mathrm{m}^{-1}$ 范围内，正相色谱柱的理论塔板数在 $4 \times 10^4 \sim 5 \times 10^4 \mathrm{m}^{-1}$ 范围内。

② 色谱峰对称性：被测峰（蒽）的不对称因子 A_s 一般在 0.8～1.6 范围内。

4. 液相色谱柱保护柱有何作用?

解　答　（1）在使用高效液相色谱仪分析检测样品的过程中，液相色谱柱会受到来自色谱系统及样品的污染，从而导致液相色谱柱耐用性差、寿命缩短。

来自色谱系统的污染主要指：

① 液相色谱仪系统中部件磨损而产生的固体颗粒；

② 流动相系统过滤不完全残留的固体颗粒。

来自样品的污染主要指：

① 未完全溶解的样品或者样品中杂质进入色谱系统中；

② 由于样品溶剂和流动相溶剂对样品溶解存在的溶解度差异，导致沉淀析出污染系统。

特别是对于中药、天然产物、合成中间体及生物药品的检测，因基质的复杂性，色谱柱受污染的情况会更加严重。

（2）污染会导致色谱系统压力升高、色谱柱塌陷、填料变色等，从而带来检测成本高，测试结果不准确等各种影响。

（3）保护柱是液相色谱分析中重要的色谱耗材，使用保护柱可大大降低色谱柱受污染的程度，延长色谱柱使用寿命。

（4）保护柱位于进样器与色谱柱之间，作用主要有：截留不溶性颗粒；吸附样品基质中的杂质。

5. 怎样解决色谱柱导致的系统压力过高的问题？

解　答　（1）判断故障部位，确定液相色谱系统压力升高是由液相色谱柱导致的。

（2）检查液相色谱柱的规格型号，不同填料、粒径、柱长的液相色谱柱产生的系统压力是不同的。通常填料粒径越小液相色谱柱柱压越高，柱长越长液相色谱柱柱压越高。

（3）检查流动相类型与流动相比例，相同的液相色谱柱，不同流动相类型或流动相比例产生的系统压力也是不同的。通常流动相黏度越大液相色谱柱柱压越高。

（4）分别移除色谱柱或保护柱，查找导致液相色谱系统压力升高的原因。

① 如果是保护柱导致液相色谱系统压力升高，则对保护柱进行冲洗或更换保护柱柱芯。

② 如果是色谱柱导致液相系统压力升高，则对色谱柱进行冲洗。冲洗前，需断开检测器，防止污染物被冲洗到检测器中；通常色谱柱入口端容易被污染，导致筛板堵塞，如经确认色谱柱可以反冲，则可以对色谱柱进行低流速反向冲洗，但是反向冲洗容易造成填料松动，影响色谱柱性能。

（5）如果冲洗后系统压力降低不明显，可以尝试对色谱柱筛板进行清洗，有条件的，可以对色谱柱筛板进行更换，通常仅需要清洗或更换入口端筛板。

6. 实验结束后如何清洗液相色谱柱？

解　答　（1）如果使用的流动相不涉及缓冲盐、有机酸或无机酸等添加物，可以直接用纯有机相进行冲洗，并将色谱柱内充满有机相并封存。

（2）如果使用的流动相中含有缓冲盐、有机酸或无机酸等添加物（通常为反相色谱），则需用高比例的水相（如甲醇：水=90：10）冲洗色谱柱 30min 以上，然后用纯有机相冲洗色谱柱，并将色谱柱内充满有机相并封存。

7. 正相色谱柱与反相色谱柱在填料上有什么区别？

解　答　（1）正相色谱柱与反相色谱柱本质上是填料（固定相）不同。正相色谱柱填料极性强，洗脱顺序由弱到强；反相色谱柱填料极性弱，洗脱顺序由强到弱。

（2）正相色谱柱用的填料通常为硅胶以及其他极性键合基团，如氨基团（NH₂，APS）和氰基团（CN，CPS）的键合相填料。由于硅胶表面的硅羟基（SiOH）或其他极性基团极性较强，因此，分离的次序是依据样品中各组分的极性大小，即极性较弱的组分最先被冲洗出色谱柱。正相色谱柱使用的流动相极性相对比固定相低，如正己烷、氯仿、二氯甲烷等。

（3）反相色谱柱用的填料常以硅胶为基质，表面键合有极性相对较弱官能团的键合相。反相色谱柱所使用的流动相极性较强，通常为水、缓冲液与甲醇、乙腈等的混合物。样品流出色谱柱的顺序是极性较强的组分最先被冲洗出，而极性较弱的组分会在色谱柱上有更强的保留。常用的反向填料有 C_{18}（ODS）、C_8（MOS）、C_4（butyl）、C_6H_5（phenyl）等。

8. 如何正确使用液相色谱柱?

解　答　液相色谱柱在使用前，最好进行色谱柱的性能测试，并将结果保存起来，作为今后评价色谱柱柱性能变化的参考。但要注意的是液相色谱柱性能可能由于所使用的样品、流动相、柱温等条件的差异而有所不同；另外，在做色谱柱柱性能测试时应按照色谱柱出厂报告中的条件进行（出厂测试所使用的条件是最佳条件），这样测得的结果才有可比性。

（1）样品的前处理

① 最好使用流动相溶解样品。

② 使用预处理柱除去样品中的强极性或与柱填料产生不可逆吸附的杂质。

③ 使用 0.45μm 或 0.22μm 的过滤膜过滤除去微粒杂质。

（2）流动相的配制

液相色谱是目标化合物在色谱柱填料与流动相之间分配平衡而达到分离，因此要求流动相具备以下的特点：

① 流动相对样品具有一定的溶解能力，保证样品组分不会沉淀在液相色谱柱中（或长时间保留在液相色谱柱中）。

② 流动相具有一定惰性，与样品不产生化学反应（特殊情况除外）。

③ 流动相的黏度要尽量小，以便在使用较长的色谱柱时能得到好的分离效果；同时降低柱压，延长液体泵的使用寿命（可运用提高温度的方法降低流动相的黏度）。

④ 流动相的物化性质要与使用的检测器相适应。如使用 UV 检测器，最好使用对紫外吸收较低的溶剂配制。

⑤ 流动相沸点不要太低，否则容易产生气泡，导致实验无法进行。

⑥ 在流动相配制好后，一定要进行脱气。除去溶解在流动相中的微量气体既有利于检测，还可以防止流动相中的微量氧与样品发生作用。

（3）流动相流速的选择

因柱效是液相色谱柱中流动相线性流速的函数，使用不同的流速可得到不同的柱效。对于一根特定的液相色谱柱，要追求最佳柱效，最好使用最佳流速。对于内径为 4.6mm 的色谱柱，流速一般选择 1.0mL/min；对于内径为 4.0mm 的色谱柱，流速 0.8mL/min 为佳。当选用最佳流速时，分析时间可能延长。可采用改变流动相的洗脱强度的方法以缩短分析时间（如使用反相柱时，可适当增加甲醇或乙腈的含量）。

（4）注意

① 由于甲醇廉价，对于反相柱推荐使用甲醇体系（必须使用乙腈的场合除外）。

② 对于正相柱，推荐使用沸程为 30～60℃的石油醚或提纯后的己烷作流动相，没有提纯的己烷不得使用。用水最好使用超纯水（电阻率大于 18.2MΩ），去离子水及双蒸水中含有酚类杂质，有可能影响分析结果。

③ 含水流动相最好在实验前配制，尤其是夏天使用缓冲溶液作为流动相不要过夜。如允许，可以加入叠氮化钠，防止细菌和藻类生长。

④ 流动相要求使用 0.45μm 滤膜过滤，除去微粒杂质。

⑤ 使用色谱级溶剂配制流动相，使用合适的流动相可延长色谱柱的使用寿命，提高柱性能。

9. 如何正确安装液相色谱柱?

解　答　（1）液相色谱柱安装时需要注意安装方向，通常液相色谱柱生产厂家会在色谱柱柱管或标签上以箭头的方式标注安装方向，箭头方向即为流动相流动方向。

（2）选择合适的不锈钢或 PEEK 接头，色谱柱两端用接头拧紧，不要漏液。

（3）液相色谱柱安装完成后可以先用有机相低流速进行冲洗，然后再投入使用。

10. 液相色谱柱的金属接头与 PEEK 接头有什么区别?

问题描述 液相色谱柱的金属接头与 PEEK 接头有什么区别? 金属接头与 PEEK 接头能不能互换使用?

解 答 (1)使用不锈钢接头时,当完成第一次安装后,不锈钢卡套会固定在不锈钢管路上,如果更换不同品牌或规格的液相色谱柱,需要注意液相色谱柱接头处的形状和长度,否则会产生一个非常大的死体积。不锈钢接头的安装和更换都需要工具,不是很便利。

(2)如果需要经常改变流动相流路或更换液相色谱柱,使用 PEEK 材料制成的管路和接头会非常方便。PEEK 接头容易连接,不需工具,手拧即可固定,而且容易调节锥箍之外的管路长度,方便与不同品牌或规格的液相色谱柱连接。

(3)使用 PEEK 接头需要注意的是:PEEK 材料对卤代烃和四氢呋喃的兼容性不好,虽然未观察到上述溶剂溶解 PEEK 材料的明显迹象,但是 PEEK 材料遇到上述溶剂会变脆;另一个需要考虑的因素是耐压范围,不锈钢管通常可耐受6000psi 的压力,但 PEEK 管只能耐受近 4000psi,因而压力太高时,可能使 PEEK 接头在管路上滑动而产生死体积或漏液。

(4)PEEK 接头有好几种类型,常用的规格有 1/8,1/16 还有 1/32,分情形使用。其中,1/16 PEEK 接头大部分是一体式接头,方便快捷,通用性强;1/8 PEEK 接头分体式居多。

11. 不同品牌色谱柱管线接头是否通用?

解 答 (1)不同品牌色谱柱管线接头是否通用取决于管线的规格是否一致,而非品牌。使用液相的工作者通常面临峰拖尾、峰展宽、峰分叉以及交叉污染等问题的挑战。引起这些问题的一个常见原因是管线连接不当,见图 2-44,这一原因通常容易被忽视,因此在故障排除方面往往需要花费大量时间。

(2)管线连接的死体积或微量泄漏会严重影响色谱分析的性能(例如造成峰拖尾)和峰面积重现性。因此,选择管线接头时应充分了解所使用的色谱柱的接口规格,选择适当的管线来连接色谱柱,或者选择可灵活适应不同色谱柱规格的A-Line quick connect 接头。

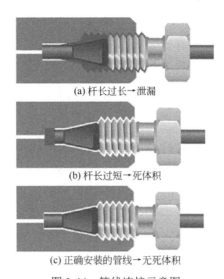

(a) 杆长过长→泄漏

(b) 杆长过短→死体积

(c) 正确安装的管线→无死体积

图 2-44　管线连接示意图

12. 如何计算色谱柱柱体积?

解　答　（1）柱体积的计算可以按照公式 $V=\pi r^2 h$ 来计算。式中，r 为液相色谱柱的半径，h 为液相色谱柱的长度（即圆柱体的高）。需要说明的是，安捷伦的色谱柱柱体积一般是色谱柱的柱管体积乘以 65% 来计算。

以图 2-45 为例：1 个柱体积应为 2.5mL×65%=1.62mL（图中 1.5mL 是按 60% 计算所得，粗略计算时可用，优点是计算方便）。

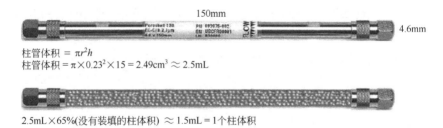

柱管体积 $= \pi r^2 h$
柱管体积 $= \pi \times 0.23^2 \times 15 = 2.49cm^3 \approx 2.5mL$

2.5mL×65%(没有装填的柱体积) $\approx$ 1.5mL＝1个柱体积

图 2-45　色谱柱标识

（2）在清洗再生色谱柱时，特别是色谱柱污染严重时，可以直接用柱管体积来计算冲洗所需要的溶剂的量。进行死体积或者死时间的计算时需要用 1.62mL 来计算。

（3）除了安捷伦之外的其他品牌的色谱柱，很多未装填柱体积需要乘以的系数是 60%。

（4）另外也可以在网上查询，将色谱柱的柱长和直径输入进行计算得到。

13. 液相色谱柱温与组分分离度有什么关系？

解　答　液相色谱组分分离度是指相邻两个峰的分开程度，由分离选择性、柱效、容量因子三个因素决定。

（1）改变分离选择性的方法有调整流动相的类型、改变流动相的组成、改变流动相的 pH 值、改变固定相、改变柱温等。

（2）改变容量因子的方法有改变色谱柱柱死体积、改变流动相配比、梯度洗脱、改变柱温等。

（3）改变柱温对柱效也有影响。

综上所述，柱温对影响分离度的三个因素都有作用，不能简单认为升高柱温，柱效升高，分离度就越大。

第五节　液相色谱检测器

检测器能够将色谱柱分离出来的目标化合物及含量转化为可供检测的信号，并由记录仪绘制出谱图实现定性和定量分析。理想的液相色谱检测器应具备以下特点：灵敏度高，对所有的溶质都有快速响应，不破坏样品，响应不受流动相流量和温度影响，不引起柱外谱带扩展，线性范围宽，稳定性好，以及适用范围广等。目前还没有一种检测器能够完全符合上述条件，但是已有的液相检测器在一定条件下都可以满足分离测定的具体要求，因此，我们可以按照分离要求去选择符合条件的液相检测器，使其能够满足工作要求。

一、检测器分类

1. 按检测器性质或应用范围分类

（1）总体性能检测器　响应值取决于流出物（包括样品和流动相）某些物理性质的总体变化的检测器为总体性能检测器。示差折光检测器、电导检测器等属于该类检测器。总体性能检测器易受温度变化、流量波动以及流动相组成等因素的影响，引起较大的基线噪声和漂移，灵敏度低，不适用于痕量分析，也不适用于梯度洗脱，因此使用范围受到限制。

（2）溶质性能检测器　响应值取决于流动相中溶质的物理或化学特性的检测器为溶质性能检测器。紫外可见吸收检测器、荧光检测器、安培检测器等属于该类检测器。溶质性能检测器选择性地测定流动相中的溶质，仅对目标化合物有响应，因此灵敏度高，受外界环境条件和操作条件的影响较小，适用于梯度洗脱。

2. 按检测器对物质响应差别分类

（1）通用型检测器　对所有物质均有响应，如示差折光检测器、蒸发光散射检测器、电化学检测器等。

（2）专用型检测器　又称为选择型检测器，只能选择性地对某些物质有响应，如紫外可见吸收检测器、荧光检测器等。

3. 按测量信号性质分类

（1）浓度敏感型检测器　响应值正比于溶质在流动相中的浓度，测量的是流动相中溶质浓度瞬间的变化，大部分常用的液相色谱检测器都属于浓度敏感型检测器。当样品量一定时，浓度敏感型检测器的峰高响应值与流动相流速无关；峰面积响应值与流速成反比。

（2）质量敏感型检测器　响应值正比于单位时间内通过检测器的物质质量，即正比于质量流速。库仑检测器就是一种质量敏感型检测器，其峰面积与流动相流速无关，峰高响应与流速成正比。

4. 按测量原理分类

（1）光学性质检测器　根据被测物质对光的吸收、发射和散射等性质而进行检测的检测器，如紫外可见吸收检测器、示差折光检测器、蒸发光散射检测器等。

（2）电学及电化学性质检测器　根据目标化合物的电化学性质进行检测的检测器，该类检测器通常将色谱流出液作为化学电池的一个组成部分，通过测量电池的某种电参数，如安培检测器、电导检测器、库仑检测器等。

（3）热学性质检测器　利用热学原理进行检测的检测器，如光声检测器、热透镜和光热偏转检测器等，该类检测器并不常见，应用有待发展。

5. 按信号记录方式分类

（1）积分型检测器　显示某一物理量随时间的累加，所显示的信号是指在给定时间内物质通过检测器的总量，其色谱图为台阶形曲线，该类检测器灵敏度低、定性困难、应用少。

（2）微分型检测器　显示某一物理量随时间的变化，所显示的信号表示在给定时间内某一瞬时通过检测器的量，得到的是一系列峰形色谱图，该类检测器灵敏度高，可用于定性和定量检测，是液相色谱分析中常见的检测器。

二、性能指标

1. 噪声和漂移

检测器噪声和漂移是评价液相检测器稳定性的主要指标。

检测器噪声，定义为没有溶质通过检测器时，检测器输出的信号变化，以 N_D 表示；检测器噪声与被测样品无关，反映的是检测器输出信号的随机扰动变化。检测器噪声分为短噪声和长噪声。其中，短噪声俗称"毛刺"，是由信号频率的波动引起的，可以用适当的滤波装置加以消除，在基线中表现为绒毛状波动。短噪声的存在并不影响色谱峰的分辨，但对检出限有一定的影响。长噪声是输出信号随机和低频的变化情况，是由与色谱峰类似频率的基线扰动构成的。长噪声可能是有规律的波动，基线呈波浪形，也可能是无规律的波动，影响色谱峰的分辨。因此，检测器噪声的存在会降低检测器灵敏度，严重时会使仪器无法工作。另外，还需注意区分基线噪声与检测器噪声的区别。

漂移是指基线随时间的增加朝单一方向的缓慢移动，能够掩蔽噪声和小峰。基线漂移与整个液相色谱系统有关，而检测器造成基线漂移的原因有：电源电压不稳，灯能量不稳定，仪器预热不充分等。

2. 灵敏度

灵敏度又称为响应值，是指一定量的物质通过检测器时所产生的信号强弱。当一定浓度或一定质量（m）的样品进入检测器后产生响应信号（R），以 R 对 m 作图，可得到一条通过原点的响应曲线，其中直线部分的斜率就是检测器的灵敏度，以 S 表示：

$$S = \Delta R / \Delta m \qquad (2\text{-}3)$$

式中，ΔR 为信号的增值；Δm 为样品量的增值。因此灵敏度就是响应信号对进样量的变化率。

灵敏度是衡量检测器性能的重要指标，可用来评价检测器的好坏，并可同其他类型的检测器进行比较。检测器灵敏度越高，对同等进样量的同一样品，检测器的响应信号也越大。

3. 检测限

检测限又称敏感度，通常是指信号与噪声的比值（信噪比）等于 3 时，在单位时间内进入检测器的样品量，以 D 表示：

$$D = 3N_{\mathrm{D}} / S \tag{2-4}$$

式中，N_{D} 为噪声；S 为灵敏度。

检测限与噪声和灵敏度相关，能够更全面地反映检测器质量，是衡量检测器性能的重要指标。检测限小，说明检测器的检测能力强、性能好，检测时所需要的样品量少。

4. 线性范围

检测器的线性是有一定范围的。检测器的线性范围定义为检测信号与目标化合物含量呈线性关系的范围，以呈线性响应的样品量上限、下限的比值表示。一般来说，线性范围的下限为定量限；当样品量大于某一数值后，直线开始弯曲，检测器响应值不再随样品量的增加而呈线性增加时，这个拐点为线性范围的上限。

在线性范围内，定量分析结果更准确；若在非线性范围内，定量分析结果将产生偏差。在定量分析时，希望检测器有宽的线性范围，可以在一次分析中同时对主要组分和痕量组分进行检测。

5. 其他指标

样品池体积也是检测器的重要指标。池体积大，样品在样品池中被流动相稀释，不仅会降低检测灵敏度，还使峰展宽。除了池体积大小的影响外，样品池的结构形状也会影响峰展宽。

检测器的时间常数也叫响应时间，反映了样品进入检测器到产生信号响应的时间快慢，对色谱系统的灵敏度和检测限也有一定的影响。

另外，检测器的最大工作压力、温度适用范围、操作维修的简易性等也都是需要考虑的因素。

检测器的性能指标见表 2-13。

表 2-13　检测器的性能指标

性能	UVD	RID	FLD	ECD	ELSD	CAD
测量参数	吸光度 /AU	折射率 /RIU	荧光强度 /AU	电导率 /（μS/cm）	质量 /ng	质量 /ng
池体积/μL	1～10	3～10	1～20	1～3	—	—
类型	选择型	通用型	选择型	选择型	通用型	通用型
线性范围	10^5	10^4	10^3	10^4	约 10	10^4
最小检出浓度/（g/mL）	10^{-10}	10^{-7}	10^{-11}	10^{-3}	—	—
最小检出量	约 1ng	约 1μg	约 1pg	约 1mg	100～150mg	5～20ng
噪声（测量参数）	10^{-4}	10^{-7}	10^{-3}	10^{-3}	10^{-3}	10^{-3}
用于梯度洗脱	可以	不可以	可以	不可以	可以	可以
对流量敏感性	不敏感	敏感	不敏感	敏感	不敏感	不敏感
对温度敏感性	低	10^{-4}℃	低	2%/℃	不敏感	不敏感

三、常见检测器

1. 紫外可见吸收检测器

紫外可见吸收检测器（ultraviolet-visible detector，UVD）是液相色谱仪中使用最广泛的一种检测器，其特点是灵敏度较高、线性范围宽、噪声低、适用于梯度洗脱。紫外可见吸收检测器对强吸收物质检测限可达 1ng，检测后不破坏样品，可用于制备，并能与任何检测器串联使用。紫外可见吸收检测器只能用于检测有紫外吸收的物质，且流动相的选择有一定限制，流动相的截止波长必须小于检测波长。

紫外可见吸收检测器是基于溶质分子吸收紫外光的原理设计的检测器，其工作原理是朗伯-比尔定律，即当一束单色光透过流动池时，若流动相不吸收光，则被测物质的吸光度、浓度、摩尔吸光系数和流通池的长度成正比。

紫外可见吸收检测器又分为固定波长紫外吸收检测器、可变波长紫外可见吸收检测器和光电二极管阵列检测器 3 种类型。

（1）固定波长紫外吸收检测器　固定波长紫外吸收检测器由低压汞灯提供固定波长 λ=254nm（或 λ=280nm）的紫外光，其结构如图 2-46 所示。由低压汞灯发出的紫外光经入射石英棱镜准直，再经遮光板分为一对平行光束后分别进入流通池的测量臂和参比臂。经流通池吸收后的光线，通过遮光板、石英棱镜及紫外滤光片，只让 254nm 的紫外光被光敏电阻接收，并转化为吸光度后，经放大器输送至记录仪。

固定波长紫外吸收检测器在液相色谱中已较少使用，现多用于核酸和核苷酸的生化检测仪中。

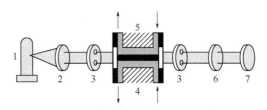

图 2-46　固定波长紫外吸收检测器结构示意图
1—低压汞灯；2—透镜；3—遮光板；4—测量池；5—参比池；
6—紫外滤光片；7—双紫外光敏电阻

（2）可变波长紫外可见吸收检测器　早期的紫外可见检测器光源多采用双光源，利用氘灯提供紫外范围的波长，利用钨灯提供可见光范围的波长，两者可提供 190～1000nm 范围的连续光谱，是比较理想的光源。采用汞灯和氙灯也可以提供紫外到可见光范围内的光源，其中存在一定强度线状光谱线，多用于固定波长吸收检测。目前，高性能氙灯已包含钨灯的发射光谱范围，可提供谱线在 160～800nm 的连续光源，并具有高辐射强度、较低的噪声和漂移、稳定的能量输出，灯寿命可达 1000～2000h，并具有极佳的重复性，被广泛应用于液相色谱紫外可见检测器中。

图 2-47 为 Agilent 1220 紫外可见吸收检测器结构示意图。光源发出的光经聚光透镜聚焦，由可旋转组合滤光片滤去杂散光，再通过入口狭缝至平面反射镜 M_1 反射至光栅。光栅将光衍射色散成不同波长的单色光。当某一波长的单色光经平面反射镜 M_2 反射至光分束器时，透过光分束器的光通过样品流通池，最终到达检测样品的测量光电二极管；被光分束器反射的光到达检测基线波动的参比光电二极管；获得的测量和参比光电二极管的信号差，即为样品的检测信号。

这种可变波长紫外可见吸收检测器的设计使其在某一时刻只能采集某一特定的单色光波长的吸收信号，光栅的偏转可由预先编制的采集信号程序加以控制，以便于采集某一特定波长的吸收信号，并可使色谱分离过程洗脱出的每一组分色谱峰都获得最灵敏的检测。

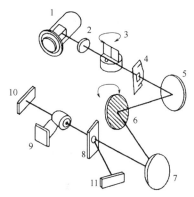

图 2-47　Agilent 1220 紫外可见吸收检测器结构示意图

1—氘灯；2—聚光透镜；3—可旋转组合滤光片；4—入口狭缝；5—反射镜 M1；
6—光栅；7—反射镜 M2；8—光分束器；9—样品流通池；
10—测量光电二极管；11—参比光电二极管

（3）光电二极管阵列检测器　光电二极管阵列检测器（photodio dearray detector, PDAD 或 PAD 或 DAD）是 20 世纪 80 年代发展起来的一种新型紫外可见吸收检测器。它采用光电二极管阵列作为检测元件，构成多通道并行工作，同时检测由光栅分光，再入射到阵列式接收器上的全部波长的光信号，然后对二极管阵列快速扫描采集数据，得到吸收值是保留时间和波长函数的三维色谱光谱图。由此可及时观察与每一组分的色谱图相应的光谱数据，从而迅速决定具有最佳选择性和灵敏度的波长。

图 2-48 为单光路二极管阵列检测器光路示意图。单光路二极管阵列检测器，光源发出的光先通过流通池，透射光由全息光栅色散成多色光，射到阵列元件上，使所有波长的光在接收器上同时被检测。阵列式接收器扫描提取每幅图像仅需要 10ms，远远超过色谱流出峰的速度，因此可随峰扫描。

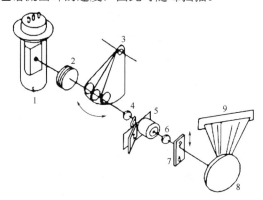

图 2-48　单光路二极管阵列检测器光路示意图

1—氘灯；2—消色差透镜组；3—斩光器；4—光束分离器窗；5—流通池；
6—光学透镜；7—可编程光狭缝；8—全息光栅；9—二极管阵列

2. 荧光检测器

荧光检测器（fluorescence detector，FLD）是一种高灵敏度、有选择性的检测器，可检测能产生荧光的化合物。某些不具有荧光性质的物质可通过化学衍生的方式转化成荧光衍生物，再进行荧光检测。其最小检测浓度可达 0.1ng/mL，适用于痕量分析；一般情况下荧光检测器的灵敏度比紫外可见吸收检测器高约 2 个数量级，但其线性范围不如紫外可见吸收检测器宽。近年来，采用激光作为荧光检测器的光源而产生的激光诱导荧光检测器极大地增强了荧光检测的信噪比，因而具有很高的灵敏度，在痕量和超痕量分析中得到广泛应用。

图 2-49 为 Agilent 1260 荧光检测器光路示意图。荧光检测器的激发光光路和荧光发射光光路相互垂直。激发光光源常用氙灯，可发射 250～600nm 连续波长的强激发光。光源发出的光经透镜、激发单色器后，分离出具有确定波长的激发光，聚焦在流通池上，流通池中的溶质受激发后产生荧光。为避免激发光的干扰，只测量与激发光成 90°方向的荧光，此荧光强度与产生荧光物质的浓度呈正比。此荧光通过透镜聚光，再经发射单色器，选择出所需检测的波长，聚焦在光电倍增管上，使光能转变成电信号，再经放大，形成样品的输出信号。

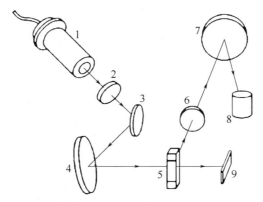

图 2-49 Agilent 1260 荧光检测器光路示意图
1—氙灯；2，6—聚光透镜；3—反射镜；4—激发光光栅单色器；5—样品流通池；
7—发射单色器；8—光电倍增管；9—光二极管

3. 示差折光检测器

示差折光检测器（differential refractive index detector，RID）是一种浓度型通

用检测器，对所有溶质都有响应，某些不能用选择性检测器检测的组分，如高分子化合物、糖类、脂肪烷烃等，可用示差折光检测器检测。示差折光检测器是基于连续测定样品流路和参比流路之间折射率的变化来测定样品含量的。光从一种介质进入另一种介质时，由于两种物质的折射率不同就会产生折射。只要样品组分与流动相的折光指数不同，就可被检测，二者相差愈大，灵敏度愈高。在一定浓度范围内，检测器的输出与溶质浓度成正比。

示差折光检测器按工作原理可分为反射式、偏转式和干涉式三种。其中干涉式使用较少，并不常见；偏转式池体积大（约 10μL），可适用于各种溶剂折射率的测定，应用最广泛；反射式池体积小（约 3μL），应用较多，但当测定不同折射率范围的样品时（通常折射率分为 1.31～1.44 和 1.40～1.60 两个区间），需要更换固定在三棱镜上的流通池，操作不是很方便。

图 2-50、图 2-51 分别为偏转式示差折光检测器光路示意图和反射式示差折光检测器光路示意图。

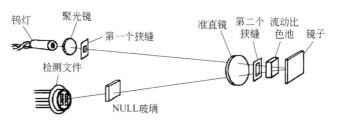

图 2-50 偏转式示差折光检测器光路示意图

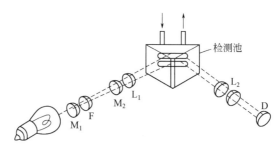

M₁—聚光透镜1；F—狭缝；M₂—聚光透镜2；
L₁—准直透镜；L₂—零位玻璃；D—光敏接收元件

图 2-51 反射式示差折光检测器光路示意图

流动相组成的变化会影响示差折光检测器响应值，干扰待测物质的测定，因此示差折光检测器一般不用于梯度洗脱；同时，示差折光检测器受外界环境的影响很大，温度的变化同样会影响待测物质的测定。

4. 蒸发光散射检测器

蒸发光散射检测器（evaporative light scattering detector，ELSD）是一种通用型质量检测器，属于破坏型检测器，对各种物质均有响应，并可使用梯度洗脱。蒸发光散射检测器是利用流动相和被测物之间蒸气压（挥发度）的差异，在加热漂移管中，将流动相与被测物质经氮气吹扫雾化成气溶胶，流动相在漂移管中被挥发掉后，不挥发的被测物分子进入光散射池，经一束激光照射，颗粒散射激光，散射光经光电二极管接收产生电信号。

图2-52为蒸发光散射检测器的工作原理示意图。样品组分从色谱柱流出后，进入检测器，经雾化、流动相蒸发和检测三个步骤，最后形成信号输出。

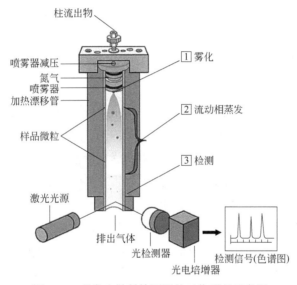

图 2-52　蒸发光散射检测器的工作原理示意图

（1）雾化　色谱柱流出液进入雾化针中，在针孔末端与通入流速约为2.0L/min 的氮气混合，形成微小、均匀的雾状液滴。通过监测雾化器中液体和通入氮气的压力，确保液滴分布的一致性。雾化液滴进入加热的漂移管，随着流动相的蒸发，样品组分会形成雾状颗粒悬浮在溶剂的蒸气之中，形成气溶胶。

（2）流动相蒸发　为使流动相能在漂移管中迅速蒸发，在漂移管的进口安装撞击器。根据样品性质的不同，撞击模式会有所差异。流动相在漂移管中蒸发的速度与雾状液滴（气溶胶）通过漂移管的速度和漂移管自身的加热温度有关。漂移管的加热温度可高至 120～140℃。气溶胶通过漂移管的速度，由雾化过程通过氮气的速度来调节。

（3）检测　样品颗粒通过漂移管流动相蒸发后，进入流通池，受到激发二极管发射的激光束照射，其散射光被硅晶体光电二极管检测产生电信号，电信号的强弱取决于进入流通池中样品颗粒的大小和数量，不受样品分子含有的官能团和光线特性的影响。

蒸发光散射检测器的响应值与样品的质量成正比，对几乎所有的样品给出近乎一致的响应因子，因此可以在没有标准品和未知化合物结构参数的情况下检测未知化合物，并可通过与内标物比较定量测定未知物的含量。

与示差折光检测器和紫外可见吸收检测器相比，蒸发光散射检测器消除了溶剂的干扰和因温度变化引起的基线漂移，可适用于梯度洗脱。此外，它还具有雾化器与漂移管易于清洗、流通池死体积不影响检测灵敏度等优点，已获得越来越广泛的应用。

5. 带电荷气溶胶检测器

带电荷气溶胶检测器（charged aerosol detector，CAD）是适用于测定非挥发性分析物的一种通用型检测器，该检测器不依赖于分析物的化学性质，具有高灵敏度、低检测限和 4 个数量级的动力学线性范围，可用于梯度洗脱，并适用于反相、亲水作用、正相和离子色谱，也可与其他检测器如紫外检测器、蒸发光散射检测器、质谱检测器组合使用。

带电荷气溶胶检测是一种独特的技术，液相色谱洗脱液经雾化室中氮气的作用而雾化，其中较大的液滴在撞击器的作用下经废液管流出。室温下，在漂移管中流动相蒸发，使较小的溶质（分析物）液滴在室温下干燥，形成溶质颗粒气溶胶，并进入电晕高压放电室（含高压铂金丝电极）。与此同时，用于载气氮气分流形成的第二股氮气流经小孔也进入高压放电室，形成带正电荷的氮气离子，并与分析物粒子的气溶胶相对而遇，经混合、碰撞使分析物粒子带上正电荷，并形成一股正离子湍流由放电室流出，通过一个带有低负电压的离子阱装置，使迁移率较大的氮气的正电荷被中和，而迁移率较小的分析物带电粒子经过一个收集器，把电荷经导电滤波，传输给一个高灵敏度的静电计，检测出带电溶质的信号电流。其产生的信号电流与溶质（分析物）的含量成正比。

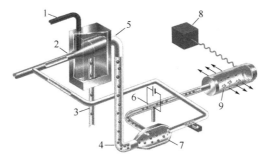

图 2-53 CAD 检测器检测过程示意图
1—流动相；2—N$_2$进气口；3—废液管；4—漂移干燥管；5—雾化室及碰撞器；
6—离子阱；7 电晕室；8—静电计；9—颗粒收集器

CAD 和 ELSD 检测器都属于破坏型检测器，都可以与 UVD 或 DAD 检测器联用。

6. 电化学检测器

电化学检测器（electrochemical detector，ECD）主要有安培、极谱、库仑、电位、电导等检测器，属选择性检测器，可检测具有电活性的化合物。目前已在各种无机和有机阴阳离子、生物组织和体液的代谢物、食品添加剂、环境污染物、生化制品、农药及医药等的测定中获得广泛的应用。其中，电导检测器在离子色谱中应用最多。

7. 化学发光检测器

化学发光检测器（chemiluminescent detector，CD）是近年来发展起来的一种快速、灵敏的新型检测器，具有设备简单、价廉、线性范围宽等优点。其原理是基于某些物质在常温下进行化学反应,生成处于激发态势反应中间体或反应产物，当它们从激发态返回基态时，就发射出光子。由于物质激发态的能量来自化学反应，故称为化学发光。当分离组分从色谱柱中洗脱出来后，立即与适当的化学发光试剂混合，引起化学反应，导致发光物质产生辐射，其光强度与该物质的浓度成正比。

这种检测器不需要光源，也不需要复杂的光学系统，只要有恒流泵，将化学发光试剂以一定的流速泵入混合器中，使之与柱流出物迅速而又均匀地混合产生化学发光，通过光电倍增管将光信号转变成电信号，就可进行检测。这种检测器的最小检出量可达 10^{-12}g。

8. 质谱检测器

质谱检测器（mass spectrometric detector，MSD）是另一种通用型检测器，在灵敏度、选择性、通用性及化合物的分子量和结构信息的提供等方面都有突出的优点。质谱检测器又分为四极杆质谱仪、离子阱质谱仪、飞行时间质谱仪和磁质谱仪等。质谱检测器由于其特殊性，本章不再赘述。

四、常见问题与解答

1. 如何解决示差折光检测器基线容易漂移的问题？

问题描述　Waters 2414 示差折光检测器基线容易漂移是什么原因造成的（使用的流动相是低浓度的硫酸溶液）？

解　答　（1）示差折光检测器是一种通用型检测器，是连续检测样品流路与参比流路间液体折光指数差值的检测器，是根据折射原理设计的，属偏转式类型检测器。示差折光检测器有参比池和检测池两个池室，它们对光路来说是串联的。当参比池和检测池流过相同的溶剂时，输出信号值为零；当检测池中流过被测样品时，引起折射率变化，从而产生不同的输出信号值，反映出样品浓度的变化情况。

（2）示差折光检测器是温度敏感型检测器，受环境温度、流动相组成等波动的影响较大。在使用前建议开机过夜，充分预热平衡后再使用；流动相预先混匀，充分脱气，并在放仪器的实验室恒温后再使用；在使用时，注意流速的稳定性，防止流速变化产生基线波动或漂移。不建议使用在线混合，不同类型溶剂在线混合时会产生温度的波动，同时由于仪器的精密度不够，会导致混合比例发生细微变化，从而产生基线波动或漂移。色谱柱的温度波动也是导致基线漂移的原因之一，因此使用示差折光检测器进行测定时，建议使用柱温箱或者保持室内温度恒定。

（3）Waters 2414 示差折光检测器控制面板上有个"purge"键，该键可用来切换检测池和参比池之间的流路，使用前需进行切换，冲洗参比池，保持参比池和检测池的平衡和稳定；流动相使用的是低浓度的硫酸溶液，酸性条件下，色谱柱未完全平衡，也会导致基线的漂移。另外，色谱柱、检测池的污染也会导致基线的漂移。

2. 怎样冲洗已经堵塞的检测器？

问题描述 Waters 2487 双波长吸收检测器堵塞，拆开能够看到里面有一小块黑色的物体，该如何冲洗？

解 答 （1）检测器堵塞之后会导致系统压力升高，但是系统压力升高并不代表一定是检测器堵塞，因此首先要确定堵塞的症结在哪，然后才能对症下药。判定的方法有：卸掉保护柱、色谱柱、在线过滤器等部件，将管路直接连接检测器的入口，检查检测器出口端液体流出是否流畅，同时观察系统压力是否逐渐升高或者压力是否偏高。

（2）检测器堵塞，可以卸掉色谱柱，反向冲洗流通池，即直接用管路连接检测器的出口，使流动相从出口进，入口出。反冲时需要注意，检测器流通池有一定的耐压范围，压力太大会导致流通池破裂而损坏，因此需要低流速慢慢冲。冲洗时观察系统压力，适当地缓慢提高流速。冲洗的溶剂可以为甲醇、水、异丙醇等，如果是缓冲盐导致的检测器堵塞，可以尝试用温水进行冲洗；异丙醇的黏度大，冲洗时压力相对较高，需要特别注意。

（3）在线冲洗的方式不能解决问题，可以继续尝试拆下来处理。如果确定是流通池堵塞，可以将流通池从检测器中取出，并将流通池拆开，用甲醇、水分别超声石英透镜和不锈钢流通池，超声好后，用擦镜纸将石英透镜擦干再装回。装时螺钉要轮流拧，不要一次把其中一个拧死；拆时要注意，流通池里面的透镜容易碎，掉在地上不好找，同时注意不要把透镜弄花。流通池超声时尽量将透镜拆下来后单独清洗，然后再超声；整体超声可能出现流通池松动、石英透镜破碎的情况，因此需要注意，不到万不得已，不要超声。同时注意超声波清洗机的功率，功率太大容易导致透镜破裂。

3. 二极管阵列检测器、可变波长检测器和紫外可见吸收检测器有什么区别？

解 答 （1）紫外可见吸收检测器（UVD）包括单波长检测器、双波长检测器、多波长检测器（MWD）、可变波长检测器（VWD）以及二极管阵列检测器（极管阵列），因此，二极管阵列检测器和可变波长检测器是紫外可见吸收检测器中的一种。

（2）可变波长检测器只有氘灯，其波长调整范围较小，波长范围为 190～400nm；多波长检测器为双灯源检测器，含有氘灯和钨灯，波长范围为 190～950nm，通常可以设置 5 或 8 通道。但是不论可变波长检测器还是多波长检测器，只能通过预设波长的方式进行扫描，不能进行全波长扫描。

（3）二极管阵列检测器，与多波长检测器一样，也是双灯源检测器，含有氘灯和钨灯，其波长范围为 190～950nm，但是二极管阵列检测器不仅可以预设波长进行扫描，也可以进行全波长扫描。

（4）二极管阵列检测器的工作原理如下：光源经一系列光学反射镜进入流动池，从流动池出来的光再经分光系统，狭缝照射到一组光电二极管上，数据收集系统实时记录下组分的光谱吸收，得到三维的立体谱图。二极管阵列检测器是用一组光电二极管同时检测透过样品的所有波长紫外光，而不是某一个或几个波长，和可变波长检测器不同的是进入流动池的光不再是单色光。

（5）二极管阵列检测器与可变波长检测器相比具有以下优点：

① 可得任意波长的色谱图，极为方便；

② 可得任意时间的光谱图，相当于与紫外联用；

③ 色谱峰纯度鉴定、光谱图检索等功能，可提供组分的定性信息。

（6）可变波长检测器与二极管阵列检测器相比具有以下优点：

① 价格相对较便宜；

② 波长重复性好；

③ 基线噪声相对较小；

④ 灵敏度更高。

综上所述，由于两种检测器在原理和结构上有所差别，因此同一种物质用可变波长检测器和二极管阵列检测器在同一波长下的检测，其响应值可能有区别，但是检测结论应该是一样的。

4. 检测器"光闸不能复位"故障如何排除？

问题描述 Waters 2998 检测器开机过程中报错，检测器面板上左边的绿灯变为了红灯，同时电脑右下角"信息中心"的图标变为红色，显示"光闸不能复位"，重启检测器后故障不能消除。开机过程中先是右边信号灯绿灯常亮，左边绿灯闪烁，一段时间后，左边转变为红灯，发出提示音，控制面板报错显示"光闸不能复位"。怎样解决？

解　答 （1）查找光闸的位置。查阅《Waters 2998 操作员指南》，根据指南描述，确定光闸的位置在流通池附近。

（2）关闭检测器电源，拆卸流动相管路，然后拧开固定的三颗螺钉便能将流通池拆卸。再拆卸流通池面板，其左半部分为检测时常用的流通池，右边还有一个比色皿架。

（3）故障排查。将流通池取下之后便能看到光闸的位置，重新打开检测器电源，在流通池取下的状态下，看检测器能否开启成功。注意检测器在初始化过程中如果可以看到光闸在里面移动，那就有可能是流通池安装位置有偏差、流通池部件或者光闸有移位引起光闸不能复位。检查流通池及比色皿架，看是否有松动，将部件重新安装归位。

（4）用甲醇冲洗流通池，重新开检测器，看是否正常，如还未解决问题，则需咨询厂家工程师。

5. 基线噪声和检测器噪声的区别是什么？

问题描述　Waters 液相色谱仪工作站中有基线噪声（baseline noise）和检测器噪声（detector noise）两种参数，两者之间有什么区别？

解　答　（1）基线噪声反映了液相色谱仪在不进样品时基线波动幅度的大小，是整个色谱系统的综合噪声。

引起基线噪声变大的原因有：

① 流动相的影响　解决方法：清洗流动相储液罐；更换和使用高纯度的试剂。

② 液相色谱柱的影响　解决方法：冲洗或更换液相色谱柱，可通过采用连接两通替代液相色谱柱的方式进行排查。

③ 泵脉冲的影响　解决方法：对泵进行维护，清洗或更换密封圈。

④ 检测器的影响　解决方法：清洗流通池；检查灯能量，必要时进行更换；维护光路等。

⑤ 气泡的影响　解决方法：流动相预先脱气；使用在线脱气装置；除尽液相色谱系统管路中的气泡。

⑥ 外界环境的影响　解决方法：使用柱温箱；保持环境温度的稳定；使用稳压电源，保持电压的稳定等。

（2）检测器噪声定义为没有溶质通过检测器时检测器输出的信号变化，以 N_D 表示。检测器噪声与被测样品无关，是检测器输出信号的随机扰动变化。

引起检测器噪声变大的原因有：

① 流通池污染　解决方法：清洗流通池。

② 灯能量降低　解决方法：查看灯的使用寿命以及灯能量，如果灯能量降低，

则更换新灯。

③ 光路的影响　解决方法：如果光路（透镜、棱镜）被污染，则需要清洁光室；如果光路（透镜、棱镜）有松动或移位，则需要调整光路，建议由厂家工程师完成。

6. 如何维护紫外检测器流通池？

解　答　（1）紫外检测器流通池使用过程中的几个注意事项：

① 很多流通池装有石英窗口或熔融石英组件，因此应避免使用 pH 值大于 9.5 的碱性溶液，以避免破坏这些组件和损害组件的光学性能。

② 为了防止流通池内形成结晶，当运行环境为缓冲液或盐溶液时，应经常性地在运行结束后用水冲洗流通池（特别是在高 pH 值条件下）。

③ 当液相色谱系统需要停机过夜时，应确保流通池中含有至少 10%的有机相，以防止藻类的生长。

④ 一些新型流通池采用了涂覆或未涂覆的熔融石英毛细管。在没有溶剂时打开紫外灯可能对涂覆的毛细管产生不利影响。

（2）流通池常见的故障及维护方法有以下几种：

① 流通池中有气泡　流通池中有气泡会影响检测器中的光路系统，此时通常检测器会报错，不能正常使用。可以尝试先用溶剂冲洗流通池，再重启检测器；在使用过程中防止流动相走空，同时防止检测器流通池中溶剂挥发至干。

② 流通池被污染　流通池被污染后基线噪声会变大，可以尝试拆卸掉液相色谱柱，用两通连接，然后依次用水、5%硝酸、水、甲醇、异丙醇、正己烷、异丙醇、甲醇进行冲洗。

③ 流通池堵塞　流通池堵塞后系统压力会变大，出峰可能出现异常，可以尝试将柱温箱温度设置为 60℃，用温水冲洗流通池。同时，在使用过程中，如果流动相中有缓冲液，使用结束后需及时用高比例水相清洗检测器，并应确保流通池中含有至少 10%的有机相，以防止藻类的生长。若冲洗不能解决，可拆下流通池，进口处置于清洗液中，出口处用注射器抽；甚至可以超声清洗。

7. 液相色谱检测器串联使用时有哪些注意事项？

解　答　液相色谱检测器串联使用的应用并不少见，例如紫外检测器与荧光检测器串联使用测定多环芳烃、电化学检测器与紫外检测器串联测定儿茶素等。各种液相检测器由于结构或者性能的差异，在串联使用时有以下几点注意事项：

（1）检验器与流动相的兼容性　例如紫外检测器不能在强酸和强碱下运行。

（2）检测器串接顺序　① 检测器串联时，破坏型检测器应放在非破坏型检测器的后面。

② 电导检测器与紫外检测器的连接顺序可以参考：色谱柱—抑制器"eluent in"—抑制器"eluent out"—电导池—紫外检测器池—抑制器"regen in"—抑制器"regen out"。

（3）检测器流通池的压力耐受范围　检测器串联时会引起系统压力升高，处于非末端的检测器需要注意背压是否在流通池的压力耐受范围内。

（4）由于管路延长引起的色谱峰的扩散　管路延长会导致色谱峰峰形变差，因此检测器串联时尽量缩短连接不同检测器之间的管路长度。

8. 如何解决基线噪声大、基线漂移的问题？

问题描述　导致基线噪声大和基线漂移的原因有哪些？遇到类似问题如何解决？

解　答　（1）基线噪声大多数情况下是系统污染，建议清洗系统后再做样。

（2）基线漂移，首先确认洗脱方式，如果是梯度洗脱，那么基线漂移是允许的，可以通过走空白的方式，在做样时扣除空白值可以得到较好的谱图。

（3）如果是等度洗脱，存在基线漂移的话，一般在 0.5mV/h 的漂移下，认为是正常的，较大的基线漂移有可能是流动相混合不理想或检测器工作环境温差效应造成，一般建议开启检测池的池温以保持恒温状态。

9. 什么原因导致做样时总是在同一时间出现倒峰？

解　答　（1）可能在采集样时选择了本底文件，样品色谱图都被扣除了本底，从而出现倒峰。

（2）在示差检测器等检测器的条件选项中会有极性选择选项，可以通过该选项调整色谱峰的正与负。

（3）样品本身特性导致的倒峰，例如：紫外检测器是通过紫外吸收对样品进行检测的，如果进样里面的样品没有紫外吸收，而流动相有吸收，则样品出峰时，峰值会比基线低，所以出现的色谱峰看起来就是倒的。

10. 蒸发光散射检测器热清洗如何操作？

解　答　蒸发光散射检测器在长期使用过程中，可能被不干净的溶剂或者样品基质所污染，带来的影响就是本底响应升高，噪声以及峰面积 RSD 也可能增大。建议定期对蒸发光散射检测器进行清洗，以保证响应的灵敏度和重现性。

热清洗可以遵照以下步骤进行：

（1）清洁漂移管

① 将气体流量升高到 2.8 SLM（标准 L/min）；

② 将蒸发管的温度设定到最大值（根据配置不同，可以升高到80℃或者120℃），维持 1h。

（2）清洁蒸发管

① 使用对污染物具有较强溶解性的溶剂，或者丙酮∶水（体积比）=1∶1 混合溶剂，流速设置为 1～2mL/min；

② 将蒸发管温度设置为 40℃，雾化器温度设置为 40℃，将气体流量升高到 2.8 SLM（标准 L/min）；

③ 热清洗足够长的时间，直至本底响应降低。

（3）建议每周热清洗一次，也可根据仪器使用频率和污染情况自行设置清洗周期。

11. 二极管阵列检测器基线不稳的原因有哪些？

解　答　（1）移除流通池或使用干净的流通池确认是否还有波浪状基线（溶剂使用纯水）。

（2）如果上一项正常，请检查流动相是否互溶、原本的流通池是否污染、系统是否污染或是否有方法参数的问题（如所选择的检测波长在末端吸收处）。

（3）检查确认光源是否需更换或有无装好。

12. 检测器出残留峰如何处理？

解　答　（1）前次进样后充分冲洗系统：使用更强洗脱能力的流动相冲洗色谱柱和系统（根据当前检测方法，调节流动相极性，使其更容易洗脱样品）。

（2）清洗进样针针座和转子密封垫：进样器在冲洗过程中可以主路和旁路反复切换多次，冲洗到进样器六通阀的所有流路。

第三章

色谱工作站

　　液相色谱控制系统整合了各单元的控制功能，并且和计算机以及计算机上的数据处理系统共同组成一个集系统控制和数据处理为一体的硬软件结合体，称之为色谱工作站。

　　色谱工作站已经成为现代液相色谱仪器中重要的组成部分之一，主要负责色谱信号的收集、处理和传输，实验室人员通过色谱工作站可实现对高效液相色谱仪各单元的控制并对数据进行采集、处理，输出定性及定量结果，还可以记录样品信息、保存方法文件、存储数据文件、检索、查看系统报错信息等。

第一节　安装与配置

　　色谱工作站的组成部分包括计算机、将模拟信号转换为数字量的数据采集器及色谱数据处理软件。在安装和配置的过程中需要注意各种工作站的安装要求不尽相同，各种工作站软件对计算机操作系统都有各自的要求，并且各种工作站设置通信的手段及使用的接口也有所不同，因此安装软件和配置过程存在一定的差异。

一、安装要求

色谱工作站的安装要求主要包括两个方面：硬件所需的环境条件及软、硬件要求。

1. 硬件所需的环境条件

硬件正常工作的环境条件与其他单元相似，通常为：

① 环境温度：5～35℃。

② 相对湿度：20%～80%。

③ 室内应避免易燃、易爆和强腐蚀性气体及强烈的机械振动、电磁干扰和空气对流等。

④ 接地良好。

2. 软、硬件要求

色谱工作站软、硬件要求主要涉及各品牌色谱仪软件运行的硬件配置和操作平台，包括对计算机的要求、打印机的要求、操作系统的要求以及支持的色谱仪器和模块等。应根据各品牌色谱仪软件安装要求来进行配置，不能自行降低配置，否则容易导致硬件与软件不兼容；如必须更改配置，应从液相色谱仪生产厂家获得技术支持。

接下来以 Chromeleon 7 色谱数据系统为例进行阐述。

（1）计算机硬件要求（表 3-1）

表 3-1　Chromeleon 7 色谱数据系统建议的计算机硬件要求

计算机部件	具体要求
处理器	3GHz Inter Core i7
RAM	4GB 或更多
硬盘	3D 检测器、DAD-3000RS：15MB/min，最大速率（200Hz）；系统：120GB、C 盘至少有 1～2GB 的剩余空间
光驱	DVD
显示	1280×1024 或更高的分辨率、32 位颜色
USB 端口	至少 2 个或更多附加端口

（2）打印机要求　与工作站配套的打印机需使用与操作系统兼容的打印机，因串行端口打印机可能有速度性能限制，可使用本地（并行）或者联网端口。

（3）操作系统要求

① Microsoft Windows XP SP3 专业版。

② Microsoft Windows Vista 商业版和 Windows Vista 旗舰版。

③ Microsoft Windows 7 专业版和 Windows 7 旗舰版。

（4）支持的色谱仪器和模块　Chromeleon 7 能够提供所有的 Dionex 仪器的完全控制，如果要支持更多的第三方仪器，则必须手动安装一些第三方软件和驱动包。

二、安装前设置

色谱工作站分为单机版和网络版。单机版的工作站一般只设计 2 个模拟通道、一个 RS232 通信接口（现在大多为 USB 接口），单机版的工作站并不需要内网或者外网的联机，所以对计算机的工作站环境尤其是用户账户控制和防火墙等要求不高，只需设置好网络通信和禁用电源管理即可。而网络版工作站在安装前则需要根据工作站的安装要求对计算机的用户账户控制、防火墙和网络通信进行设置。

1．工作站环境

在安装过程中，Windows 的防火墙一般会自动配置，但要确保在安装工作站之前 Windows 防火墙已打开。

在安装工作站之前可以将"Windows 控制面板"中的"用户账户控制"关闭，然后在安装之后再打开这些控制。

2．网络通信

网络上的每个设备都需要有一个唯一的 IP 地址、一个子网掩码和一个缺省网关。

以安捷伦色谱数据系统 OpenLAB CDS 为例，建议使用表 3-2 中地址。

表 3-2　OpenLAB CDS 网络通信设置

设备	网络地址
PC	10.1.1.100
LC 和可选 A/D 控制模块	10.1.1.101～10.1.1.255
子网掩码	255.255.255.0
网关	10.1.1.100

若 PC 连接至站点网络，需要获取有效的 IP 地址、网关、子网掩码、DNS 和 WTNS 服务器。

3. 禁用电源管理

如果工作站选择的是 USB 通信接口，那么 USB 的"允许计算机关闭此设备以节约用电"选项必须关闭。

三、工作站软件安装

安装工作站软件一般有以下几个步骤。

1. 关闭应用程序

关闭所有 Windows 应用程序，尤其是一些 IT 工具和杀毒软件可能锁定系统文件，为确保安装程序可以升级相关系统文件，还需要在安装完成后重启。另外，如果需要安装第三方组件，需在安装工作站软件之前进行。

2. 启动安装

将安装文件盘（一般为 DVD）放入驱动器中启动安装。一般自动运行窗口会自动打开，若没有自动运行或者使用其他介质进行安装，需要手动运行安装程序，根据安装向导指引完成安装步骤。如果许可文件单独保存在密钥中，需要将密钥插在计算机的 USB 端口，保证安装程序能找到密钥并安装许可文件。

3. 配置网络通信

根据前文中网络通信步骤填写子网掩码、网关等。

4. 系统重启

点击确认，取出安装文件盘，重启计算机。

四、配置仪器

配置仪器一般有以下几个步骤：
① 启动 LC，待自检完成。

② 打开工作站中的服务管理器，启动仪器控制器，选择配置仪器。

③ 选择分配模块的仪器或新建仪器，添加模块，输入 IP 地址或选择自动匹配，连接后确认。

④ 待配置模块完成后，保存仪器配置并关闭仪器配置管理器。

确定模块连接是否正常可以通过查看工作站软件模块的视图进行，一般情况下，工作站软件设置黄色为模块未准备就绪，绿色为准备就绪或正在进样，红色为模块出错。

五、常见问题与解答

1. 怎样解决安捷伦 LC 1260 液相色谱工作站许可证错误无法登录的问题？

解 答 （1）右键点击"我的电脑"，在菜单中点击"管理"，进入之后选择"服务"，将列表中所有安捷伦开头的服务全部重新启动一遍。

（2）退出，再次进入工作站，如果还是显示许可证错误，无法登录，选择重启电脑。发现仍然登录不上就需要查看网络问题，查看电脑右下角本地连接，如果未连接上，从"我的电脑"进入设备管理，找到网卡，重新启动，退出，重启电脑。

（3）如果由软件及软件的相关服务没有启动、电脑网卡配置错误等问题导致的问题，启动服务及配置网卡即可。如果因软件自身注册表文件丢失等情况导致的问题，可选择重装工作站。

2. 如何处理液相色谱工作站无法通信，停留在驻留模式的问题？

问题描述 打开安捷伦 1260 Infinity Ⅱ，泵的右上角指示灯显示为红色，打开 Agilent Lab Advisor 软件，显示连接失败，同时 G7111A 四元泵显示处于驻留模式。工作站提示要求迁移主系统，复制固件 7.27 版本刷固件，显示无法锁定固件，连接失败；点击迁入主系统，等待 30min，再刷固件，还是无法锁定固件，连接失败。怎样处理？

解 答 （1）固件可以理解为写在主板上的软件，固件分为驻留系统和主系统。驻留系统负责通信和存储仪器状态信息，主系统负责通信、remote 通信、控制硬件工作、硬件报错、监测报错、存储仪器信息状态。如果无法迁移到主系统的话，可通过刷固件手动迁移到主系统。

（2）通过工程师指导调节仪器后面的跳线开关可以切换成主系统模式。

（3）通常厂家的产品设计留有初始化操作功能，如果液相色谱模块处于驻留状态，仅对本机操作，不涉及通信端口，可以通过指定的模式对仪器进行初始化，可以恢复到默认状态，特别是固件版本出现缺陷的时候，用户按照指导可以打补丁或者升级。

3. 如何解决液相色谱工作站显示存在同名仪器的问题？

问题描述　岛津软件打开后无法连接仪器，重新配置仪器显示存在同名仪器，如何解决？

解　答　（1）液相色谱工作站无法连接仪器，应先检查连接线接口是否松动，检查电脑网卡有没有被禁用，检查 IP 地址是否有变化，然后重新配置仪器。

（2）重新配置仪器显示存在同名仪器有可能是在添加仪器时，数据库中存在同名仪器导致无法连接，可更改新添加的仪器名称或者重新设置模块调整仪器连接。

4. 怎样解决工作站磁盘存满导致内存不足，仪器不能正常使用的问题？

问题描述　岛津液相色谱工作站 Labsolutions Version 6.80 版本显示磁盘空间不足，导致仪器不能正常使用，如何解决？

解　答　（1）移动"Debug"文件夹内部分文件到其他磁盘（非系统磁盘）中，此过程不要将全部文件剪切移动，可以理解为系统需要识别此文件夹有没有日志记录。

（2）打开"Labsolutions"目录下的"System"文件夹，打开"config"文件夹，用记事本打开"LSS Common Configuration"，找到修改最大数，将 0 改为 5 即可。

以上步骤即可解决内存不足出现的问题，导致的原因不是因为数据记录储存已满，而是仪器有日志记录，使用时间长导致记录增多，删除或者移动部分文件不影响使用。

5. 重新安装工作站软件有哪些注意事项？

解　答　以 Agilent 1260 软件安装为例介绍仪器操作软件安装注意要点。

（1）归档　需要将软件安装盘、安装密钥、操作说明书等归类、归档保存，避免出现因没有归类保存或年代久远物品丢失或找不到等情况。

有些仪器安装盘只有一张，很好辨认，Agilent 的光盘有 2～3 张，有的是不同版本，有的是用来安装补丁等，找出对应版本的安装盘。Agilent 的密钥是放在一个黄色纸袋里，比较显眼。

（2）安装路径　很多安装软件默认安装到 C 盘，方法、数据等全部自动保存到 C 盘。这样的安装存在一定风险，如果电脑重新装系统，C 盘里的文件很难找回。正确的方法是改变安装路径到 D 盘等硬盘。如果安装时没有改变安装路径也没有关系，在软件安装好后，可以对数据存储路径重新进行配置。

（3）密钥　密钥相当于软件许可证号，是字母与数字的组合。一般情况下，一个软件只有一个密钥，也有部分软件需要 2 个密钥。在软件安装过程中，输入相应的密钥即可，安装成功后，点击完成。

（4）IP　Agilent 仪器 IP 地址与电脑 IP 地址是不同的，在软件安装过程中输入正确的 IP 地址即可。IP 地址不常用，不容易记住，需要翻阅相对应仪器型号的操作手册等。简单方法是可以写在标签纸上，贴在仪器背面，以备不时之需。

（5）U 盘加密狗　U 盘加密狗外形与普通 U 盘无异，用来辨别所使用的软件是否合法。有些仪器需要 U 盘加密狗，有时被人误认为是普通 U 盘而被拔去，因此，使用时做好标记，最好插在电脑背面，一是不容易被误用，二是不容易碰落或折断。Agilent 的仪器安装一般不需要 U 盘加密狗。

（6）测试　操作软件安装好后进行测试，一是看能否正常联机工作，二是检查方法、数据是否能保存在除 C 盘外的硬盘上。

（7）网络、U 盘、杀毒软件　为了防止电脑、软件重装等情况发生，一般的实验室都有严格的规定，控制仪器设备的电脑不能上外网，并物理隔断。

不能插 U 盘或是专用 U 盘。有的实验室可能电脑较少，实验员在控制仪器设备的电脑上使用 Office 等办公软件，这时应使用专用 U 盘，并做好病毒和木马的查杀等工作。

控制仪器设备的色谱工作站如果是单机版的则电脑可以不安装杀毒软件，一是有些操作软件与杀毒软件有冲突，容易造成报错甚至误杀；二是即使装了杀毒软件，也不能及时更新，防护效果不佳。

6. 工作站可否安装杀毒软件？

解　答　（1）杀毒软件会将工作站中的正常文件误认为是病毒进行删除、隔离或修改，影响工作站的正常运行，通常不建议工作站中安装杀毒软件。

（2）工作站与杀毒软件是否可以兼容，并不是绝对的。有用户反馈安捷伦的英文版工作站不能与金山毒霸软件兼容，但浙大智达 N2000 色谱工作站可以与任何杀毒软件兼容。

（3）不管工作站是否与杀毒软件兼容，良好的使用习惯和使用环境是防止病毒入侵的最好方式，例如不要随意在安装工作站的电脑中使用不明状况的 U 盘和安装未知来源的软件等。

7. 工作站数据多久备份一次为宜?

解　答　为了避免工作站中的数据丢失，通常要求定期做好数据备份。因为一旦储存在工作站中的数据丢失，就会导致原始记录谱图无法追溯。目前，工作站分为单机版和网络版，不同版本的工作站备份方式和时间会有所区别。

（1）单机版工作站建议每次运行完成后及时备份。

（2）服务器级备份建议每 24～48h 运行一次。

（3）如果是云端存储，备份周期可以适当延长。

8. 怎样更换老旧工作站安装平台?

解　答　（1）备份数据，包括样品采集方法、分析方法、谱图等。

（2）记录与安装相关的信息，如 IP、密钥等。

（3）选择与新的工作站相兼容的电脑并安装工作站，并设置相应的 IP 等信息。

（4）将备份的数据重新导入新的工作站中，通常工作站都是向下兼容的。

9. 如何用一台计算机控制多个工作站?

解　答　（1）能否用一台计算机控制多个工作站与仪器配置和连接方式有关。

（2）单机版模式可以通过交换机，设置不同 IP 等方式实现一台计算机控制多个工作站。

（3）网络版模式可以通过服务器实现一台计算机控制多个工作站。

10. 如何远程控制工作站?

解　答　（1）远程控制工作站，前提条件是使用的网络版工作站或者与仪器连接的电脑是联网的。

（2）如果是网络版工作站，设置好 IP 等信息在同一个局域网中就可以远程控制工作站。

（3）如果与仪器连接的电脑是联网的，可以通过一些第三方软件实现远程控制工作站。

第二节　常用参数的含义与设定

在使用液相色谱仪检测时，需要对色谱工作站的数据采集、数据处理等参数进行设定，本节选择了数据采集和数据处理中的常用参数进行阐述。

一、数据采集

1. 数据采集时间和频率

（1）数据采集时间　一般只需调节结束时间，它是指液相色谱仪一个完整方法的运行时间，色谱工作站的最大数据采集时间根据工作站类型不同可设置为几百分钟到 99999.00min 不等，在日常工作中可根据实际情况进行调节。

（2）采样频率　色谱图不是一条光滑的曲线，而是由一个一个的点拟合而成的。这些点是通过数据处理系统，通过一定频率采集到的。而这个频率，就是我们所说的采样频率。采样频率一般使用 Hz 作为单位，但也可以用 ms 或 s 等时间单位来进行表述。

采样频率假设定为 10Hz 即每秒钟采集 10 个点，然后数据处理系统再将这些点拟合成平滑的曲线，以时间为横坐标、响应值为纵坐标，即为一张完整的色谱图。如果这张谱图保留时间为 10min，那么该图由 6000 个数据点拟合而成。由此可知，同样的保留时间，采样频率越高，谱图的数据点就越多，包含的信息量也越多；反之，数据点越少，包含的信息量也越少。

在方法建立的早期没有相关文献参考的情况下，为了获取更多的信息，设置采样速率时可以采用较高的数据采集率，比如 100Hz，然后在正常使用时根据样品的实际情况调整成较低的数据采集率。

2. 时间程序和梯度洗脱

（1）时间表　在时间表中输入适当的值，可以对分析过程进行控制。例如泵单元的时间表，在其中设定时间可以控制泵运行时间，还可以影响梯度洗脱程序。

（2）梯度洗脱　在同一个分析周期中，按一定程序不断改变流动相组成配比，称为梯度洗脱。可根据方法要求，设定梯度洗脱起止时间、各通道流动相比例等。例如反相色谱在初始条件下的有机相通常设置较低，随着时间的推移，有机相比例逐渐升高，然后在程序结束后恢复到初始条件，便于平衡系统。

3. 输液泵的参数设定

（1）流速　输液泵的流速设置与压力上限和下限有关，根据压力上限的不同一般可以设定为 0.00～5.00mL/min。

（2）压力上限和压力下限　"上/下限"是最大/小压力限制，达到"上限"或者"下限"值时，输液泵将自动关闭，从而防止分析系统压力超限。需要注意的是压力下限值一般不设置为 0，以便发生漏液或其他压力非正常下降时工作站能及时关闭输液泵。

（3）溶剂　各通道溶剂的百分比可以设置为 0～100%中的任何值，但总量需等于 100%。

4. 自动进样器

若工作站有洗针程序，清洗模式一般选择进样前后。若工作站没有洗针程序，可以选择装有清洗溶剂的位置（瓶）来实现洗针的目的，清洗速度和清洗液体积根据样品基质的复杂程度进行设置。

若工作站有重叠进样功能，可在完成当前进样时准备下一次进样，以提高样品通量。

5. 柱温箱

用来设置温度或者关闭温度控制。柱温需在仪器可控范围内进行设置，一般只能冷却到比环境温度低 10℃的温度。

6. 检测器

检测器的作用是将色谱柱流出物中各组分的组成和含量转化为可供检测的信号，下文介绍几种常用检测器的参数及其设定。

（1）光电二极管阵列检测器　样品波长是指样品中目标化合物和杂质的检测波长设置，一般有两种设置方法：一种是设置开始波长与结束波长，开始波长和结束波长的范围应包括检测到的样品中目标化合物与杂质的吸光度所对应的波长；另外一种是设置样品波长和带宽，带宽决定了检测吸光度的波长范围，通常小于 20nm，例如，样品波长为 254nm，样品带宽为 20nm，则从 244～264nm 的波长范围检测吸光度。

参比波长的设置包括参比吸光度对应的波长和带宽。选择参比波长是为了更好地消除噪声的影响。一般参比波长的选择依据是样品在参比波长处没有吸收，同时跟检测波长相差不是太大，以便消除干扰物质的影响，参比波长对应的吸光度将从样品波长对应的吸光度中扣除。参比波长的带宽通常设定为小于 100nm。

（2）荧光检测器　物质的荧光发射光谱曲线的波长范围不因它的激发波长值的改变而发生位移。由于这一荧光特性，如果固定荧光最大发射波长，然后改变激发波长，并以纵坐标为荧光强度、横坐标为激发波长绘制激发光谱曲线，从中能确定最大激发波长。反之，固定最大激发波长值，测定不同发射波长时的荧光强度，即得荧光发射光谱曲线和最大荧光发射波长值。

光电倍增管增益在高浓度下可使用较低设置，光电倍增管增益高可以提高信噪比，一般采用倍增器增益建议值，然后在日常使用中根据实际情况进行调整。

（3）示差折光检测器　示差折光检测器将流动相通过检测器流通池时的折射率变化转化为信号，要求目标化合物分子的折射率与流动相有充分的差异。提高目标化合物分子的折射率与流动相之间的差异程度可以提高示差折光检测器的灵敏度。示差折光检测器中衰减/灵敏度设置会影响输出信号量，增加衰减/灵敏度的数值可使峰面积增大，但也会增加基线噪声以及对环境变化的响应。一般情况下，示差折光检测器的参数可依据仪器说明书上的默认参数设置，然后根据输出信号量的大小调节衰减/灵敏度的数值。

（4）带电荷气溶胶检测器　带电荷气溶胶检测器利用气溶胶原理，响应信号只与目标化合物的质量有关，而与目标化合物的化学结构无关。带电荷气溶胶检测器的操作更加简单，只需对雾化器气流参数及雾化器温度进行优化。雾化器温度的设置可根据流动相含水比例进行，含水比例高，设置雾化器温度就要高，以加快单位时间内流动相的挥发。

（5）蒸发光散射检测器　蒸发光散射检测器与带电荷气溶胶检测器一样，均使用气溶胶原理。气流越低形成的液滴越大，散射的光就越强，从而提高分析灵敏度，但液滴越大在漂移管中越难蒸发，调整信噪比的最佳方式就是优化气体流量。

同时对于不挥发的化合物，雾化器和蒸发管的温度可以设置得稍高，以增加信噪比。气体的流速可以设置得稍低，以得到最大的响应。对于半挥发的化合物，雾化器和蒸发管的温度可以设置得稍高，以增加信号。气体的流速可以设置得稍低，以控制噪声水平。

（6）电化学检测器　电化学检测器的工作原理是测量物质的电信号变化，其中最常见的为电导检测器。检测池的温度一般可设置为高于环境 7℃或高于柱温箱 5℃。抑制器的作用是降低淋洗液的电导，提高检测灵敏度，因抑制器种类较多，这里不做叙述。

（7）电化学发光检测器　电化学发光检测器是在电化学电极之下，目标化合物发生电化学反应产生光信号。电化学发光强度在一定范围内随着电解电流的增大而增大，超过这个范围，电化学发光强度随电解电流的增大而减小。在实际检测过程中，需要根据试验的结果来选择合适的电压。

二、数据处理

工作站数据处理涉及的参数主要包括积分参数、批处理和标准曲线等；样品的定性定量将在第三节中进一步阐述。

1. 积分参数

积分参数的处理可以在进样时设置，也可以在谱图处理时根据色谱图的实际情况进行设置，主要有斜率、峰宽、最小峰高、最小峰面积四个参数。

① 色谱工作站积分参数中的"斜率"实际上是设定斜率的阈值，可以用来确定色谱峰积分的起始点与终止点，并能排除基线噪声。色谱峰数据点中，斜率最大的点为拐点。

具体过程为：当色谱图中某一点的斜率突然增大并超过给定斜率阈值时，积分软件即认为该点为色谱峰的起点。随后斜率逐渐减小，当斜率由正转负时即为色谱峰的顶点。色谱峰的后半部分，斜率为负值，色谱峰后延的拐点斜率最小。当后半部分色谱图某点的斜率值小于给定斜率阈值时，积分软件认为该点为色谱峰的终点。

一般情况下，由于基线噪声导致的斜率会影响到斜率的阈值设定。设置斜率阈值时应考虑实际情况，当斜率阈值设定较大时，可能导致色谱图中某些目标峰不被积分；而设定值较小时，系统会将基线噪声也积分成色谱峰。

② 色谱工作站中"峰宽"参数可以用来消除较尖锐色谱峰和基线噪声的积分。

实际上色谱峰一旦被确定了峰的起点和终点，该色谱峰的峰宽也会被确定。假定高斯曲线作为峰形的基础，色谱峰的峰宽可以报告为 6σ，半峰高时的峰宽为 2σ（"半峰高峰宽"），或者是以标准高斯分布为基础的其他数值。

③ 最小峰高和最小峰面积需要根据工作实际需要进行设置，这里不再赘述。

2. 批处理

液相色谱的进样方式可分为单次进样和批处理进样。单次进样时待方法设置完成后点击单次运行即可。

当存在大批样品时，可以选择批处理进样，点击批处理，根据向导新建批处理表，分别设置样品序号、名称及方法文件和数据文件信息及保存地址等，保存批处理表后点击开始即可。

在处理谱图时，同样可以进行批处理分析。首先取标准曲线中一个点的数据进行处理，添加化合物名称、浓度等信息后保存为定性方法，然后在定性方法中添加标准曲线点的数据文件保存为定量方法，再使用定量方法对样品进行批处理。

3. 标准曲线

将标准品配成一系列浓度的标准溶液，在相同条件下，以相同体积准确进样，得出组分浓度对应峰面积或峰高的标准曲线。

液相色谱中标准曲线的浓度点一般设置为 6 个。在确定标准曲线各点浓度值时一般先以定量限作为标准曲线最低点，以目标化合物中最常检出的范围确定曲线中间点，最高浓度点宜覆盖样品可能存在的较高浓度的范围，其与最低浓度数值的比值通常为20。

三、常见问题与解答

1. 如何设置半峰宽、斜率、漂移、最小峰面积等积分参数？

解　答　（1）首先应确认定量方法。如果是外标法或者内标法定量，只需注意标准曲线的积分参数跟样品的积分参数一致即可，另外就是保证在检出限附近的峰能够被积分。如果是面积归一化法定量，则需要先确定可忽略的杂质占主峰峰面积的比例，然后以这个比例乘以主峰的峰面积作为最小峰面积去设置即可。

（2）如果只是区分基线的杂峰与样品中的组分峰，可以先设定一个常用的方法，进常用的定容溶剂，抛开溶剂峰不提，以基线杂峰中最大峰面积略微增加后作为积分参数中最小峰面积即可。

（3）在设置斜率和最小半峰宽的时候，应避免将基线噪声的扰动积分成色谱峰。这需要考虑基线噪声的状态，包括仪器型号和状态、检测器的类型、操作条件等。如果工作站中有斜率测试的功能，我们可以根据自动测量基线的波动情况得出斜率的最小值，将数值略微增加后设定到工作站的积分参数。

2. 液相色谱工作站如何设置梯度洗脱程序？

问题描述　等度条件下目标化合物与杂质不能分开，如何设置梯度洗脱程序进行分离？

解　答　在摸索梯度分离条件时，可以先尝试用等度的方式实现目标化合物与杂质的分离，然后再优化梯度洗脱程序，在保证分离度的情况下缩短分析时间。

（1）梯度洗脱是指在同一个分析周期内，按照一定程度不断改变流动相组成比例，使性质差异较大的组分依据各自的容量因子不同实现目标化合物的分离与测定，在液相色谱中对组分复杂的样品多采用梯度洗脱的方法。

（2）是否能够通过梯度洗脱实现分离，不仅与目标化合物的性质有关，还与仪器的性能有关，需要仪器支持多元流动相通道。

（3）在设置梯度洗脱程序时，不仅可以改变流动相组成比例，还可以通过改变流速、梯度曲线等方式实现目标化合物的分离。

3. 如何使用柱温箱进行控温？

问题描述　南方气温较高，经常会超过分析时所需的温度，例如分析时需要25℃，但室温大于30℃，那么如何使用柱温箱来获得低于室温的温度呢？

解　答　当环境温度无法满足分析条件时，一般有三种解决方法：第一，购置带冷却功能的柱温箱；第二，如果检测条件中柱温并不是限定条件，可以将柱温升高至可稳定的温度，然后对设置的方法条件进行验证；第三，可以使用空调等温度调节设备来降低室温，达到降低柱温箱温度的目的，从而可以设置到想要的温度。

4. 如何正确设定参比波长？

问题描述 什么情况下才需要设定参比波长？如果设定了参比波长还需要进空白溶剂吗？

解　答 （1）参比波长能够减小梯度洗脱过程中的基线漂移，也可以通过优化参比波长对共流出峰进行检测，而空白溶剂在日常检测过程中是需要扣除的，与是否设置参比波长无关。

（2）一般参比波长的选择依据是样品在参比波长处没有吸收或低吸收，同时不要跟检测波长相差太大，特别需要注意在参比带宽范围内不要有吸收，否则会导致负峰的情况。

5. 为何采集数据时的数据信号与后处理时的数据信号有差异？

解　答 （1）检查是否是文件调用错误，防止调用的是不同的数据文件。

（2）检查峰高或峰面积是否一致，如果一致，通常是界面显示的问题，通过调节参数，将横坐标和纵坐标的坐标轴保持一致即可。

6. 什么是阈值？怎样设定阈值？

解　答 （1）阈值又称临界值，是指一个效应能够产生的最低值或最高值。

（2）阈值相当于设置了一个门槛，响应强度低于阈值的色谱峰将不被采集。阈值设置合理，可以有效净化色谱图，减小干扰。如果阈值设小了，起不到其应有的作用；设置过大会对定量结果产生影响。

7. 怎样查看和计算信噪比？

解　答 不同的工作站，查看和计算信噪比的方式也不同，例如安捷伦 Chemstation 工作站可以在工具菜单栏下的信噪比检查中计算和查看信噪比，Waters 液相色谱 Empower 工作站需在系统适应性选项中计算和查看信噪比。

在工作站中还可以选择不同的选项来计算不同要求的信噪比。

8. 信噪比计算中 USP、JP、EP 等分别代表什么？

解　答 信噪比计算中 USP、JP、EP 等分别代表美国药典、日本药典、欧洲药典等。

第三节　定性与定量

液相色谱定性分析是指鉴定物质是什么，而定量分析是确定成分的含量。在色谱工作站中，这两种用途涉及的具体参数与判断方法也有所不同。

一、定性分析

定性分析主要用于识别样品中目标化合物的结构，液相色谱的定性分析基于两种分析模式，一种是保留时间定性，一种是结合定性。

1. 保留时间定性

保留时间定性的基础是所有的液相色谱条件保持不变，包括流动相组成、柱温、压力、流速、色谱柱等，那么目标化合物的相对保留时间应该保持不变。当然，保持绝对一致的实验条件并不太可能，因此不同仪器、不同时间、不同试剂等造成的影响应该被考虑，所以标准品的保留时间应设置为一个范围，当样品中的目标化合物在这个保留时间范围内，则考虑样品中的目标化合物和标准物质是同一类化合物。

但是色谱法的保留时间定性并不是完全可靠，当一个化合物与另外一个化合物在同一种方法上具有相同保留时间时，使用保留时间定性就会出现假阳性的结果，另外基质的不同也会影响目标化合物的保留时间。为了避免这种结果，我们在建立分析方法时需要重点考察目标化合物与可能存在的干扰物（相同保留时间）的分离度，而且如果基质比较复杂，应采用空白基质去做标准曲线。另外，为了排除可能存在的干扰物，可以采取在样品中加入与目标化合物相同的标准物质和样品一起进行测定，观察峰形是否变化，若峰明显变宽、变形或者直接出现两个峰，那么就可以认定其为干扰物。

综上所述，通过保留时间定性一个化合物是不够准确的，保留时间定性和其他辅助定性分析工具相结合，定性结果才会更准确。

2. 结合定性

结合定性是把保留时间和检测器的其他信息结合起来，比如紫外、红外检测器以及核磁共振检测器等提供的谱图，质谱检测器提供的质谱图，激光-散射检测器、氮化学发光检测器、手性检测器等提供的质量近似值、氮含量、旋光度等。除此之外，还能利用常见的酸碱滴定、络合滴定等湿化学分析法，X 射线晶体法，以及鉴定物质的熔点等其他特性来进行分析。

（1）紫外光谱　紫外光谱能够在扫描模式中处理目标化合物通过检测器时产生色谱峰的紫外光谱信号，能够帮助确认目标化合物是否存在。

（2）红外光谱　红外光谱法是利用物质分子对红外辐射的特征吸收来鉴别目标化合物结构的分析方法。根据红外光谱吸收峰的来源，可以将光谱图分为特征频率区和指纹区，分别鉴定官能团和区分一些结构类似的化合物之间细微的分子结构差异。通过与标准物质对照的方法，根据光谱图中目标化合物的结构信息可以帮助确定目标化合物的化学结构。

（3）核磁共振谱图定性　核磁共振一般根据化学位移鉴定基团，由耦合分裂峰数等确定基团关系，根据综合化学位移、耦合分裂峰、耦合常数、峰面积、积分值等信息可以推测其在化合物骨架上的位置。

（4）质谱图定性　质谱是根据不同质荷比的带电荷离子在质量分析器中的速度色散确定组分的质量，帮助辨别未知样品的化学结构。尤其是当目标化合物离子被击碎成更小的离子后能够得到更多的数据来辅助定性。

（5）其他方式定性　激光-散射检测器能够确定大分子目标化合物的大致分子量，但准确性远低于液相色谱与质谱联用，而氮化学发光检测器和手性检测器都只能提供分子结构的少量信息，并不足以确定分子结构。只要满足要求并且有足够多的样品，还可以用滴定分析、熔点测定等方式与液相色谱结合进行定性分析。

二、定量分析

1. 面积归一化法

液相色谱面积归一化法定量不能作为准确定量的方法，仅在需要样品各组分相对浓度的信息或者标准品无法获得而进行粗略定量时可以考虑使用。而且面积归一化法定量需要各组分全部流出、全部被检测，并且所有组分在检测器上的响应相当。

2. 外标法

外标法需要以一系列不同浓度的标准物质的检测结果制作标准曲线，标准曲线应覆盖样品分析所需浓度，如果样品中目标化合物的浓度与其响应信号成正比，并且浓度值在一个很小的区间，还可以使用单点校正法。

使用外标法进行定量时应保持相同的进样量，在处理校准曲线时一般不采取强制过零点，但在低浓度测定时需考虑标准曲线截距对结果的影响。

3. 内标法

内标法和外标法的区别是内标法在样品配备之前，内标物就加入样品和标准品中，目标化合物的浓度计算是根据目标化合物和内标物的峰面积比值计算的，所以当目标化合物在样品配备的过程中发生损失时，内标法比外标法就更有优势。

内标物在选择时需要注意以下几点：样品本身不含有内标物，内标物属性、结构等与目标化合物相近；另外内标物需稳定、纯度高，且与目标化合物的峰完全分离；内标物需要达到在液相色谱检测器里的响应要求。

4. 标准加入法

标准加入法定量适用于样品基质对于目标化合物的响应有影响但无法获得空白样品的情况。

标准加入法在制作曲线时将样品本身作为基体来配制不同浓度的标准溶液，曲线与内标法、外标法有明显的不同。

三、常见问题与解答

1. 内标法和外标法各有哪些优缺点？

解　答　（1）化合物的定量分析并不一定限制为内标法定量或者外标法定量，当进行方法验证时，精密度测定 RSD 满足小于 1% 的要求时完全可以使用外标法进行定量，但当 RSD 大于 1% 时，可以考虑内标法定量。

（2）外标法相比内标法的优点是简单、快捷，但是当精密度和准确度要求较高，而检测条件、环境条件、仪器性能等不理想尤其是在重复进样时进样量不稳定的情况下，使用内标法定量是更好的选择。

（3）内标法相比外标法的优点是结果比较准确，但是操作程序复杂，增加工作量，而且内标物的选择有很大的限制，尤其是内标法要求内标物要与样品中所有与分离有关的化合物分开，对于复杂样品来说，往往很难达到内标法的使用条件。

2. 面积归一法定量需要进样量一致吗?

问题描述　用面积归一法定量监控原料的反应程度,进样量的多少与面积归一法的结果有关系吗?要求每次进样量都一样吗?

解　答　(1)面积归一法的结果是一个比例,各组分包括主峰与杂质峰都是其中的一部分,一个样品中各个峰彼此之间的比例是一定的,所以对进样量的准确性要求不高。

(2)面积归一法定量的前提是样品中所有组分都流出并被检测,在实际检测工作中,进样量过大会导致平头峰,主要组分的含量很容易偏低,而进样量过小又会导致一些杂质峰的浓度低于检测器的检出限而未被检出,主要组分的含量会偏高。

(3)由于面积归一法定量经常用于监控中控反应,所以每次进样量保持一致更有利于监控。

3. 如何建立标准加入法的校正曲线?

问题描述　标准加入法校正曲线的横坐标是浓度,这个浓度是添加的标准溶液的浓度,还是标准溶液与待测样品混合后的浓度?如果是后者,添加的标准溶液浓度一样,只是加入的体积不一样,是否构成线性关系?

解　答　(1)标准加入法是指将样品溶液当作基质对标准品进行配比,横坐标的浓度是指添加的标准溶液在基质中的浓度。

(2)以标准溶液的浓度为横坐标,峰面积为纵坐标,得到有截距的校准曲线,将直线延长到与横坐标交叉,得到交点处的浓度值,该浓度值即为样品中待测组分的浓度。

(3)标准加入法添加的标准溶液浓度一致而加入体积不一致,因为基质的影响是恒定的,那么同样构成线性关系。使用标准加入法进行定量时能够克服一定的基质干扰,但是当基质干扰严重时,标准加入法的曲线很难成线性。

4. 如何对目标化合物进行定性分析?

问题描述　测定样品中环丙沙星的含量时,环丙沙星标准品的出峰时间为6.066min,样品色谱图中在6.0～6.1min处显示有化合物名称,但无明显色谱峰;

改变流动相比例，出峰时间延后，标准品出峰时间为 8.283min，又重测三个样品，其中两个样品在 8.233min、8.033min 处有出峰，另外一个样品在 8min 左右则没有出峰，这种情况下能不能定性？

解　答　（1）一般情况下，未知化合物的测定，保留时间不能作为定性依据。如果在同一时间范围以同一台仪器同一个检测方法检测标准品是有利于辅助定性的，但是相同的保留时间并不能断定是相同的化合物，而保留时间不同，则一般可以认定为不同的化合物。

（2）保留时间定性有一个前提，那就是重复性必须达到要求。如果两个样品出峰而另外重测的一个样品不出峰，则证明在该条件下使用这台液相色谱并不能达到重复性的要求，所以，并不能认定该样品中无环丙沙星。这时需要调整检测方法使重复性达到要求再进行测量，并且需要在该样品中加入少量标准品，与样品中的峰进行比对才可以进行定性，最好借助其他定性方法如质谱等进行辅助定性。

5. 如何选择是用峰高定量还是峰面积定量？

解　答　（1）在色谱定量分析中，面积归一化法因其特殊性，必须使用峰面积定量；其他三种定量方法依据定量的准确性和重复性，可选择使用峰高或峰面积进行定量。

（2）一般在使用梯度洗脱、柱温不稳定时，峰面积定量比较准确，而当峰拖尾严重影响峰面积定量及泵的流速发生改变时，使用峰高定量影响较小。而在痕量检测中，因潜在的干扰影响峰面积大小的定量，所以一般采用峰高定量为好。

（3）在使用峰高定量时，目标化合物在色谱图中保留时间应短且峰形尖锐，一般要求对称因子在 0.95～1.05。

6. 为什么在相同的条件下分析结果却不一样？

问题描述　为什么相同品牌型号的两台仪器用来分析同样的样品，分析结果却不一样？

解　答　因为使用了不同的仪器设备进行检测得出了不同的结果，那么由设备引起的可能性较大。

可能的影响因素有：混合器混合体积、自动进样器定量环体积、自动进样高压阀残留、色谱柱填料类型、色谱柱管线连接、检测器清洁程度以及所有管路连接。建议逐一排查。

7. 各种曲线拟合方式有哪些区别?

解　答　（1）曲线拟合是用连续曲线近似地刻画或比拟平面上离散点组所表示坐标之间函数关系的一种数据处理方法，或用解析表达式逼近离散数据的一种方法。

（2）用一类与数据的背景材料规律相适应的解析表达式，$y=f(x,c)$ 来反映量 x 与 y 之间的依赖关系，即在一定意义下"最佳"地逼近或拟合已知数据。$f(x,c)$ 常称作拟合模型。式中，$c=c_1, c_2, \cdots, c_n$，是一些待定参数。当 c 在 f 中线性出现时，称为线性模型，否则称为非线性模型。

（3）曲线直线化是曲线拟合的重要手段之一。对于某些非线性的数据可以通过简单的变量变换使之直线化，这样就可以按最小二乘法原理求出变换后变量的直线方程，在实际工作中常利用此直线方程绘制数据的标准工作曲线，同时根据需要可将此直线方程还原为曲线方程，实现对数据的曲线拟合。

（4）色谱分析中通常用直线曲线进行计算，但也有例外，例如用蒸发光检测器进行分析时，通常采用指数函数或幂函数的形式进行。

8. 工作站中内标物需要怎样设置?

解　答　（1）不同工作站中内标物设置方法不同，具体设置方法可以参考工作站的相关操作手册或咨询厂家应用工程师。

（2）以安捷伦 Chemstation 工作站为例，简单介绍利用安捷伦 Chemstation 建立内标法校正表及自动计算样品含量。

① 打开标准品谱图，先做好积分设置；

② 点击校正—新建校正表—级别为 1，然后输入化合物名称，含量（注意单位），在内标物后面选择内标—是；

③ 再调用第二个浓度的标准品，重复步骤②，若是单点校正，则省略此步骤；

④ 点击校正—校正设置—含量单位，并设置好含量的单位；

⑤ 点击报告—设定报告—定量设置，选择计算方式为内标百分比（通过内标法计算样品的浓度），注意这里的样品量单位要和校正表中的一致；

⑥ 最后打印报告，便可以看到结果。

9. 单点校正法的适用范围有哪些?

解　答　（1）当目标化合物含量变化不大，并已知这一组分的大概含量时，可以不必绘制标准曲线，用单点校正法，即直接比较法定量。

（2）单点校正法具体是：先配制一个和目标化合物含量相近的已知浓度的标准溶液，在相同的色谱条件下，分别将待测样品溶液和标准样品溶液等体积进样，作出色谱图，测量目标化合物和标准样品的峰高或峰面积，通过公式直接计算样品溶液中目标化合物的含量。

（3）单点校正法适合在仪器稳定性较好，方法系统误差较小时使用。当方法系统性误差较大，标准曲线的截距较大时，单点校准法计算结果偏差较大。

（4）单点校正时单点标准溶液浓度如果在被测样品浓度附近，结果比外标法更准确。可以先用外标法定出大致浓度范围，再以单点法定量。

10. 标准曲线的最低点及线性范围怎样设置？

解　答　（1）如果标准中明确规定了标准曲线线性范围的，按照标准规定执行。

（2）如果标准中未规定标准曲线线性范围的，标准曲线的最低点可以从仪器的检出限或者方法的定量限开始，最高点需覆盖样品的浓度范围，如果有限值，可以设置为限值的 200%；也可参考相关国家标准。

（3）当样品的浓度范围较宽时，可以设置多条标准曲线进行分段定量，防止曲线拟合的偏离导致计算结果的误差。

第四章

液相色谱样品前处理

在实际应用中，液相色谱技术涉及的样品种类繁多、样品组成及其浓度复杂多变、样品物理形态范围广泛，分析测定时的干扰因素特别多。例如：液相色谱分析对象常常是不挥发的或者是难挥发的液体样品。对于不适合液相色谱仪器直接分析测定的样品，例如：固体样品、黏滞的流体、胶体溶液，则需要通过对样品前处理，将其转化成适合液相色谱分析测定的状态。即便是液体样品，也可能由于目标化合物含量很低，或样品中的基体成分复杂等原因，仍然需要通过样品前处理技术尽可能去除非目标化合物，以免对检测结果产生干扰或污染液相色谱仪器。

样品前处理的主要目的可以归纳为以下几个方面。

（1）适应液相色谱分析的需要　一方面，液相色谱适用于液体样品的分析。对于非液体样品，通过一定的前处理技术，将其含有的目标化合物转移至液体溶液中。另一方面，对于不适用于液相色谱分析的化合物，可以通过衍生化技术使其满足液相色谱分析检测。

（2）消除对目标化合物有干扰或对液相色谱仪器有伤害的杂质　样品的成

分比较复杂，例如：动物源性食品中含有蛋白质、脂肪等大分子化合物。经提取得到的样品溶液通常情况下会含有多种共萃取物以及残留的基体物质或其降解产物。这些物质往往会在色谱柱，甚至检测器上聚集，造成色谱分离效率降低，污染仪器。消除杂质干扰是样品净化的主要任务之一，涉及的分离技术也较多，液液萃取、固相萃取和凝胶渗透色谱（GPC）等是目前使用最多的样品净化技术。

（3）适应测定方法灵敏度的要求　任何一个液相色谱分析方法的检出范围都是有限的。目标化合物含量高的样品，往往需要适当稀释，例如农药中主要成分的检测；而对于痕量目标化合物分析，则可能需要进行适当的浓缩或富集，例如生活饮用水中有机污染物的检测。

（4）解决样品分布不均的问题　目标化合物在固体样品中往往会存在分布不均匀的现象，如花生中黄曲霉毒素 B_1。除了在制样环节采用大体积采样并逐级缩分外，还需通过样品前处理技术使目标化合物均匀分布于样品提取溶液中。

目前在液相色谱分析中，常用的样品前处理技术包括：液固萃取、液液萃取、固相萃取、快速溶剂萃取等。在复杂的样品分析中，使用单一的前处理技术往往很难达到液相色谱分析检测的要求，还需要多种前处理技术联合使用。

第一节　液固萃取

液固萃取是指根据样品本身和目标化合物的性质，用合适的溶剂和方式，将目标化合物从固体样品或半固体样品中提取出来，但同时又要避免或减少提取液中非目标化合物和其他杂质的过程，即提取是物质在固、液两相间的溶解过程。这种溶解就是把目标化合物从固相中溶解到液相（萃取溶剂）中，以达到转移的目的。

液固萃取具体包括三个过程：目标化合物从样品基质中脱落的过程、目标化合物在萃取溶剂中溶解的过程和目标化合物在萃取溶剂中扩散的过程。本节主要介绍直接萃取法与超声萃取法。

一、直接萃取

直接萃取又叫直接浸提，是一种最简单的液固萃取技术，就是将一定体积的萃取溶剂加入固体样品中，通过振荡、涡旋，必要时也可采用加热等辅助措施，然后利用离心或过滤的方法使液、固分离，使得目标化合物进入萃取溶剂。

二、超声萃取

1. 超声萃取原理

超声萃取技术的基本原理主要是超声波的"空化效应"加速样品中目标化合物的浸出，另外超声波的次级效应，如机械振动扩散、击碎、化学效应等也能加速目标化合物的扩散释放并充分与提取溶剂混合。与常规提取法相比，其具有提取时间短、产率高、无须加热等优点。

① 在萃取溶剂传播过程中，超声波能量不断被萃取溶剂吸收变成热能，导致萃取溶剂温度升高，有利于目标化合物的萃取。

② 频率高于 20kHz 的超声波在萃取溶剂中传播时，在其传播的波阵面上将引起萃取溶剂的加速运动，使目标化合物在原先位点的运动获得巨大能量，从而促使目标化合物摆脱样品基体的束缚而溶解于萃取溶剂中。

③ 超声波在萃取溶剂中传播会产生"空化效应"，即在萃取溶剂内部产生无数的具有一定内部压力的微气穴。这些微气穴在上升的过程中不断"爆破"，并产生微观上的强大冲击波，从而加速目标化合物摆脱样品基体的束缚。

④ 超声波的振动匀化或均质效果可使固体样品进一步崩解分散，增大固体样品与萃取溶剂之间的接触面积，提高目标化合物从固体样品到萃取溶剂转移的速率。

2. 超声萃取的模式

实验室广泛使用的超声波萃取装置可以分为浴槽式和探针式两种。两者的特点与区别见表 4-1。

表 4-1　浴槽式和探针式超声波萃取的比较

项目	浴槽式	探针式
处理时间/min	≥30	<5
能量/（W/cm^2）	1～5	50～100
振幅	恒定	可变
液固萃取产率	低	高
样品处理量	高	低

（1）浴槽式超声萃取 利用超声波浴槽产生的超声波通过介质（通常是水）传递并作用于样品，是一种间接的作用方式。虽然超声波浴槽应用较广，但存在两个主要缺点，即超声波场中超声波能量分布不均匀，以及随时间变化超声波能量会衰减，这会使得部分样品的提取效率显著下降，从而导致重现性较差。

（2）探针式超声萃取 将杆式超声波探头置于样品中进行破碎提取，多见于细胞破碎仪。其优点是可将能量集中在样品某一范围，因而在液体中能提供有效的"空化效应"。

三、影响萃取的因素

影响萃取的主要因素有温度、目标化合物分子大小、萃取溶剂的黏度和样品表面的性质等。综合分析表明，影响液固萃取的因素如下。

1. 样品性质

对于液相色谱分析而言，样品的性质对分析结果的影响是至关重要的。样品的性质主要包括样品的颗粒度、样品中所含杂质的状况及其物化性质等。

（1）样品的颗粒度 对于固体样品，在萃取前需要对样品进行均匀粉碎。通常在一定条件下，样品的颗粒度越小，溶剂萃取效果越好。但颗粒度小，则意味着溶剂的共萃取物可能越多，同时也会增加过滤的难度。根据样品和检测目的不同，样品粉碎后的颗粒度大小也不尽相同。对于农药残留的检测，谷物颗粒度要求 60～100 目，而蔬菜水果则要求使用破壁料理机均匀粉碎。在粉碎过程中，要防止粉碎导致温度升高，造成易挥发性化合物的损失。

（2）样品的水分含量 水分本身是一种极性大且穿透力强的溶剂。对于极性强的萃取溶剂，样品中水分可以与萃取溶剂混合，改变萃取溶剂的性质并参与整个萃取过程；对于非极性的萃取溶剂，样品中水分则会增加萃取溶剂与样品混合的难度，从而影响萃取效果。

为了降低不同样品水分含量差异对检测结果的影响，有时会在萃取前加入一定水量，弥补这种差异。如在检测蔬菜水果等农产品时，CEN15662 就对不同含水量的样品进行了补水措施（表 4-2）。

表 4-2　CEN15662 方法指南中对不同样品的补水量

样品种类	称样量/g	加水量/g	备注
含水量高于 80%的果蔬	10	—	—
含水量 25%～80%的果蔬	10	X	X=10g−10g 样品中含水量
谷物	5	10	—
干果	5	7.5	在样品均质时加入
蜂蜜	5	10	—

2. 萃取温度

提高萃取温度虽然可以提高萃取效率，但是萃取温度也不能随意提高。当接近或超过溶剂的沸点时，萃取溶剂汽化，致使萃取过程难以进行；如果萃取温度过高，常常是被萃取出来的杂质也随之增多，增加净化的难度。对于化学性质不稳定的化合物，提高萃取温度有可能引起化合物降解或损失。

3. 萃取时间

理论上讲，萃取时间越长越好。时间长，被萃取目标化合物就有充足的时间在萃取溶剂中扩散，并最终达到平衡。当被萃取目标化合物在固液两相之间达到平衡时，再延长萃取时间也不会增加目标化合物的萃取效果。

4. 溶剂的性质与用量

萃取溶剂的用量与萃取方法和被萃取样品要相适宜。萃取溶剂用量太多会致使目标化合物被稀释，往往需要增加溶剂浓缩步骤，同时也可能使杂质含量增加。如果萃取溶剂用量太少，萃取不完全、不充分，会导致萃取效率差。此外，萃取溶剂的种类和性质对萃取效率影响很大。根据相似相溶原理，在一定条件下，萃取溶剂的极性与萃取化合物的极性越相近，则萃取率越高，萃取效果越好。常见萃取溶剂的极性指数等参数见表 4-3。

在实际的萃取中，单一的萃取溶剂有时很难满足萃取的要求，往往需要两种或两种以上的溶剂组成混合萃取溶剂。混合后的萃取溶剂的极性 P 可以根据各单一溶剂的极性及其混合比例计算得到，具体计算见式（4-1）：

$$P = \phi_1 P_1 + \phi_2 P_2 \tag{4-1}$$

式中，ϕ_1 和 ϕ_2 分别为溶剂 1 和溶剂 2 在混合溶剂中所占的百分比；P_1 和 P_2 分别为溶剂 1 和溶剂 2 的极性指数。

表 4-3　常见萃取溶剂的极性指数等参数

溶剂	极性指数	偶极距(μ)/10^{-30}C·m	介电常数
正己烷	0.1	0.27	1.890
环己烷	0.0	0	2.052
四氯化碳	1.6	0	2.238
甲苯	2.4	1.23	2.24
苯	2.7	0	2.283
二氯甲烷	3.1	3.80	9.1
正丁醇	3.9	5.6	17.1
四氢呋喃	4.0	5.70	7.58
乙酸乙酯	4.4	6.27	6.02
异丙醇	3.9	5.60	18.3
氯仿	4.1	3.84	4.9
乙醇	4.3	5.60	25.7
吡啶	5.3	7.44	12.3
丙酮	5.1	8.97	20.70
苯甲醇	5.5	—	—
乙腈	5.8	11.47	37.5
甲醇	5.1	5.55	31.2
甲酰胺	7.3	11.24	111
水	10.2	6.47	80.103

四、常见问题与解答

1. 超声萃取有哪些优点?

解　答　与传统萃取技术相比，超声萃取具有以下特点：

（1）借助各种超声波效应，不仅缩短了萃取时间，还提高了回收率。

（2）萃取过程中所产生的热效应促使萃取溶剂升温，但升温幅度不高，有利于一些热敏性化合物的提取。

（3）适当的超声波功率介入不会改变所提取目标化合物的分子结构，不会出现降解的问题，不依赖于目标化合物与溶剂间基于相似相溶原理的化学作用。超声波对不同性质目标化合物的作用几乎一致，因此超声萃取非常适合农残、兽残等多组分体系的萃取。

（4）操作方便、提取完全，可减少提取溶剂的使用量，不仅降低了二次污染，还有利于后续浓缩和检测操作。

2. 农药检测用的乙醚该如何除去过氧化物?

解　答　（1）乙醚是实验室常用的化学试剂。尽管 GB/T 12591—2002《化学试剂　乙醚》中规定：分析纯乙醚中过氧化物的含量低于 0.00003%，但是乙醚见光或放置时间过长，会与空气中的氧气发生反应，生产过氧化物。由于过氧化物的沸点比乙醚高，在蒸馏提纯乙醚时，过氧化物会在残液中聚集，达到一定浓度后会发生爆炸，因此在蒸馏前必须除去过氧化物。

（2）可选择下面的纯化方法：

① 乙醚是非极性物质，过氧化物是极性物质。利用两者的极性差异，使用中性氧化铝吸附过氧化物，从而达到除去过氧化物的目的。

② 取 500mL 乙醚于 1000mL 分液漏斗中，加入 15mL 20%硫酸亚铁铵溶液，加入 85mL 3%硫酸，摇匀，分层，弃去水相层。加入 100mL 0.5%高锰酸钾溶液洗涤，再用 100mL 5%氯化钠和水洗涤。用无水氯化钙脱水干燥，过滤，蒸馏，收集沸程 34℃±0.5℃的馏分。

3. 常见的固体提取方式有哪些?

解　答　在化学分析过程中，一般分析仪器对样品的要求都是溶液状态。常见的液固萃取方式有以下几种：

（1）索氏提取法　索氏提取法是一种最经典的萃取方法，在当前很多检测项目中仍有着广泛的应用。美国环保署（EPA）将其作为萃取有机化合物的标准方法之一（EPA3540C）；我国国家标准方法中也有很多使用索式提取法作为提取方法。

优点：不需要使用特殊的仪器设备，操作方法简单易行，在实验室容易实现，使用成本较低。

缺点：溶剂消耗量大，耗时也较长等。

（2）超临界流体萃取法　超临界流体萃取法（supercritical fluid extraction，SFE），是利用超临界条件下的气体作萃取剂，从液体或固体中萃取出某些成分并进行分离的萃取技术。超临界条件下的气体也称为超临界流体，是处于临界温度和临界压力以上，以流体形式存在的物质，通常有二氧化碳（CO_2）、氮气（N_2）等。

优点：耗时短，消耗有机溶剂少等，所以在分析农药残留样品前处理中，特别是在食品及中草药有效成分等天然药物成分的提取中有较多的应用。

缺点：设备与工艺要求高，一次性投资比较大。

（3）超声萃取法　超声萃取法，有利用浴槽式超声萃取的，也有用探针式提取器提取的。

优点：不需要加热、操作简单、节省时间及提取效率高等，目前在土壤提取的标准中也推荐使用此方法。

缺点：受超声波衰减因素的制约，有效萃取区域较小。

（4）均质提取法（匀浆法）　均质提取法（匀浆法），一般用于植物样品、食品，尤其是含水量较高的新鲜样品的提取，如蔬菜、水果等。几乎所有植物性或动物性样品的初始样品制备阶段都要用到均质提取。根据基质和目标化合物性质的不同，一般使用的提取溶剂以极性溶剂居多，如乙腈。

（5）微波萃取法　微波萃取法采用了能量最小化技术，有效防止了目标化合物的分解，提高了萃取回收率和重现性，现已广泛应用到环境、化工、食品、香料、中草药和化妆品等检测领域。微波萃取主要有两类：一类是开放式微波萃取；另一类是高压密闭式微波萃取。

开放式微波萃取的优点是一般可制备较大的样品量以及可随时添加萃取试剂；不足之处为溶剂消耗量大，制样过程中可能损失易挥发组分，每次仅制备一个或几个样品，萃取时间相对较长，不易控制萃取温度。

高压密闭式微波萃取是通过高温高压使目标化合物与样品基质之间的化学键发生断裂，并迫使溶剂进入样品内部，促使溶剂与目标化合物之间充分接触。

高压密闭式微波萃取的优点：可控制萃取条件，每次可制备数个至数十个样品，由于没有剧烈的化学反应，样品量可以在 0.5～10g 范围，萃取过程中不损失易挥发组分和萃取试剂，萃取时间短。

（6）快速溶剂萃取法　快速溶剂萃取技术采用的是高温高压的形式进行萃取。从时间上来说，将传统的十几甚至二十几个小时的萃取时间缩短为 20～30min，使用溶剂量也从几百毫升缩小至十几甚至几毫升。并且由于是自动化仪器控制，每个样品的萃取条件完全一致，平行性也得到了很大的改善。现在市场上有的自动化产品不仅具有双通道压力溶剂萃取，还可实现萃取—定量浓缩—在线固相萃取的整套过程，自动化程度非常高，可大幅提高实验室效率。

4. 振荡和超声哪个萃取效率更高？

问题描述　为什么国家标准中有的项目要用振荡萃取，有的要用超声萃取？这两种方法哪种萃取效率更高？

解　答　（1）振荡萃取是一种非常常见的萃取方法,意义在于将样本混合均匀,大幅度加大液体的流动性,从而提高萃取效率,方法本身不对样本有多大破坏。

（2）超声萃取也是一种常见的萃取方法,受萃取条件限制不如振荡萃取应用广泛,通常与振荡配合使用,其意义在于"空化效应"将样品进一步破坏,对样品进行深度萃取。

（3）超声萃取的效率通常高于单纯的振荡萃取,但是药物一旦受到超声波作用造成分解或变性（超声可能导致局部高温等问题）,就会导致萃取效率下降。

5. EPA3550 关于超声萃取的方法中为什么要用无水硫酸钠?

问题描述　EPA3550方法中描述"将30g样品和无水硫酸钠混合,使形成自由流动的粉末,然后用超声波作用进行溶剂萃取",为什么要用到无水硫酸钠?做土壤中农药的超声萃取时没有加无水硫酸钠,会有什么影响?

解　答　（1）无水硫酸钠的作用是吸水,这个处理方法用的是不溶于水的有机溶剂,如果用乙腈、丙酮应该就不用加无水硫酸钠了。

（2）方法中描述的"形成自由流动的粉末",作用是判断无水硫酸钠量是否足够,在其他方法中同样适用。

（3）一般在浓缩前都要用无水硫酸钠除水,否则浓缩时有水存在,不利于样品的浓缩；另外,若有水进入毛细管色谱柱中会损坏色谱柱。

（4）在正常样品含水的情况下,乙酸乙酯和二氯甲烷因为水的排斥作用,不容易进入植物组织中,只有先用无水硫酸钠等吸水剂除去样品（应粉碎至标准方法中要求的粒度）中的水分,才更有利于有机相对目标物的萃取。

6. 超声萃取具体怎样操作?

问题描述　做土壤中的农残检测,前处理想用超声萃取,是用离心管还是三角瓶?浴槽式超声波清洗器的水位与容器内待处理样品溶液高度有什么要求?超声过程需要用温度计控制水温吗?

解　答　（1）超声萃取土壤中的有机氯农药实验步骤可以参考 EPA 3550《超声波提取》,具体步骤如下:用具塞三角瓶装入20g土壤样品和适量的无水硫酸钠,用30mL×3正己烷和丙酮混合溶剂（体积比为1∶1）提取15min×3,每次过滤后合并滤液,经净化后浓缩。

（2）具体用离心管还是三角瓶,要看下一步操作用哪个方便,若用离心管,要固定一下，避免歪倒，也可以放在烧杯内，防止倾倒。

（3）关于浴槽式超声波清洗器的水位，为了更好地传导超声波，水位高度一般不低于容器内待处理样品溶液高度。

（4）温度控制，需要依据具体的检测项目来决定，一般在20～30℃，不能太高，防止农药受热分解。

7. 超声萃取后怎样进行土壤颗粒物和萃取液的分离？

问题描述　使用超声萃取土壤中的农药残留后，怎样将土壤颗粒物和萃取液分离？

解　答　（1）通过过滤拦截的方式进行分离，例如过滤、抽滤等。

（2）通过固液二相密度差进行分离，例如重力沉降、离心分离等。

（3）利用其他的物化性质，如低温下成固态、高温下成液态进行分离，例如冷冻离心等。

8. 索氏提取是否可以用其他提取方式替代？

问题描述　将样品放在锥形瓶中加溶剂回流提取，这种方法可以替代索氏提取吗？索氏提取与该方法比较有哪些优点？

解　答　（1）索氏提取始终是纯溶剂在溶解提取目标化合物，而加溶剂回流提取方式，锥形瓶溶剂中目标化合物的浓度会逐渐升高，相对的提取能力会慢慢降低。

（2）索氏提取更省溶剂，而且溶剂蒸发上去之后，提取浓度差很大；而回流提取，浓度差保持一定，提取效率低，加溶剂直接回流，提取所需的溶剂量更大。

（3）提取方式并不是固定的、一成不变的，只要提取效率符合要求，也可以更换为别的提取方式，例如超声萃取、快速溶剂萃取等。

9. 水蒸气蒸馏和共水蒸馏有什么区别？

问题描述　水蒸气蒸馏跟共水蒸馏是什么关系？共水蒸馏是水蒸气蒸馏的一种，还是二者属于完全不同的两种方式？

解　答　根据原料与水蒸气接触方式的不同，水蒸气蒸馏可分为水中蒸馏、水上蒸馏、直接水汽蒸馏三种。

（1）水中蒸馏：原料直接浸泡在水中，也称为共水蒸馏。

（2）水上蒸馏：原料在多孔隔板上，水在底下。

（3）直接水汽蒸馏：原料在多孔隔板上，但直接通入高温水蒸气。

10. 水蒸气蒸馏有哪些适用范围？

解　答　（1）水蒸气蒸馏是指将样品与水共同蒸馏，使样品中的挥发性成分随水蒸气一并馏出，经冷凝获取挥发性成分的浸提方法。该方法适用于具有挥发性、能随水蒸气蒸馏而不被破坏、在水中稳定且难溶或不溶于水的待测组分的提取。也适用于从不挥发物质或树脂状物质中分离出所需的组分（如天然产物香精油、生物碱等）。

（2）使用此法被提纯的物质必须具备以下条件：

① 不溶于水或微溶于水；

② 具有一定的挥发性；

③ 在共沸温度下与水不发生反应；

④ 在 100℃左右，必须具有一定的蒸气压，至少为 666.5～1333Pa（5～10mmHg），并且待分离物质与其他杂质在100℃左右时具有明显的蒸气压差。

第二节　液液萃取

液液萃取是最经典的分离方式，广泛应用于物质分离、纯化和富集，也是最常用的分析样品前处理技术之一。液液萃取包括经典的液液萃取（LLE）、双水相萃取（ATPE）、液相微萃取（LMPE）等，其中经典的液液萃取（LLE）使用最为广泛，其操作相对简单，不需昂贵的仪器，但缺点在于挥发性有机溶剂使用量大、自动化程度低以及耗时长等。

一、液液萃取的原理

液液萃取是工业生产中常用的一种富集纯化的技术手段，通常是使用与水不互溶的有机溶剂，从水相中萃取目标化合物。在分析实验室，液液萃取常被用来分离样品中杂质，使样品适用于检测分析。

液液萃取的基本原理是利用样品中目标化合物在不同溶剂中的溶解度差异来实现分离、纯化或富集。目标化合物在溶剂中的溶解度取决于目标化合物与溶剂间、目标化合物分子间以及溶剂分子间的作用力。

常使用目标化合物及溶剂的极性与结构来评估、推断和解释目标化合物与溶剂间的作用力大小。根据"相似相溶原理"，目标化合物的极性与溶剂的极性越相近，二者间的作用力越大，则目标化合物在该溶剂中溶解度越大。通常来讲，极性化合物趋向溶于水溶液，而低极性化合物和非极性化合物趋向溶于有机溶剂。

二、萃取分配常数

液液萃取的本质是目标化合物在互不相溶的水相、有机两相之间发生传递转移的过程。

达到动态平衡时，液液萃取的状态可以用 Nernst 分配定律来评估与解释。Nernst 分配定律指出：在一定条件下，当分配达到平衡时，物质在互不相溶的两相中的浓度比为常数。如下式所示：

$$K_D = \frac{c_{A.o}}{c_{A.aq}}$$ (4-2)

式中，K_D 为分配常数；$c_{A.o}$ 为物质 A 在有机相中的浓度；$c_{A.aq}$ 为物质 A 在水相中的浓度。K_D 很大时，意味着大部分目标化合物从水相转移到有机相；相反，K_D 很小时，则只有很少的目标化合物从水相转移到有机相；当 $K_D=1$ 时，则表明目标化合物在水相和有机相中的浓度是相等的。

K_D 值大小取决于物质 A、有机相和水相三者之间的相互作用。在萃取时，物质 A 在有机相的溶解度一般要大于在水相的溶解度，才可能使用有机相将物质 A 从水溶液中萃取出来。K_D 越大，则有机相将物质 A 从水溶液中萃取出来的能力越强。为了提高萃取效率，一般 K_D 要大于 10。

三、萃取率

液液萃取作为定量分析的一部分，实验室分析人员往往关注液液萃取操作过程中两个问题：①目标化合物能不能被完全萃取出来？②如何把目标化合物完全萃取出来？

这两个问题涉及液液萃取效果的评价。在液液萃取方法中，目标化合物的萃取率可以通过下列公式来计算：

$$E = 1 - \left[\frac{1}{1+K_D V}\right]^n$$ (4-3)

式中，E 为萃取率；K_D 为分配常数；V 为相比；n 为萃取重复次数。通过公式可知，液液萃取率的影响因素有三个：相比、K_D 值和萃取重复次数。

理论上，在一定条件下液液萃取重复次数越多，目标化合物的萃取率越高。这个"一定条件"是指萃取体系和操作程序及环境不发生变化。但萃取次数增多，萃取出的杂质的量也会增加，实验成本也会增加。对某一种化合物的萃取，如果萃取条件相同，且分配常数不低于5，则重复萃取三次就可以达到99%的萃取率。

一般情况下，K_D越大，目标化合物的萃取率越高。为了提高萃取效率，要根据化合物的性质和萃取环境体系，选择合适的萃取溶剂。一般情况下，相比越大，目标化合物的萃取率越高。但相比也不能无限地大，一方面，相比越大，表示有机溶剂体积越大，会增加萃取的费用和浓缩的时间；另一方面，受到萃取容器的限制和检测限等因素的影响，相比不可能无限地大。通常相比在0.1～10。

对相同体积萃取溶剂而言，分次萃取的萃取效果要优于单次萃取（见表4-4）。K_D值为50时，150mL萃取溶剂的萃取率为88.235%；而将150mL萃取溶剂分三次50mL萃取时，其总萃取率为97.671%。

表4-4　从1L水样中使用相同体积溶剂单次萃取率和多次萃取率的差异　　单位：%

K_D值	单次萃取 1×150mL	单次萃取 1×50mL	两次萃取 2×50mL	三次萃取 3×50mL
250	97.403	92.593	99.451	99.959
100	93.750	83.333	97.223	99.538
50	88.235	71.429	91.839	97.671
5	42.857	20.000	36.000	48.800

四、萃取溶剂的性质与选择

1. 溶剂的互溶性

液液萃取是目标化合物在互不相溶两相溶剂间转移，因此液液萃取是在两种或两种以上互不相溶的溶剂中进行的。在液液萃取方法中，首先要关注溶剂的互溶性。常见溶剂的互溶性见图4-1。通常有机溶剂间的互溶性要高于有机溶剂与水的互溶性。但也有一些有机溶剂可以与水互溶，例如：丙酮、乙腈、甲醇、乙醇、二甲基甲酰胺、二甲亚砜、1,4-二氧六环、N-甲基吡咯烷酮、异丙醇、四氢呋喃、三氟乙酸等。需要强调的是，在无机盐盐析的作用下，原本互溶的有机溶剂和水之间仍可以发生分层的现象。

2. 溶剂的密度

溶剂的密度是液液萃取时应该关注的一个参数。大部分有机溶剂与水的颜色接近，在萃取分层时，无法通过颜色来确定是有机溶剂层还是水层。有机溶剂的密度比水大，在萃取分层时，处于水相的下层；相反，有机溶剂的密度比水小，浮在水相上层。

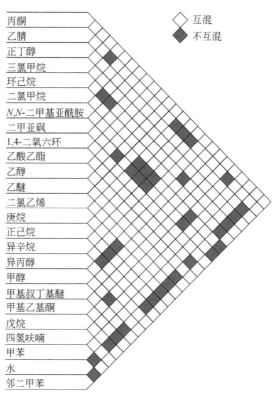

图 4-1 溶剂互溶性图

3. 溶剂间溶解度

溶剂间溶解度是指一种溶剂在另一种溶剂中的最大溶解能力。高于一定指标后，表示两种溶剂可以互溶；低于一定指标后，表示两种溶剂不溶。当两种互不相溶的溶剂混合后会形成分层，但各自溶剂都会溶解少量的对方溶剂。常见有机溶剂在水中的溶解度以及水在常见有机溶剂中溶解度见表 4-5 和表 4-6。例如：二氯甲烷是液液萃取方法中常用的萃取溶剂，与水不互溶。但在使用二氯甲烷萃取水中化合物时，静止分层后，水相中含有 1.6% 的二氯甲烷；而有机相中含有 0.24% 的水。

表 4-5　常见有机溶剂在水中的溶解度（20℃）

表 4-5　常见有机溶剂在水中的溶解度（20℃）

溶剂名称	溶解度/%	溶剂名称	溶解度/%
异辛烷	0.0002（25℃）	三氯甲烷	0.815
庚烷	0.0003（25℃）	二氯甲烷	1.60
环己烷	0.006（25℃）	甲基异丁酮	1.7
环戊烷	0.01	甲基丁醚	4.8
正己烷	0.014	三乙胺	5.5
邻二氯苯	0.016（25℃）	甲基丙酮	5.95
邻二甲苯	0.018（25℃）	乙醚	6.89
戊烷	0.04	丁醇	7.81
甲苯	0.052（25℃）	异丁醇	8.5
甲基异戊酮	0.54	乙酸乙酯	8.7
二氯乙烯	0.81	甲基乙酮	24.0

表 4-6　水在常见有机溶剂中的溶解度（20℃）

溶剂名称	溶解度/%	溶剂名称	溶解度/%
异辛烷	0.006	乙酸丁酯	1.2
戊烷	0.009	乙醚	1.26
环己烷	0.01	甲基异戊酮	1.3
环戊烷	0.01	甲基丁醚	1.5
庚烷	0.01（25℃）	甲基异丁酮	1.9（25℃）
正己烷	0.01	乙酸乙酯	3.3
甲苯	0.033（25℃）	甲基丙酮	3.3
三氯甲烷	0.056	三乙胺	4.6
二氯乙烯	0.15	甲乙酮	10.0
二氯甲烷	0.24	异丁醇	16.4
邻二氯苯	0.31（25℃）	丁醇	20.07

4. 溶剂的选择

在液液萃取中，溶剂的选择是首要任务。溶剂选择的好坏直接影响萃取的结果。溶剂选择的总体原则是对目标化合物溶解度大，对样品基质和杂质溶解度小，且化学性质稳定，毒性小以及与样品溶液不互溶。根据"相似相溶原理"，萃取溶剂与目标化合物极性等化学性质越相近，提取效率越高。但实际中，很难找到与目标化合物性质基本一致的一种萃取溶剂，此时可以选择两种或多种溶剂组合成混合萃取溶剂。

萃取溶剂选择的原则如下。

① 在水相中溶解度低。

② 具有低沸点和较高的挥发性，便于目标化合物的浓缩富集。

③ 溶剂纯度高，避免引入杂质干扰目标化合物的检测。

④ 与液相色谱分析有良好的兼容性。如在液相色谱紫外检测时，要避免使用丙酮等具有较强紫外吸收的有机溶剂。

⑤ 要与目标化合物的极性相匹配，以便提高萃取效率。

五、萃取液乳化

液液萃取往往是通过剧烈振荡装有样品及溶剂的容器，确保互不相溶的两相充分接触，从而实现较短时间内目标化合物在两相间传递转移。但是，在对含有大量蛋白质和脂肪的样品，以及含有表面活性剂类物质的样品进行液液萃取时，往往会产生乳化，造成萃取两相之间没有清晰的界面，两相分离时十分困难，进而影响检测结果。所谓乳化就是萃取过程中产生了稳定的乳状液，即在两相体系中，有一种液体以液珠的形式均匀地分布在另一种与其互不相溶的液体中。

产生乳化的主要原因有：

① 萃取体系中含有胶体状和细微的固体颗粒或杂质。例如萃取体系中含有蛋白质、脂肪以及表面活性剂类物质等，降低了有机相和水相的界面张力，使得有机相液体微颗粒与水相混合在一起。

② 有机相理化性质。若有机相黏度过大，则水相液滴不易碰撞而无法分相；若有机相黏度过小，其界面张力过小，则可能使有机相液滴分散过细，而不利于有机相聚合分相。

③ 过度振荡。为了使两相充分混合，在萃取过程中往往会剧烈振荡，造成分散相的液滴过于细小分散而导致乳化。

六、常见问题与解答

1. 液液萃取时乳化产生的原因及解决方法有哪些？

问题描述 做土壤石油烃时，先用丙酮正己烷提取，然后用分液漏斗水洗，这个过程经常会出现乳化，用什么方法破乳比较好？

解　答 （1）水相、有机相、乳化物和外力是形成乳化现象的主要因素，详细内容参见本节前文所述。

（2）破坏乳化形成的条件是防止或消除乳化形成的关键。

（3）通常破坏乳化的方式有：

① 萃取时振荡操作不要过于剧烈。

② 在萃取前，往水相中加入适量氯化钠，形成氯化钠饱和溶液，可以避免因有机相与水相的密度相近形成的乳化。

③ 通过玻璃棉过滤乳化样品。

④ 通过离心：通常采用 2000r/min 离心 2min，一般可以消除乳化现象，如效果不佳，可加大离心速度。

⑤ 加入少量与萃取溶剂不同的有机溶剂。

⑥ 提高两相的比例。通常保持两相比例为 1∶5 以上，就可以有效避免乳化现象。

2. 液液萃取体系中的两相比例对萃取效果有哪些影响？

问题描述　液液萃取时，一种是用 5mL 正己烷从 10mL 水中萃取目标化合物，另一种是用 10mL 正己烷从 10mL 水中萃取目标化合物，哪种效果更好？两者差别大吗？

解　答　（1）在定量分析中，目标化合物的萃取率或萃取次数是分析工作者关心的参数指标。与分配常数 K_D 和重复萃取次数一样，相比是影响液液萃取率的主要因素之一。

（2）相比是指液液萃取时，互不相溶两相体积的比值，通常来讲，是有机相体积 V_o 与水相体积 V_{aq} 之比。在液液萃取中，理论上，在目标化合物、水相和有机相三者确定的条件下，相比越大，目标化合物萃取率越高。对于萃取 10mL 水相中单一物质，10mL 正己烷（相比为 1）的萃取率肯定优于 5mL 正己烷（相比为 0.5）的。在使用有机溶剂从水相中萃取目标化合物时，相比大于 1 时，则表示目标化合物浓度被有机溶剂稀释了，后续可能需要对有机溶剂浓缩；而相比小于 1 时，则表示目标化合物得到了富集。

（3）在液液萃取实际应用中，相比需要为 0.1～10，也不宜过大，这是因为：

① 在液液萃取用于样品中目标化合物与基质的分离时，相比过大会导致杂质数量的增加，不利于目标化合物的浓缩和提纯；

② 相比过大，会增加后续操作的困难，增加检测的时间与成本，不利于环境保护；

③ 相比过大，会改变有机相与水相互不相溶的性质，从而有可能改变分配常数 K_D。

3. 如何选择液液萃取的萃取溶剂?

解　答　在液液萃取中,溶剂的性质是影响萃取结果的关键因素之一。选择萃取溶剂应该考虑以下几个方面。

(1)萃取溶剂应该对目标化合物有良好的溶解度。

根据"相似相溶原理",萃取溶剂的极性与目标化合物的极性越接近越好。在实际中,很难找到一种与目标化合物极性一致的溶剂,往往需要配制二元混合溶剂或三元混合溶剂。混合溶剂的极性可以通过各个溶剂的百分比乘以其极性之和来计算。对于多目标化合物的检测,各目标化合物的极性也不尽一致,因此,萃取溶剂极性的选择需要综合来考虑。

(2)萃取溶剂应该对样品基质的主要杂质有很低的溶解度。

液液萃取的目的在于去除干扰的杂质。在选择萃取溶剂时,必须考虑样品基质中主要杂质的种类及化学性质。如果萃取溶剂对目标化合物和杂质都有较大的溶解度,则液液萃取达不到净化的目的。

(3)萃取溶剂与被萃取溶剂应该互不相溶且有较大的密度差异。

萃取溶剂与被萃取溶剂的密度差异应较大,且萃取溶剂必须与被萃取溶剂及目标化合物之间不发生化学反应。

(4)萃取溶剂有合适的蒸气压。

通常传统的液液萃取使用分液漏斗操作,萃取溶剂体积在几十毫升甚至上百毫升。这种情况下萃取溶剂体积不利于微量目标化合物的检测,往往需要对萃取溶剂进行浓缩操作。而蒸气压过小的萃取溶剂需要借助更高的浓缩温度或更低的真空压力,容易造成目标化合物的损失。

(5)萃取溶剂必须毒性小、污染性小且价格便宜。

4. 农残前处理过程中加入氯化钠能使有机相和水相完全分离吗?

解　答　(1)水与乙腈、甲醇、丙酮等有机溶剂可以混合互溶,但氯化钠、硫酸镁、硫酸钠等无机盐的介入,会使水与这些有机溶剂实现分层分离,起到盐析作用。盐析作用的大小受无机盐的浓度和种类的影响。通常认为,氯化钠的盐析效果优于硫酸镁、硫酸钠,高浓度的效果优于低浓度。

(2)对于加入氯化钠后,乙腈中仍含有水分的问题,有两个解决的办法。

① 在液液萃取时,增加氯化钠的加入量;

② 移取乙腈溶液至试管或离心管中,向乙腈溶液中加入少量的无水硫酸镁或

无水硫酸钠或无水氯化钙，除去水分。

5. 影响液液萃取过程的因素有哪些?

解　答　液液萃取时，影响萃取过程的因素主要有以下几个方面:

① 萃取剂;

② 操作温度;

③ 被萃取相溶剂条件，如 pH、起盐析作用的盐适量、带溶剂（抗生素萃取中的萃取剂）;

④ 乳化。

6. 什么是萃取剂? 什么是稀释剂?

解　答　液液萃取，又称为溶剂萃取，是利用被萃取相中各组分在萃取溶剂与被萃取溶剂中溶解度的差异而实现分离。

萃取剂为液液萃取时所选用的萃取溶剂;稀释剂为被萃取相中的原溶剂。

7. 液液萃取过程有哪些特点?

解　答

① 萃取过程的传质前提是两个液相之间的相互接触;

② 两相之间的传质过程是分散相和连续相之间的相际传质过程;

③ 两相之间的有效分散是提高萃取效率的有效手段;

④ 两相的分离需借助两相的互溶性、密度差等性质来实现;

⑤ 液液萃取过程可以在多种形式的装置中通过连续或间歇的方式实现;

⑥ 液液萃取具有处理量大、分离效果好、回收率高等特点，因此得到了广泛的应用。

8. 液液萃取与固相萃取有什么区别?

解　答　下面通过表格的形式（表4-7）简单对比一下两者的优缺点。

表4-7　液液萃取和固相萃取的比较

项目	液液萃取	固相萃取
适用溶剂	少	多
乳化程度	易	无

项目	液液萃取	固相萃取
有机溶剂用量	多	少
人为影响	大	小
重现性	较差	好
回收率	较低、不稳定	高、稳定
花费时间	长	短
自动化程度	难	易

9. 常见的液液萃取方式有哪些？

解　答　（1）常见的液液萃取方式有单组分萃取和双组分萃取（或回流萃取），其中单组分萃取又分为单级萃取或并流接触萃取、多级错流萃取、多级逆流萃取、连续逆流萃取。

（2）不同萃取方式各有优缺点，例如单级萃取简单，但是效率低，目标产物在萃余相中的残留量较多。而多级萃取产物平均浓度高，产物回收效率较高，但工艺较复杂。

第三节　固相萃取

固相萃取是基于色谱吸附分离原理的样品前处理技术。固相萃取的处理对象必须为液体样品。液体样品在一定压力或重力的作用下通过具有选择性吸附的固相萃取填料，使得特定化合物能够被吸附并保留在吸附填料上，从而实现分离、净化、富集等目的。

一、吸附填料与化合物间的作用原理

固相萃取之所以能够将目标化合物从样品基质中分离出来，主要依靠固相萃取吸附填料中的特定官能团与目标化合物的官能团存在较强的吸附作用力，使得目标化合物吸附保留在固相萃取吸附填料上，而与吸附填料官能团存在排斥作用或作用力较小的样品基质则通过固相萃取装置。这种分子间的吸附作用力通常为范德瓦耳斯力、氢键和离子吸引力，其作用力大小顺序是范德瓦耳斯力<氢键<离

子吸引力。

1. 范德瓦耳斯力

（1）永久偶极作用力　永久偶极是指分子中因电荷分布不均匀而出现正电荷中心与负电荷中心相分离的现象。分子本身呈中性，不带电荷，但分子局部表现出一定的电荷性，使得分子间的相互作用力具有一定的方向性。极性化合物为具有永久偶极的分子。

（2）诱导偶极作用力　诱导偶极是指在受到电场作用下，本身没有偶极的非极性分子的电荷分布发生变化，导致电荷分布不均匀而出现正电荷中心与负电荷中心相分离的现象。

（3）色散力　色散是指分子的电子做随机运动时，在某个瞬间产生了不对称。色散力是非极性分子间主要的作用力。

2. 氢键

氢原子在分子中与电负性较大的原子形成共价键时，还可以吸引另一个电负性较大的原子，并与之形成较弱的化学结合，即形成氢键。氢键的本质是分子间的静电作用。典型吸附填料有硅胶等。

3. 离子吸引力

离子吸引力是指正负离子间的相互吸引力。典型吸附填料有苯磺酸基（SCX）、三甲基胺丙基（SAX）和乙二胺-N-丙基（PSA）等。

二、吸附填料的类别

1. 键合硅胶固相吸附填料

得益于高效液相色谱研究与应用的深入，键合硅胶固相吸附填料是目前市面上使用最为广泛的固相萃取剂。键合硅胶固相吸附填料的基质是球形硅胶，通过一定的键合技术在硅胶表面键合上具有一定活性的官能团。键合硅胶固相吸附填料可以分为反相固相吸附填料、正相固相吸附填料和离子交换固相吸附填料。常见键合硅胶固相吸附填料见表4-8。

表 4-8　常见键合硅胶固相吸附填料

官能团	极性	性质
C$_{18}$(十八烷基)	非极性	在所有键合硅胶吸附填料中，C$_{18}$ 是非极性吸附能力最强的，是一种通用型吸附填料，常用于非极性化合物的萃取
C$_8$（辛烷基）	非极性	C$_8$ 非极性吸附能力比 C$_{18}$ 弱。对于一些在 C$_{18}$ 上因吸附力太强而难以洗脱的化合物，可以 C$_8$ 来替代，常用于中等极性化合物的萃取
C$_2$（乙烷基）	弱极性	因 C$_2$ 碳链太短，硅胶表面上硅羟基易于暴露，而呈现一定的极性。C$_2$ 极性作用力比 CN 略强一些
CH（环己基）	中等极性	CH 是中等极性的吸附填料，对特定化合物，例如苯酚等，具有一定的选择性
PH（苯基）	中等极性	在非极性萃取中，PH 表现的极性与 C$_8$ 相当。由于苯环的电子云效应，PH 具有一定的选择性
CN（氰基）	中等极性	CN 是常用的中等极性吸附填料。当非极性目标化合物与 C$_{18}$、C$_8$ 或极性目标化合物与硅胶发生不可逆吸附，改用 CN 吸附填料往往会有较好的效果
2OH（二醇基）	极性	2OH 是较强极性的吸附填料，特别适合从非极性溶剂中萃取极性化合物，尤其是可以形成氢键的化合物
NH$_2$（丙氨基）	弱阴离子交换	NH$_2$ 的 pK_a 值为 9.8。当体系 pH 值低于 9.8 时，NH$_2$ 带正电，属于弱离子交换填料。在使用 NH$_2$ 时，应该特别注意溶剂或体系的环境
PSA（乙二胺-N-丙基）	弱阴离子交换	PSA 属于阴离子交换填料，有两个氨基，其 pK_a 值分别为 10.1 和 10.8，因此 PSA 的交换能力比 NH$_2$ 强。除此之外，PSA 也是一个较好的二元配位体
SAX（三甲基胺丙基）	强阴离子交换	由于 SAX 的官能团是季铵，无论处于什么环境，总带正电荷，属于强阴离子交换填料，适合弱阴离子化合物的萃取
CBA（羧甲基）	弱阳离子交换	CBA 的 pK_a 值为 4.8，当体系 pH 值高于 4.8 时，CBA 带负电，属于弱阳离子交换填料，适合强阳离子化合物的萃取
PRS（丙磺酸基）	强阳离子交换	PRS 是极性强的离子交换填料。在非极性体系中，PRS 表现出极性和氢键的作用力。PRS 的 pK_a 值很低，常带正电，适合弱阳离子化合物的萃取
SCX（苯磺酸基）	强阳离子交换	SCX 是强阳离子交换填料，具有较低的 pK_a 值。由于 SCX 吸附填料表面的苯环具有较高的非离子作用力，SCX 具有离子吸附和非离子吸附的双重特性。在吸附目标化合物后，用非极性溶剂及高离子强度的溶剂洗涤也不会造成目标化合物损失

2. 无机基质固相吸附填料

（1）硅胶　硅胶是由多聚硅酸加热适度脱水制作而成。硅胶表面具有一些吸附活性的硅羟基，对强极性、易生成氢键的化合物具有较大的吸附作用。水可与硅胶表面的硅羟基形成氢键，占据硅胶的活性位点，使得硅胶的吸附能力降低或丧失，因此硅胶中水分含量是影响其吸附能力大小的关键因素。硅胶吸附填料在使用和保存时应该注意防止硅胶吸附空气中的水分而降低其吸附能力。

硅胶活性分级见表4-9。

表4-9　硅胶活性分级

活性等级	硅胶的含水量/%	活性等级	硅胶的含水量/%
1级	0	4级	25
2级	5	5级	38
3级	10	—	—

（2）弗罗里硅土　弗罗里硅土是由不定型的 SiO_2 组成，并含有少量的氧化镁、氧化铁等杂质，属于极性吸附填料，适用于从非极性溶剂或体系中萃取吸附极性化合物。

（3）氧化铝　氧化铝是由氢氧化铝在 $300 \sim 400℃$ 脱水制成。氧化铝可以通过铝元素与化合物的羟基形成氢键来吸附化合物，或通过离子交换来吸附离子化合物。因制备条件不同可分为中性氧化铝（Al-N）、酸性氧化铝（Al-A）和碱性氧化铝（Al-B）。

中性氧化铝（Al-N）的 pH 值约为 6.5，其表面的铝原子中心与含有高电负荷的杂原子作用，适用于酯、酮、醚等中等极性化合物的吸附分离。

酸性氧化铝（Al-A）的 pH 值约为 5.0，用酸洗后的氧化铝可以使其吸附碱性化合物的能力下降，常用于吸附极性化合物或带负电的阴离子化合物。

碱性氧化铝（Al-B）的 pH 值约为 8.5，用碱洗后的氧化铝表面带负电荷，可以吸附阳离子官能团的化合物，因此常用于吸附极性化合物或带正电的阳离子化合物。

氧化铝活性分级见表4-10。

表4-10　氧化铝活性分级

活性等级	氧化铝含水量/%	活性等级	氧化铝含水量/%
1级	0	4级	10
2级	3	5级	15
3级	6	—	—

（4）石墨化炭黑　石墨化炭黑是将炭黑在惰性条件下加热到 $2700 \sim 3000℃$ 制作而成。石墨化炭黑是由六个碳原子构成的六角形平面结构串联和叠加而成。这

种六元环结构对平面结构的化合物具有较强的选择性吸附。

3. 有机聚合物固相吸附填料

键合硅胶吸附填料的键合技术研究最为成熟，键合的官能团种类众多，球形硅胶基质的抗压能力强，但是键合硅胶吸附填料也面临不少问题。

① 耐酸碱性能差。pH>8 时，易引起硅胶键的断裂，造成键合硅胶吸附填料分裂；pH<2 时，易引起 Si—C 键断裂，造成键合的官能团流失。

② 键合硅胶吸附填料中杂质的干扰不易消除。

③ 硅胶表面残余的硅羟基难以解决，造成萃取机理复杂多变。为了克服键合硅胶吸附填料的缺点，人们开始通过有机化合物的聚合来制成固相吸附填料。

（1）聚酰胺粉　聚酰胺是由有机酸和有机胺缩聚而成的高分子材料，性质非常稳定。聚酰胺分子中酰胺基团是吸附作用的活性位点。在极性溶液中，聚酰胺分子中酰胺基可与含有羧基、羟基和磺酸基等基团的化合物形成氢键。相对于有机溶剂，聚酰胺在水溶液中与这些化合物形成氢键的能力最强。各种溶剂对聚酰胺洗脱力大小的顺序：水<乙醇<甲醇<丙酮<稀碱溶液（稀氨水）<二甲基甲酰胺。

（2）高交联聚苯乙烯-二乙烯基苯（PS-DVB）及其改性物　聚苯乙烯-二乙烯基苯（PS-DVB）具有疏水表面，属于非极性固相吸附填料。由于 PS-DVB 苯环的电子云能够与目标化合物的 π 键发生作用，因此 PS-DVB 的吸附能力高于 C_{18}。相对于键合硅胶吸附填料，PS-DVB 的耐酸碱性能好，通常在 pH 值 1～14 的范围内都是稳定的。

在原有聚合物的基础上，Waters 公司发明了二乙烯基苯-N-吡咯烷酮聚合物（DVB-VP），这就是著名的 Waters HLB。二乙烯基苯属于亲脂性的官能团，具有反相吸附填料的能力与特点；而吡咯烷酮属于亲水性的官能团，具有保留极性化合物的能力。这两种官能团按一定比例键合在聚合物上，使得 DVB-VP 具有比反相键合硅胶吸附填料更广泛的应用范围。

三、固相萃取吸附模式

固相萃取的使用在于实现目标化合物与样品基质的分离，达到净化和富集的作用。起初，化学分析工作者往往根据一种目标化合物或一类目标化合物的化学性质来寻找吸附填料，通过目标化合物与吸附填料间发生相互吸附作用，而基质中大部分的杂质与填料不发生吸附作用，达到目标化合物与样品基质的分离。这就是目标化合物吸附模式。

但随着检测目标化合物数量的不断增加，有的目标化合物间的化学性质相差甚远，很难实现一种吸附填料同时吸附不同性质的目标化合物。因此，化学分析工作者通过吸附填料与样品基质中大部分杂质发生吸附，而目标化合物不与吸附填料发生吸附，从而达到目标化合物与样品基质的分离。这就是杂质吸附模式。

1. 目标化合物吸附模式

目标化合物吸附模式是固相萃取模式中最为经典的，也是使用最多的一种固相萃取模式，通常分为五个步骤：固相萃取柱预处理、样液过柱、淋洗、干燥和目标化合物洗脱。

（1）固相萃取柱预处理　固相萃取柱预处理也称为活化。

① 洗脱固相萃取柱可能存在的杂质，防止对后续检测结果产生影响；

② 对固相萃取柱溶剂化，为目标化合物与吸附填料间的相互作用提供良好的环境；

③ 增加固相萃取柱的吸附面积。

（2）样液过样

① 目标化合物与吸附填料间能够充分作用，并保留在吸附填料上；

② 样液基质尽可能地不被保留，流出固相萃取柱。

上样速度和样液的溶剂体系应该有利于促进目标化合物与吸附填料间相互作用。

（3）淋洗　进一步洗脱吸附填料可能吸附的杂质，而目标化合物依然能够保留在吸附填料上。淋洗溶剂的洗脱强度要合适。洗脱强度小，达不到洗脱杂质的目的；洗脱强度大，则可造成目标化合物的损失。

（4）干燥

① 除去固相萃取柱中可能存在的水溶性杂质；

② 为后续的洗脱或浓缩创造良好条件。

固相萃取柱中水分的存在可能改变洗脱溶剂的洗脱强度，从而影响洗脱效果；另一方面，水分的存在可能为洗脱溶剂的浓缩带来不利影响。

（5）目标化合物洗脱　目标化合物充分地从吸附填料上洗脱下来，而与吸附填料有更强吸附作用的杂质依然保留在吸附填料上。洗脱溶剂的强度、体积以及溶剂洗脱速度都会影响目标化合物的结果。目标化合物洗脱和样液上柱是固相萃取操作步骤中关键的两个环节。

2. 杂质吸附模式

杂质吸附模式亦称为"逆向"固相萃取模式，其吸附的对象不是目标化合物，而是杂质，从而达到目标化合物与杂质的分离，分为固相萃取柱预处理、样液过柱、固相萃取柱洗涤三个步骤。其操作流程和思路就是围绕吸附杂质而不吸附目标化合物展开的。杂质吸附模式在正相萃取中使用较多。一般是用非极性有机溶剂对样品进行萃取后，通过正相固相萃取柱对溶解于非极性有机溶剂的样品进行净化。例如蔬菜水果中多农药残留的检测就是利用氨基柱吸附杂质。

四、固相萃取的影响因素

1. 固相萃取吸附填料

固相萃取小柱吸附填料的化学性质和柱容量是影响萃取效果的重要因素。首先，要根据目标化合物的性质选择合适的吸附填料。一般非极性化合物应选择 C_{18} 等非极性吸附填料，而极性化合物则选择 NH_2 等极性吸附填料。对于可电离的化合物，应该选择离子交换吸附填料。在离子交换吸附中，要遵循"弱对强，强对弱"的原则，即弱阴（阳）离子型化合物需要选择强阴（阳）离子的吸附填料，强阴（阳）离子型化合物需要选择弱阴（阳）离子的吸附填料。其次，可根据样品基质中杂质的性质选择合适的吸附填料。

对于可电离的目标化合物，如果样品基质中杂质主要为非极性化合物，则应该避免选择 C_{18} 等非极性吸附剂，而应该根据目标化合物的 pK_a 值来选择相应的离子吸附剂。最后固相萃取小柱柱容量应满足萃取吸附的需要。在实际使用中，C_{18} 等非选择性吸附剂对目标化合物和非目标化合物同时吸附。如果样品溶液中含有大量的非目标化合物，柱容量过小，会导致过载的现象，影响吸附填料对目标化合物的吸附；柱容量过大，会造成萃取成本增加。

2. 溶剂

在固相萃取中，溶剂的化学性质是影响固相萃取的关键因素之一。溶剂极性的大小影响溶剂洗脱能力的强弱。在反相萃取中，溶剂极性越小，其洗脱能力越强；而在正相萃取中，溶剂极性越小，其洗脱能力越弱。因此必须保证各环节的溶剂处于适当的洗脱强度。

在上样环节和淋洗环节中，溶剂的洗脱能力过弱，则会导致吸附填料吸附过多的杂质；而溶剂的洗脱能力过强，则会出现目标化合物不能完全被吸附在吸附填料上。在洗脱环节中，洗脱溶剂的洗脱能力过弱，则目标化合物仍保留在吸附填料上；反之，洗脱溶剂的洗脱能力过强，则可能导致洗脱溶液中杂质增多，影响色谱分析结果。

3. 样品基质

理论上，目标化合物能否在固相萃取柱中保留取决于溶剂、目标化合物及固相吸附填料三者间的相互作用关系。目标化合物与固相吸附填料间的作用力大于溶剂与目标化合物间的作用力，则目标化合物保留在吸附填料上；反之，则目标化合物不保留，通过固相吸附填料。

然而，在实际的固相萃取中，样品基质中其他化合物与溶剂、目标化合物和吸附填料相互作用，使得原有的溶剂、目标化合物和吸附填料三者间相互作用体系发生变化。如果样品基质中其他化合物看成一个整体，即非目标化合物，原有体系由三体系变成四体系，从而两两间相互作用关系更为复杂。对微量分析和痕量分析而言，目标化合物在样品基质中所占的比例相当低。

通常，样品基质对目标化合物在固相萃取柱吸附的影响主要体现在：

① 通过结合或空间的堵塞，样品基质中其他化合物占据了固相萃取柱吸附填料的活性位点或官能团，可能造成目标化合物无法被固相萃取吸附填料保留。

② 样品基质中其他化合物与目标化合物结合，改变了目标化合物与固相萃取吸附填料间的作用力，导致目标化合物不被保留或保留后无法洗脱，造成目标化合物损失。

4. pH 值

同一种化合物与吸附填料间作用力大小会因形态的不同存在差异，而 pH 值会影响可电离化合物的存在形态，因此，pH 值是建立和优化固相萃取方法时的一个重要参数。在 C_{18} 吸附体系中，如果化合物以离子态存在，则 C_{18} 对其吸附的容量大大降低，从而影响萃取效果，因此在使用 C_{18} 固相萃取小柱吸附可电离化合物时，必须保证可电离化合物在萃取过程中处于中性状态。在离子交换体系中，pH 值会影响或改变目标化合物或吸附填料的带电荷状态，从而影响目标化合物与吸附填料间的相互作用。

样液体系 pH 对目标化合物离子化的影响见表 4-11。

表 4-11   样液体系 pH 对目标化合物离子化的影响

化合物种类	离子状态	pH =pK_a−2	pH =pK_a−1	pH =pK_a	pH =pK_a+1	pH =pK_a+2
弱碱性化合物	阳离子（+）	99%	91%	50%	9%	1%
弱酸性化合物	阴离子（−）	1%	9%	50%	91%	99%

五、常见问题与解答

1. 使用 SPE 柱时引起小柱堵塞的原因及其解决办法有哪些?

问题描述   采用农业部 1031 号公告-1-2008 方法测定动物源性食品中瘦肉精时,SPE 柱经常堵死,有何方法解决?

解   答   (1) 为了防止在使用 SPE 柱时填料的流失与扰动,在制造 SPE 柱的过程中,会在 SPE 柱上下两端安装隔片,隔片孔径约为 20μm。如果上柱样品溶液本身黏度大或含有较多的颗粒,则会导致部分或全部的隔片堵塞,影响溶液过柱的速度,甚至造成无法完成过柱工作。

(2) 防止样品溶液过柱堵塞,可以采用以下方式:

① 对于黏度大的样品溶液,可以采用合适的稀释加以解决;

② 含有较多颗粒的样品溶液,可以在上柱前采用过滤、离心的方式,预先除去部分颗粒杂质;

③ 在 SPE 柱上方加入少量硅烷化的玻璃棉,除去样品溶液中部分颗粒杂质;

④ 对于高蛋白质的样品溶液,应采用超声法、沉淀法等除去蛋白质,以防止蛋白质堵塞隔片。

2. SPE 柱的特点及使用要求有哪些?

解   答   (1) 固相萃取是指利用固体吸附填料将溶液中的目标化合物吸附,再利用合适的洗脱溶剂对待测化合物进行洗脱、浓缩,从而实现目标化合物与基体杂质的分离。

(2) 固相萃取柱（SPE）的特点

① 填料种类丰富,甚至可以混合不同的填料以获得更加丰富的应用范围,可以分无机基质填料、键合硅胶填料、有机聚合填料及新型固相萃取填料。常见的无机基质填料有活性硅胶、弗罗里硅土、氧化铝、石墨化炭黑等。常见的键合硅

胶填料有 C_{18}、C_8、氨基、PSA 等。有机聚合填料有二乙烯基苯-*N*-吡烷酮聚合物（DVB-VP），如 Waters 公司 HLB 固相萃取柱。新型固相萃取填料有免疫亲和固相萃取填料和分子印迹固相萃取填料等。

② 填料的多元性决定了固相萃取柱应用场景的多样性，有正相体系（非水溶剂）应用，如活性硅胶柱、弗罗里硅藻土柱、氧化铝柱、氨基柱等；也有反相体系应用，如 C_{18} 柱、C_8 柱和 HLB 柱等；还有离子吸附与交换应用，如 PCX 柱和 MAX 柱等。

③ 固相萃取不需要大量的有机试剂，绿色环保。常用的固相萃取柱的规格为 3mL 或 6mL，而洗脱溶剂使用体积仅为小柱体积的 1～2 倍。

④ 一次性使用，成本较高，特别是免疫亲和与分子印迹等涉及专利产品的固相萃取柱（SPE）。一般一支固相萃取柱的费用在几十元到上百元不等。

⑤ 操作简单，操作花费时间少，便于批量处理。

（3）固相萃取柱（SPE）使用特点

① 样品溶液体系性质要与固相萃取要求相适应。例如：在 C_{18} 吸附目标化合物的模式中，样品溶液体系中有机溶剂的比例不能太高；在 C_{18} 吸附样品基质的模式中，样品溶液体系中有机溶剂的比例不能太低。

② 要注意填料承载能力，防止上样超载导致检测结果不准确。

③ 过柱流速要合适，不能过快或过慢，特别是样品溶液上柱和洗脱两个环节的过柱速度要控制。一般过柱流速为 1～3mL/min。

④ 对于使用硅胶基质的 SPE 柱，在样品溶液上柱前不能干涸。如果干涸了应该重新对小柱进行活化。

3. 如何避免固相萃取使用过程中产生沟渠效应？

解　答　（1）从本质上讲，目标化合物从溶液中到达吸附填料的表面或活性位点是一个扩散过程。在到达表面或活性位点后，目标化合物与吸附填料会构建一个吸附动态平衡。无论是扩散过程还是构建动态的吸附平衡都需要一定的时间，这个时间与溶剂的流速密切相关。

（2）流速是固相萃取过程中必须控制的参数。在上样环节，流速过快，会导致目标化合物来不及到达吸附填料的表面或活性位点，就随溶剂一起流出固相萃取小柱；而在洗脱环节，流速过快，会导致溶剂在目标化合物在吸附填料的表面或活性位点附近构建新的吸附动态平衡前就流出固相萃取小柱，导致部分目标化合物依然保留在吸附填料上。

（3）在固相萃取中，溶剂流速过快，会导致吸附填料的扰动，形成细小的所谓"沟渠"。沟渠一旦形成，就无法修复或弥补。沟渠的存在会降低溶剂、目标化合物与吸附填料间的作用时间，从而降低萃取效果。

（4）在一定程度上讲，固相萃取的沟渠效应是溶剂流速过快的产物，同时反过来又会加快部分溶剂流速。只有控制住溶剂流速才可以避免沟渠效应。通常固相萃取中各环节的流速控制在 0.5～3.0mL/min，一般就不会产生沟渠效应。

4. 封端 C_{18} 固相萃取柱与未封端 C_{18} 固相萃取柱有哪些区别?

解　答　（1）C_{18} 固相萃取柱是各类分析测试中最常用的固相萃取柱。C_{18} 是利用十八烷基氯硅烷与硅胶的硅羟基结合而成的。由于空间位阻及工艺的原因，只有 50%～60% 的硅羟基参与了硅烷化键合反应，剩余的未参与硅烷化键合反应的硅羟基依旧具有活性。这种称为未封端 C_{18}。

（2）由于这些硅羟基在 pH>2 的环境条件下带负电荷，可对带阳离子的产生吸附。因此在使用未封端 C_{18} 对弱碱性化合物进行萃取时，必须严格控制样品的pH，确保弱碱性化合物呈中性状态，否则弱碱性化合物可与带负电荷的硅羟基结合，导致非极性洗脱溶剂无法将其洗脱下来，影响碱性化合物的回收率。

（3）为了解决未封端 C_{18} 存在的弊端，在 C_{18} 键合完成后，会对具有残余的活性硅羟基做进一步封尾处理。通常是用三甲基氯硅烷或六甲基二硅烷等小分子硅烷进行硅烷化，以尽量减少硅羟基的数量。经过封尾处理的 C_{18} 称为封端 C_{18}。相对于未封端 C_{18}，封端 C_{18} 能够明显改善碱性化合物的分离。需要说明的是，封端 C_{18} 并不意味填料硅胶中 100%硅羟基都硅烷化。

5. 如何正确选择合适的氧化铝固相萃取柱?

问题描述　不同性质的氧化铝柱有什么区别？分别适用于什么物质？检测孔雀石绿用哪种氧化铝柱?

解　答　（1）因制备条件不同，氧化铝可分为中性氧化铝（Al-N）、酸性氧化铝（Al-A）和碱性氧化铝（Al-B）。

（2）中性氧化铝（Al-N）表面的铝原子中心与含有高负电荷杂原子（N、P、S、O）的化合物作用，适用于酯、酮、醚等中等极性化合物的吸附；酸性氧化铝（Al-A）适用于吸附极性化合物或带负电荷的化合物；碱性氧化铝（Al-B）适用于吸附极性化合物或带正电荷的化合物。

（3）孔雀石绿属于碱性三苯甲烷基类染料，在中性或酸性环境下带正电荷。在乙腈溶剂体系中，常使用中性氧化铝或酸性氧化铝吸附样液基质中杂质来净化，例如 GB/T 19857—2005《水产品中孔雀石绿和结晶紫残留量的测定》和 SC/T 3021—2004《水产品中孔雀石绿残留量的测定　液相色谱法》等。常见溶剂对氧化铝的洗脱强度见表 4-12。

表4-12　常见溶剂对氧化铝的洗脱强度

序号	溶剂名称	洗脱强度	序号	溶剂名称	洗脱强度
1	正己烷	0	8	二氯甲烷	0.42
2	环己烷	0.04	9	丙酮	0.56
3	四氯化碳	0.18	10	乙酸乙酯	0.56
4	甲苯	0.29	11	乙腈	0.65
5	苯	0.32	12	乙醇	0.95
6	乙醚	0.38	13	甲醇	0.95
7	氯仿	0.40	14	水	1.0

6. 可以用 WAX 固相萃取小柱替代 MAX 固相萃取小柱吗？

问题描述　做猪肝中的五氯酚酸钠残留检测，标准上要求用 MAX 固相萃取小柱，但是只有 WAX 固相萃取小柱，可以使用吗？

解　答　（1）MAX 是混合型强阴离子交换柱，对酸性不太强的化合物有高选择性。

（2）WAX 是混合型弱阴离子交换柱，对强酸性化合物有高选择性，如磺酸盐。

（3）五氯酚是弱酸性，最好选择 MAX 吸附剂。

（4）五氯酚酸是弱酸，而 WAX 吸附剂中官能团是弱碱，两者的离子状态都易受到溶剂体系中 pH 值的影响，造成五氯酚酸与 WAX 吸附剂结合的不稳定，从而造成检测结果的不稳定。

7. 固相萃取时淋洗液为何需要抽干？

问题描述　做兽药残留前处理时经常会有固相萃取淋洗抽干的描述，淋洗抽干的目的是什么？如何判断是否抽干？

解　答　（1）淋洗抽干的目的在于除去固相萃取柱残留的水分及水溶性杂质。

（2）一般在真空或加压状态下，抽干 1～2min 就可以了。

（3）抽干时也要防止过分干燥的问题，过分干燥会造成部分化合物的损失。

（4）判定固相萃取柱是否抽干，可以用手接触固相萃取柱填料部分，如果感觉温度比室温低，则表明固相萃取柱中还有水分。

8. 导致固相萃取回收率低的原因有哪些？

解　答　要分析固相萃取回收率低的原因，首先应该分析目标化合物的去向问题，以及未回收的那部分目标化合物在哪个环节流失了。通常有以下几个方面：

（1）部分目标化合物在样液过柱时未能保留在固相萃取柱上，与样液基质一起流出萃取柱。造成这一现象的原因有：

① 固体萃取柱活化不充分或者失败，导致目标化合物与固相萃取吸附填料不能充分结合。

② 样液体系不利于目标化合物在萃取柱中保留，包括样液中溶剂的洗脱强度、pH 值、离子强度。

③ 质量超载，柱容量不够。在实际使用中，质量超载往往是样品基质中非目标化合物的保留引起的。

④ 萃取填料不适合目标化合物的保留。

⑤ 样液过柱的速度过快，导致部分目标化合物来不及与吸附填料结合就流过固相萃取柱。

（2）部分目标化合物在淋洗时被洗脱。

原因：相对于目标化合物而言，淋洗溶剂的洗脱强度太强。

措施：要选择对目标化合物洗脱强度弱的溶剂作为洗脱液。

（3）目标化合物在用洗脱溶剂洗脱后仍然保留在萃取柱上，未能被洗脱下来。

原因：目标化合物与固相萃取吸附填料结合力太强；相对于目标化合物而言，洗脱溶剂的溶剂洗脱强度太弱。

措施：要选择对目标化合物有足够洗脱强度的溶剂作为洗脱液或更换不同类型的固相萃取柱。

9. 如何正确选择固相萃取柱规格型号？

解　答　（1）在固相萃取中，除了吸附填料的种类外，固相萃取柱的规格与大小也会影响检测结果。

（2）在选择时，应当根据样品的基质、上样体积及目标化合物的浓度等实际情况来选择规格大小合适的固相萃取柱。

（3）在日常分析中，目标化合物的含量往往比较低，一般不会超过固相吸附填料的吸附上限；但是除了吸附目标化合物，固相萃取柱还有可能吸附样液中的杂质，而且杂质的含量或浓度远超于目标化合物的量。

（4）对基质复杂的样品，应该选择吸附填料多的固相萃取柱。但吸附填料多，意味着固相萃取柱的价格也高，分析检测的成本也随之上升。

（5）在市面上，固相萃取柱通常用填料质量和固相萃取柱的体积来表示。例如：C_{18}固相萃取柱，规格100mg/6mL，则表示固相萃取柱含有100mg C_{18}填料，而填料上方的空间体积为6mL。以硅胶为基质的固相萃取剂萃取容量，通常为1～100mg。

10. 样品预处理的方式、作用和目的是什么？

问题描述 在过固相萃取柱之前，做样品预处理的方式有哪些？作用和目的是什么？对固相萃取有哪些影响？

解　答 （1）固相萃取时，常见的样品预处理方式有：

① 溶解，如将固体样品溶解至溶液中，转换样品形态；

② 沉淀，如食品样品中去除蛋白质、脂肪等；

③ 离心，如去除样品中的不溶性颗粒物，防止堵塞筛板或填料；

④ 溶剂替换，如氮吹后复溶或液液萃取，目的是更换合适的上样溶剂。

（2）样品预处理的作用和目的主要有以下三点：

① 将目标化合物溶解在适当的液体中；

② 通过预处理使目标化合物转换成能被固相萃取柱保留的游离状态；

③ 调节液体样品的pH、离子强度和黏度。

（3）样品预处理对固相萃取的影响主要体现在：

① 影响过柱效率，如导致筛板堵塞，降低流速；

② 影响目标组分与填料之间的吸附与脱附作用，最终影响回收率。

第四节　QuEChERS方法

针对水果、蔬菜等低脂农产品中多农药残留检测，结合农产品基质的特点，利用吸附剂吸附杂质的思路，Anastassiades等人在2003年提出了一个快速、简洁的前处理方法，即QuEChERS方法。QuEChERS是Quick、Easy、Cheap、Effective、Rugged、

Safety 的缩写，意为"快速、简易、廉价、有效、稳定、安全"的萃取方法。

一、萃取体系分类

针对部分极性化合物或碱敏感性化合物回收率不高等问题，有人对原有
QuEChERS 方法进行了改进，并形成了美国分析化学家协会官方标准 AOAC
2007.01 和欧洲标准化委员会的官方标准 EN 15662 为代表的两个 QuEChERS 萃取
体系。

Anastassiades 等人的方法提取包中无缓冲盐；AOAC 2007.01 方法使用了乙酸
缓冲提取体系，其 pH 为 4.8 左右；EN 15662 方法使用了柠檬酸缓冲提取体系，
其 pH 为 5.0～5.5 左右。就离子强度而言，乙酸体系的离子强度比柠檬酸体系的
大。三个不同萃取体系 QuEChERS 方法的差异见图 4-2。

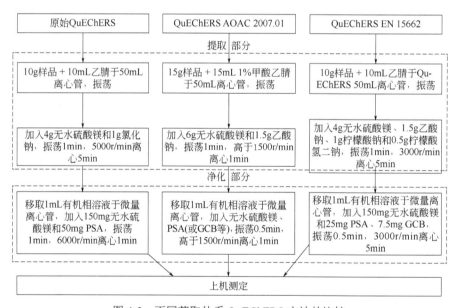

图 4-2　不同萃取体系 QuEChERS 方法的比较

二、溶剂提取

1. 提取溶剂选择

乙腈、丙酮和乙酸乙酯都是农药残留检测常用的提取溶剂。相对于丙酮，

乙腈的盐析分层比较理想，同时乙腈的极性大，更有利于极性化合物的提取。而乙酸乙酯的极性比乙腈小。一方面，乙酸乙酯对非极性或弱极性化合物的提取能力比乙腈更强；另一方面，乙酸乙酯提取的杂质也比乙腈多，为后面的净化带来更多的挑战。与此同时，乙酸乙酯对极性化合物的提取能力不如乙腈。兼顾各种化合物的提取效果以及净化效果，最终 QuEChERS 采用乙腈作为样品提取溶液。

2. 提取溶剂体积

提取溶剂体积增大，则意味着目标化合物浓度得到了稀释，不利于低浓度化合物的检测；提取溶剂体积减小，则意味着提取液中杂质含量增加，不利于净化步骤的操作。为了操作方便以及不稀释样品中农药残留的含量，提取溶剂与样品的比例为 1:1，即 10g 样品加入 10mL 乙腈振荡提取。随着检测设备仪器性能的进一步提升，在满足农药残留限量要求的前提下，可以适当提高提取溶剂与样品的比例。

3. 盐析条件

虽然提取溶剂乙腈与水可以互溶，在盐析条件下，乙腈与水相会分层。为了使乙腈与水相分层，一般在提取液中加入无水硫酸镁和氯化钠。无水硫酸镁既可以促使乙腈与水相分层，还可以使乙腈层含有少量的水分，从而增加极性化合物的萃取效果，而氯化钠的加入在于调节乙腈相的极性，降低极性共萃取物的含量。由于无水硫酸镁与水结合是个放热的过程，因此加入无水硫酸镁后，应该快速振荡或旋涡，防止硫酸镁结块，影响盐析的效果以及防止溶液局部过热引起部分农药的降解。QuEChERS 方法中无水硫酸镁和氯化钠的加入量分别为 0.4g/mL 提取液和 0.1g/mL 提取液。

三、提取液净化

在净化步骤中，吸附剂的选择性是获得准确结果的关键。不同吸附剂对提取液中基质的去除和目标化合物的回收率有显著影响。根据不同的样品类型，通常使用不同的吸附剂。起初，针对水果、蔬菜中存在大量的糖、有机酸和色素等非目标化合物的情况，QuEChERS 方法只选择 PSA 吸附剂。

目前常用的吸附剂有 PSA、C_{18}、GCB 等。在有机溶剂提取液体系中，常利用 PSA 吸附剂吸附有机酸、糖类、花青素和叶绿素等色素，以达到除杂的目的。

但 PSA 也会吸附酸性农药，从而导致其检测结果降低。常利用 C_{18} 吸附脂类、蜡等非极性杂质；常利用 GCB 吸附类胡萝卜素、叶绿素和甾醇类等物质，但 GCB 吸附剂也会吸附百菌清、噻苯达唑等平面结构的物质，从而影响其回收率。为了防止有机提取液中水分可能改变吸附体系以及有利于满足气相色谱的进样需求，通常在每毫升提取液中加入 150mg 无水硫酸镁除去提取液中少量的水分。

四、常见问题与解答

1. QuEChERS 方法在时间、人工、成本上有哪些优势?

问题描述 一直有 QuEChERS 方法会取代 SPE 方法的说法，那么 QuEChERS 方法对比 SPE 方法在时间、人工、成本上有哪些优势?

解 答 （1）QuEChERS 方法是 2003 年美国学者针对水果、蔬菜等农产品中多农药残留检测创建的一种前处理技术。

（2）QuEChERS 方法是利用吸附剂吸附杂质的除杂思路，进行快速提取和净化。在整个处理过程中没有浓缩等其他操作，特别方便、省时。QuEChERS 方法在提出之后，便得到了广泛的支持与应用。

（3）QuEChERS 方法具备以下优点：

① 回收率高，大部分农药残留的回收率都在 70%以上；

② 精确度和准确度高，可用内标法进行校正；

③ 可分析的农药范围广，包括极性、非极性的农药种类均能利用此技术得到较好的回收率；

④ 分析速度快；

⑤ 溶剂使用量少，污染小，价格低廉且不使用含氯化合物溶剂；

⑥ 操作简便，不需良好训练和较高技能便可很好地完成；

⑦ 样品制备过程中使用很少的玻璃器皿，装置简单。

2. QuEChERS 中 PSA 和 C_{18} 的净化机理是什么?

问题描述 很多资料中描述了 PSA 和 C_{18} 的用法，但没有提到净化机理。这两者的净化机理是什么? 净化时，它们主要吸附哪些物质?

解 答 PSA 和 C_{18} 是样品前处理中常用的吸附剂，但两者的吸附机理完全不同。

（1）C$_{18}$是利用十八烷基氯硅烷与硅胶的硅羟基结合而成的，其主要官能团为十八烷基。十八烷基中碳氢键与化合物的碳氢键存在一种作用力，即大家熟知的范德瓦耳斯力。C$_{18}$与化合物间作用力与化合物碳氢键的数量成正比，即化合物的碳链越长，C$_{18}$与该化合物的作用力越大。这种作用力一般在 1～5kcal/mol（1kcal=4186J）；在实际净化时，C$_{18}$可以用来吸附一些含长碳链的非极性化合物，包括脂肪等。由于有机化合物都存在一定碳氢键，C$_{18}$与所有含碳氢键的有机化合物都存在一定的作用力，只是作用力的大小有差异。

（2）PSA 是一种含 *N*-丙基-乙二胺的吸附剂，其主要官能团为 *N*-丙基-乙二胺。*N*-丙基-乙二胺属于仲氨基，其 pK_a 值为 10.1 左右。在 pH 值低于 10 的萃取体系中，PSA 带正电荷。利用正负电荷吸引的作用力，PSA 常用作阴离子吸附剂，去吸附带负电荷的化合物。在 QuEChERS 方法中，使用 PSA 除去水果蔬菜样品溶液中的有机酸等杂质。如果目标化合物属于有机酸类，则不能使用 PSA 吸附剂，例如 BJS 201703《豆芽中植物生长调节剂的测定》采用了 QuEChERS 前处理技术，但由于 4-氯苯氧乙酸属于有机酸化合物，所以该方法的净化部分只使用了 C$_{18}$ 作为净化吸附剂。

3. 提取溶剂酸化乙腈和纯乙腈有什么区别?

问题描述　做农残检测前处理时，提取溶剂酸化乙腈和纯乙腈有什么区别？另外加入乙酸钠和无水硫酸镁的作用是什么？

解　答　（1）在农药检测时，提取溶剂是影响检测结果的重要因素之一。提取溶剂会影响目标化合物的回收率和精密度结果。

（2）在早期的 QuEChERS 方法中，就是选择乙腈作为提取溶剂。大部分农药的回收率与精密度都能满足检测要求。但随着农药残留种类的增加，以及检测范围的扩大，有些农药残留的检测结果并不理想，尤其是部分酸性农药（如依灭草、氯吡啶）或在碱性环境易分解的农药（如克菌丹、百菌灵、抑菌灵）。酸化乙腈中的酸可以是乙酸钠或柠檬酸盐构成的 pH 缓冲体系，这样有利于稳定和提高多农药残留的检测结果。因此，酸化乙腈和纯乙腈对农药检测结果的影响取决于被检测农药残留的性质以及检测的环境体系。总体上，对于多种类多农药残留检测而言，酸化乙腈的提取效果要优于乙腈。

（3）在 QuEChERS 方法中，乙酸钠主要是为提取溶剂构建乙酸/乙酸盐缓冲体系。在不同阶段，无水硫酸镁的作用也不同。在溶剂提取阶段，无水硫酸镁主要起盐析作用，促使乙腈与水相分层，同时使得乙腈保留一定的水分含量，有利于中等极性或极性农药的检测；而在净化阶段，无水硫酸镁主要起脱水作用。

4. QuEChERS 方法中缓冲盐体系的 pH 值范围和作用是什么？

问题描述 AOAC 2007.01 QuEChERS 方法描述加入 1.5g 乙酸钠，EN 15662 QuEChERS 方法描述加入 1g 柠檬酸钠和 0.5g 柠檬酸氢二钠，这两种缓冲盐缓冲范围是多少？缓冲盐能起到什么作用？

解　答 （1）AOAC 2007.01 是乙酸缓冲提取体系，其 pH 值为 4.8 左右；而 EN 15662 是柠檬酸缓冲提取体系，其 pH 值为 5.0～5.5 左右。就离子强度而言，乙酸体系的离子强度比柠檬酸体系的大。乙酸缓冲提取液能力强于柠檬酸缓冲提取液，但其共萃取物也更多，不利于后期的净化。

（2）缓冲盐可以为萃取体系提供一个稳定的萃取环境，有利于多残留农药检测结果的稳定性和准确性。在萃取体系中，pH 值是影响多农药残留检测结果的重要因素。一方面，一些碱敏感的农药在弱碱性条件下容易分解，造成检测结果偏低。另一方面，在农产品中，蔬菜水果本身的酸碱性差异较大，例如：柑橘、柠檬属于酸性样品，而芦笋、莴苣属于碱性样品。蔬菜水果酸碱性的差异会影响萃取体系的 pH 值，从而导致多农药残留检测结果的不稳定。

5. 如何选择 QuEChERS 方法中的净化填料？

问题描述 选择 QuEChERS 方法净化填料时，需要考虑色素和复杂基质吗？有的净化管里填料量不一样，该怎么选择？

解　答 （1）净化吸附剂是确保检测结果准确性和稳定性的关键。应针对不同的样品基质和目标化合物，选择不同的净化吸附剂。

（2）常见的吸附剂有 PSA、C_{18}、GCB 等。PSA 是一种碱性吸附剂，可以很好地去除有机酸、糖类等物质，但它也会导致酸性农药的检测结果降低。C_{18} 是非极性吸附剂，可以很好地除去脂类、胆固醇等物质，但也会使得脂溶性物质的检测结果变差。GCB 则是类胡萝卜素、叶绿素等色素的吸附剂，但对百菌清等平面结构的化合物也有一定的吸附。

（3）在蔬菜水果农药残留的检测中，净化吸附剂的选择和用量可以参考表 4-13。

表 4-13　果蔬中 QuEChERS 的净化填料

样品类别	加入吸附剂目的	AOAC 方法	EN 方法	典型的样品
一般蔬菜水果	除去极性的有机酸、部分糖类和脂类	50mg PSA 150mg MgSO$_4$	25mg PSA 150mg MgSO$_4$	苹果、木瓜、桃、草莓、葡萄、西红柿、芹菜、萝卜
含有脂肪和蜡的蔬菜水果	除去极性的有机酸、部分糖类、大部分脂类及甾醇	50mg PSA 50mg C$_{18}$ 150mg MgSO$_4$	25mg PSA 25mg C$_{18}$ 150mg MgSO$_4$	牛油果、杏仁、橄榄、坚果、油料种子
含颜色的蔬菜水果	除去极性的有机酸、部分糖类和脂类、类胡萝卜素和叶绿素	50mg PSA 50mg GCB 150mg MgSO$_4$	50mg PSA 2.5mg GCB 150mg MgSO$_4$	红葡萄、红辣椒、胡萝卜
深颜色的蔬菜水果	除去极性的有机酸、部分糖类和脂类、大部分类胡萝卜素和叶绿素	50mg PSA 50mg GCB 150mg MgSO$_4$	50mg PSA 7.5mg GCB 150mg MgSO$_4$	黑莓、蓝莓、菠菜
含颜色和脂类的蔬菜水果	除去极性的有机酸、部分糖类和脂类、类胡萝卜素和叶绿素	50mg PSA 50mg GCB 50mg C$_{18}$ 150mg MgSO$_4$	—	茄子

6. QuEChERS 方法中净化提取液的体积如何选择？

问题描述　QuEChERS 方法只能取 1mL 提取液净化吗？是否可以取 4mL 来净化，再氮吹复溶以达到浓缩的目的？

解　答　（1）QuEChERS 方法中规定取 1mL 提取液净化，是为了在确保仪器分析所需体积的前提下减少净化吸附剂的用量，从而降低分析检测的成本。要确保净化效果，提取液体积应该与净化吸附剂的比例保持不变；提取液净化体积增加，则净化吸附剂的质量也应该相应增加。

（2）QuEChERS 方法只是众多样品前处理方法的一种，尽管优势比较多，但也不是万能的、一成不变的前处理方法。QuEChERS 方法本身一直在不断完善与更新，还可以与固相萃取等技术联合使用。需要说明的是，在原有 QuEChERS 方法的基础上增加前处理步骤，则有可能偏离 QuEChERS 方法的本意。

（3）对于"是否可以取 4mL 来净化，再氮吹复溶以达到浓缩的目的"的问题，要结合具体的样品和需检测目标化合物，才能给出一个明确的答复。一方面，有些易挥发的化合物在氮吹过程中损失大，而挥发性低的化合物损失小。另一方面，QuEChERS 方法中净化过程不是将样品基质中的杂质全部除去，对复杂基质的样品，如果将净化液氮吹再复溶不仅使得目标化合物浓缩，同时也将复溶液中杂质含量提高了，从而可能加大基质效应，影响检测结果的可靠性。

7. 如何解决无水硫酸钠大量放热的问题?

解 答 (1)QuEChERS 产品里的吸水剂一般是用无水硫酸镁或无水硫酸钠,无水硫酸镁和无水硫酸钠吸水放热都比较明显,特别是无水硫酸镁,有时会使萃取管因局部过热而漏液,另外高温会导致部分待测组分损失,影响最终分析结果。

(2)可以通过少量多次缓慢添加无水硫酸镁或无水硫酸钠的方式,同时将离心管放入冰浴环境中,通过物理降温等方式降低无水硫酸镁或无水硫酸钠在吸水过程中释放出来的热量导致升高温度。

(3)相比之下,无水硫酸钠吸水放出的热量较无水硫酸镁少,因此,如果目标化合物易受热分解,则可以优先选择无水硫酸钠作为吸水剂。

8. 为什么 QuEChERS 方法在畜产品中的农药残留检测中使用不多?

解 答 QuEChERS 方法干扰杂质较多,基质效应较强,对于成分较为复杂的动物源性样本,应用往往受到限制。其中具体原因有以下几点。

(1)C_{18} 吸附剂可能对部分极性较弱的药物有吸附作用,造成灵敏度和回收率下降。

(2)动物源性食品中含有的大量蛋白、脂肪会对 PSA 吸附剂的吸附效果产生影响,造成净化效果下降。

(3)动物源性食品成分复杂,单纯使用 C_{18}、PSA 等吸附剂难以净化完全,会对目标化合物在色谱柱上的保留造成影响。

因此用于兽药残留检测的 QuEChERS 方法要远少于农药残留检测。

9. QuEChERS 方法中加入石墨化炭黑的作用是什么?

解 答 (1)石墨化炭黑是一种优良的吸附剂,是具有均匀石墨化表面的规则多面体,其吸附等温线在较高的表面浓度范围内保持线性关系。

(2)石墨化炭黑的正六元环结构使其对平面分子有较强的亲和力,可用于极性分析物萃取,对化合物的吸附容量远高于硅胶。

(3)QuEChERS 方法中加入石墨化炭黑,可以去除样品中的色素、甾醇类和非极性干扰物,尤其对蔬菜中的叶绿素,具有很好的吸附效果。

(4)QuEChERS 方法中加入石墨化炭黑,同时加入 PSA、C_{18} 等填料,可以去除样品中碳水化合物、脂肪酸、有机酸、酚类等干扰物质。

10. QuEChERS 方法已经写入哪些标准方法？

解　答　（1）QuEChERS 方法原理与高效液相色谱（HPLC）和固相萃取（SPE）相似，都是利用吸附剂填料与基质中的杂质相互作用吸附杂质，从而达到除杂净化的目的。

（2）QuEChERS 方法由于其操作方便、效率高等优点逐步被列入检测标准中，由于涉及的检测标准较多，现列举其中几例：

① GB 23200.113—2018 《食品安全国家标准　植物源性食品中 208 种农药及其代谢物残留量的测定　气相色谱-质谱联用法》；

② SN/T 4138—2015《出口水果和蔬菜中敌敌畏、四氯硝基苯、丙线磷等 88 种农药残留量的筛选检测　QuEChERS-气相色谱-负化学源质谱法》；

③ NY/T 1380—2007《蔬菜、水果中 51 种农药多残留的测定　气相色谱-质谱法》；

④ NY/T 1680—2009《蔬菜水果中多菌灵等 4 种苯并咪唑类农药残留量的测定　高效液相色谱法》。

第五节　快速溶剂萃取

快速溶剂萃取（ASE）是近几年才发展起来的新技术，在放置样品的萃取池中泵入相应溶剂后增加温度与压力，数分钟后即可将样品萃取物输送至收集瓶中，萃取物经过净化处理、脱水处理与浓缩处理后便可进行色谱分析。

一、快速溶剂萃取原理

快速溶剂萃取又称为加压溶剂萃取或加速溶剂萃取，是一种在较高的温度和压力条件下，使用萃取溶剂对固体或半固体样品进行萃取的方法。快速溶剂萃取的原理是利用高温高压条件，提高萃取溶剂对目标化合物的萃取率，加快萃取速度。

1. 温度对萃取的影响

高温能增加溶剂对目标化合物的溶解能力，增加萃取温度可以使目标化合物在萃取溶剂中溶解的量增加。

① 提高萃取温度可以减弱目标化合物与样品基质之间的相互作用力。

② 提高萃取温度使得目标化合物更容易摆脱样品基质对其的束缚。

③ 提高萃取温度可以降低萃取溶剂的黏度,降低萃取溶剂和样品基质之间的表面张力,使萃取溶剂更好地进入样品基质,有利于增加目标化合物与萃取溶剂接触的概率。

④ 提高萃取温度可以促使目标化合物在萃取溶剂中的扩散,缩短扩散平衡时间。

2. 压力对萃取的影响

增加萃取压力可提高萃取溶剂的沸点,维持萃取溶剂在萃取过程中的液体状态。基于方便溶剂浓缩或置换的原因,一般选择低沸点的有机溶剂作为萃取溶剂,在高温下易于汽化。而有机溶剂的沸点随压力的提高而升高。例如,在 1 个标准大气压下丙酮的沸点为 56.3℃,而在 5 个标准大气压下其沸点则高于 100℃。由于液体对化合物的溶解能力远大于气体对化合物的溶解能力,要维持低沸点萃取溶剂的液体状态就必须增加萃取压力。同时,增加压力还有利于萃取溶剂在萃取池和收集瓶的加入与收集,保证萃取过程自动化。

二、快速溶剂萃取的优势及特点

与传统的索氏萃取法、微波萃取法相比,快速溶剂萃取具有萃取时间短、溶剂用量少、萃取效率高等特点。

1. 萃取时间短

传统的索氏萃取法萃取一个样品需要 4~48h,而快速溶剂萃取萃取一个样品仅需 12~20min。

2. 溶剂用量少

传统的索氏萃取需要萃取溶剂体积为 200~500mL,自动索氏萃取为 50~100mL;而使用快速溶剂萃取处理一个样品仅需 10~30mL 萃取溶剂。萃取溶剂消耗量的减少不仅可以降低检测的成本,而且可以缩短因样品前处理中溶剂提纯和溶剂浓缩所花费的时间,从而进一步提高检测效率。

3. 萃取效率高

由于快速溶剂萃取是通过提高温度和增加压力的方法来进行萃取的,不但减小了样品基质对目标化合物的影响，增加了目标化合物在萃取溶剂中的溶解能力，而且使目标化合物被较充分地提取出来，进而使得目标化合物萃取效率和回收率得到了提高。快速溶剂萃取现已被美国环境保护局作为标准方法（SW-846 3545A）用于环境样品中杀虫剂、除草剂以及多氯联苯（PCB）等污染物的检测。

4. 可实现自动化

商品化的快速溶剂萃取仪一般可以依次连续完成 12～24 个样品的萃取，并且完成过滤收集。如果在萃取池中添加硅藻土、C_{18} 等净化吸附剂，还可实现在线净化功能。

三、快速溶剂萃取的模式与步骤

1. 萃取模式

快速溶剂萃取可以分为静态快速溶剂萃取和动态快速溶剂萃取。

静态快速溶剂萃取是指在装有样品的萃取池中加入萃取溶剂，在一定温度和压力下萃取一定的时间，然后将萃取溶剂转移到收集瓶中。

动态快速溶剂萃取是指在一定温度和压力下使用泵以恒定的流速（0.30～2.0mL/min）将萃取溶剂注入装有样品的萃取池，使得溶剂连续通过萃取池进行动态萃取。

目前常用的模式为静态快速溶剂萃取。

2. 萃取步骤

快速溶剂萃取仪一般主要由溶剂瓶、高压泵、辅助气路、加热炉、萃取池和收集瓶等构成，如图 4-3 所示。不同型号的快速溶剂萃取仪在可使用的溶剂种类和收集瓶的数量上有所差异。

基本操作流程为：首先，将样品装入萃取池，通过自动传送装置将萃取池转移至加热炉腔内，然后通过高压泵将萃取溶剂加入萃取池（一般加入时间为 30～60s）中，萃取池在一定的时间（3～5min）内被升温和加压到设定的条件（如：100°C，压力 1500psi）；然后，在设定的条件下静态萃取一段时间（5min），再次向萃取池中加入萃取溶剂（20～60s）淋洗样品；最后用高压氮气吹扫萃取池和管

路，萃取液经过滤膜进入收集瓶中以待后续处理或上机分析。整个萃取过程仅需
10~25min。

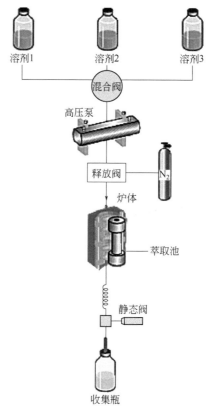

图 4-3　快速溶剂萃取仪的结构示意图

四、快速溶剂萃取的影响因素

1. 萃取溶剂的性质

萃取溶剂的性质是影响萃取效果的关键因素。选择萃取溶剂的基本原则与其
他溶剂萃取技术基本一致。常见快速溶剂萃取的萃取溶剂有正己烷、二氯甲烷、
丙酮和乙腈（表 4-14）。在实际应用中，应根据目标化合物的性质来优化和调整
溶剂间的比例，以达到萃取所需的极性，实现对多种目标化合物或多类化合物的
同时萃取。

表 4-14　常见的萃取化合物及其萃取溶剂

目标化合物	萃取溶剂
有机氯农药	正己烷、正己烷/丙酮
多氯联苯	正己烷、正己烷/丙酮
多环芳烃	二氯甲烷、二氯甲烷/丙酮、乙腈
有机磷农药	二氯甲烷、二氯甲烷/丙酮
苯氧基除草剂	二氯甲烷/丙酮/磷酸
爆炸物	甲醇、丙酮、乙腈
兽药	甲醇、乙醇、乙腈及其与水的混合溶剂

2. 萃取温度

受萃取溶剂沸点的限制，其他萃取技术的萃取温度通常比较低，且必须低于萃取溶剂沸点。而快速溶剂萃取不受这个条件限制，可在远高于常压下溶剂沸点的温度下萃取。目前的快速溶剂萃取装置一般可在室温至200℃的范围内选择萃取温度。通常，萃取温度的升高有利于萃取效果。在选择萃取温度时，除了考虑萃取效果外，还应该考虑目标化合物是否会发生热降解或发生形态转化以及共萃取物是否增加等因素。

3. 萃取压力

萃取压力的主要作用是保证萃取溶剂在所选择的萃取温度下保持液态，从而能够实现高温萃取。通常快速溶剂萃取压力在 1500～2000psi，但在萃取溶剂处于液态的情况下，萃取压力的升高对萃取效率的影响非常小，且过高的压力会导致萃取池密封不严、漏液等情况，会影响萃取设备的稳定性和使用寿命。

4. 萃取时间和循环次数

萃取时间取决于目标化合物从样品基质扩散到萃取溶剂中的速度。针对不同化合物和样品基质，所需的萃取时间也不尽相同。通常静态萃取时间为 5min 左右。在实际操作中，应当将萃取时间与循环次数综合考虑。对于单次萃取率不高的，可考虑使用萃取溶剂多次萃取来提高萃取效率，通常循环次数为 2～3 次。

五、常见问题与解答

1. 快速溶剂萃取技术在食品检测中的应用有哪些?

解　答　（1）作为一种新型萃取技术，快速溶剂萃取在食品检测上也得到了较好的应用，主要在检测食品中农药残留、药物残留、维生素以及脂类等方面，取得了比较好的萃取效果。目前快速溶剂萃取法也列入了部分国家标准中。

（2）虽然萃取效果良好，快速溶剂萃取技术也面临一些问题，限制了其在检测实验室的推广应用：一是快速溶剂萃取仪功能比较单一，仅可以完成样品萃取，而萃取后净化、浓缩等步骤往往还需花费大量处理时间；二是快速溶剂萃取仪只能实现单个连续萃取，不能满足高通量萃取，在大批量样品萃取时，其萃取时间短的优势发挥不了；三是快速溶剂萃取仪的价格较高，让不少实验室望而却步。

2. 快速溶剂萃取技术可应用于哪些领域？

解　答　快速溶剂萃取技术由于其突出的优点，已受到分析化学界的极大关注。

快速溶剂萃取技术已在环境、药物、食品和聚合物工业等领域得到推广应用。特别是环境分析中，已用于土壤、污泥、沉积物、大气颗粒物、粉尘、动植物组织、蔬菜和水果等样品中多氯联苯、多环芳烃、有机磷（或氮）、农药、苯氧基除草剂、三嗪除草剂、柴油、总石油烃、二噁英、呋喃、炸药（TNT、RDX、HMX）等的萃取。

3. 硅藻土的加入量对测定结果有无影响？

问题描述　使用快速溶剂萃取仪 ASE300 时，要求使用硅藻土对样品进行混合，硅藻土的多少对提取的结果有什么影响？

解　答　（1）硅藻土少，影响样品分散效果，进一步影响萃取溶剂与样品的接触，最后影响回收率。

（2）硅藻土多，对于回收率影响不大，但是会增加实验成本。

（3）使用硅藻土时，需要进行空白实验，防止硅藻土带入杂质干扰。

4. 如何优化甲胺磷的萃取条件？

问题描述　用快速溶剂萃取仪萃取甲胺磷，如何优化萃取条件，提高萃取效率？

解　答　（1）快速溶剂萃取仪可以优化的参数并不多，溶剂用量通常是依据萃取池的装填量自行调节的，萃取温度、冲洗溶剂的体积和次数、预热和萃取时间可以适当进行调整。

（2）样品中甲胺磷的萃取效果，对于快速溶剂萃取来说是可以保证的，也就是说一般的快速溶剂萃取条件即可满足。

（3）要验证甲胺磷会不会在萃取过程中有所损失，可以用空白基质如石英砂的添加实验进行验证。硅藻土具有一定的吸附性，不太适合作为甲胺磷的空白验证实验；硫酸钠遇水容易结块影响管路，因此也不提倡使用无水硫酸钠。建议使用石英砂作为空白基质。

5. 快速溶剂萃取在哪些国家标准中有应用？

解　答　快速溶剂萃取已在环境、药物、食品和聚合物工业等领域有所应用，也被写入许多国家标准中，下面列举一些使用快速溶剂萃取的国家标准，仅供参考。

（1）GB 23200.9—2016《食品安全国家标准　粮谷中475种农药及相关化学品残留量的测定　气相色谱-质谱法》。

（2）GB/T 22996—2008《人参中多种人参皂苷含量的测定　液相色谱-紫外检测法》。

（3）GB/T 23376—2009《茶叶中农药多残留测定　气相色谱/质谱法》。

（4）HJ 783—2016《土壤和沉积物　有机物的提取　加压流体萃取法》。

6. 如何解决提取液体积不一致的问题？

问题描述　使用快速溶剂萃取仪提取土壤样品时，有时会出现个别提取液体积偏小的情况，如何解决？

解　答　（1）检查提取溶剂是否用完。如果溶剂不够，所有的提取瓶中都会出现提取液体积偏少的现象，提取液体积也会不一致。

（2）检查密封问题。检查是否有因受热变形或有磨损的密封圈，如果密封圈已变形，需更换密封圈，并进行渗漏测试，检查系统压力是否正常。

（3）如果密封圈变形严重或出现严重漏液，仪器在自检或进行压力测试时通常会出现报错，因此也可以借助这些错误信息进行排查。

（4）漏气或漏液是快速溶剂萃取仪比较常见的故障。最常见的是萃取池两端出现漏液，主要是因为这个部位经常移动容易磨损或错位。如果出现提取液体积不一致，通常是漏液造成的，可以优先从萃取池开始排查。

7. 快速溶剂萃取法滤膜的材质如何选择？

问题描述　快速溶剂萃取法中滤膜是易耗品，使用成本比较高，该滤膜是什么材质？是否可以选择其他材质？如何选择合适的滤膜？

解　答　（1）快速溶剂萃取仪中使用的滤膜或滤筒通常是醋酸纤维或玻璃纤维

材质的，高纯度的玻璃纤维滤筒可以将固体和半固体样品固定到位，防止快速溶剂萃取系统发生堵塞。

（2）玻璃纤维滤筒由硼硅酸盐玻璃纤维制成，不含黏合剂和添加剂，可在高达 500℃的温度下使用，也可与绝大部分溶剂配合使用。

（3）在选择滤膜或滤筒时，需要考虑材质与试剂的相溶性。快速溶剂萃取仪中使用的通常是有机溶剂，而且是在高温、高压下进行，因此要考虑在此条件下材质与溶剂是否兼容。

（4）更换或重新采购滤膜或滤筒后需要进行验收，防止滤膜或滤筒中有其他杂质析出，影响待测物质的分析。

8. 快速溶剂萃取仪使用后需要进行哪些例行维护？

解 答 快速溶剂萃取仪的维护工作包括日常维护、定期维护和年度维护。以下维护工作可以由实验室人员自行完成。

（1）日常维护

① 按需添加萃取试剂，添加新的溶剂后，运行两个冲洗循环以排尽溶剂管路中的气泡；

② 及时清空废液瓶及冲洗液收集瓶；

③ 如果冲洗液收集瓶瓶盖上的隔垫被刺穿，应及时更换；

④ 检查压缩氮气和空气供应量是否够用；

⑤ 检查溶剂瓶、泵、阀门以及流路中的其他组件是否发生泄漏，如有泄漏，应排查并解决；

⑥ 如果在萃取试剂中使用了含有酸、碱或者其他缓冲盐的溶液，每次操作结束后，应用去离子水冲洗整个系统。

（2）定期维护

① 每萃取 50～75 次后，更换萃取池帽外部的 O 形圈，并冲洗安放 O 形圈的孔道；

② 每萃取约 50 次后，更换萃取池帽内部的 PEEK 密封垫；

③ 确认针组件的 3 根针头是否笔直，如有变形，应更换源针或更换放空针；

④ 每 6～12 个月更换一次静态阀中的 O 形圈、滤膜和密封圈；

⑤ 使用水或温和洗涤剂清洁仪器的外部。

（3）年度维护

如果经常萃取酸性或碱性样品，在年度维护时考虑更换溶剂管路。

第五章

液相色谱法方法开发

要使样品中的不同组分以最佳的分离度、最短的分析时间、最低的流动相消耗、最大的检测灵敏度获得完全的分离，除了需要充分了解待测组分的物理化学性质、熟悉液相色谱分离理论外，还需要较高的液相色谱实验素养。本章从流动相、色谱柱、检测器三方面系统介绍液相色谱分析方法的开发过程，并辅以液相色谱实验条件和色谱图，为从事相关工作领域的分析者提供参考。

第一节　流动相

目标化合物在液相色谱中的保留能力取决于该物质与流动相和固定相间的作用强度，流动相是整个液相色谱分离过程中的"血液"，它对组分有亲和力，并参与固定相对组分的竞争，因此流动相的选择直接影响组分的分离度。

一、流动相性质的要求

从实用角度考虑，作为液相色谱流动相所选用的溶剂应具有低黏度、与检测器兼容性好、低毒性、易获得纯品和使用成本相对低廉等特征。所以液相色谱法选择流动相时应考虑以下几个方面。

1. 适用性

用作流动相的溶剂应与固定相互不相溶，并能保持色谱柱的稳定性。如碱性流动相不能用于硅胶柱系统，酸性流动相不能用于氧化铝、氧化镁等吸附填料的柱系统。

2. 纯度

流动相所用溶剂应有高纯度，以防流动相中的杂质在色谱柱上积累，致使柱性能下降。

3. 检测背景值

譬如使用紫外检测器时，所用流动相在检测波长下应没有吸收或吸收很小；当使用示差折光检测器时，应选择折射率与样品差别较大的溶剂作为流动相。

4. 黏度和沸点

溶剂的黏度和沸点要适当。

使用低黏度溶剂可以减少溶质的传质阻力，有利于提高柱效，但如乙醚等溶剂也不宜采用，因为黏度过低的溶剂容易在色谱柱或检测器内形成气泡，影响分离。而高黏度溶剂会影响溶质的扩散、传质，降低柱效，还会使柱压增加，使分离时间延长。

对于制备和纯化样品所用的流动相最好选择沸点较低的溶剂，这样易用蒸馏等方法把溶剂从柱后收集液中去除，有利于样品的纯化。

5. 对样品的溶解度

如果流动相对样品的溶解度欠佳，样品会在色谱柱柱头沉积，导致柱效降低。

6. 毒性

应尽量避免使用具有显著毒性的溶剂，减少环境污染和确保使用液相色谱人员的安全。

二、流动相常用溶剂

1. 反相色谱流动相

反相色谱是分析大多数常规样品的首选分离模式，该模式一般比其他液相色谱模式的普适性更好、更方便，更容易获得令人满意的分离效果。在反相色谱中，一般使用非极性/弱极性键合固定相色谱柱，如 C_{18}、苯基等。流动相的选择通常以水相（包括加入一定量的酸、碱、无机盐缓冲液等）作基础溶剂，再加入一定量的能与水相溶的如甲醇（质子给体）、乙腈（质子受体）、四氢呋喃（偶极溶剂）等极性溶剂，其极性及其 K 值（分配系数）和分离选择性有显著影响。表 5-1 列出了一些常用溶剂的极性参数 p'。

表5-1　高效液相色谱中常用流动相及性质

溶剂	UV 波长极限/nm	折射率	沸点/℃	黏度（25℃）/mPa·s	溶剂极性参数 p'	溶剂强度参数 ε_0
异辛烷	197	1.389	99	0.47	0.1	0.01
正己烷	190	1.372	69	0.30	0.1	0.01
苯	278	1.501	81	0.65	2.7	0.32
二氯甲烷	233	1.421	40	0.41	3.1	0.42
四氢呋喃	212	1.405	66	0.46	4.0	0.82
乙酸乙酯	256	1.370	77	0.43	4.4	0.58
氯仿	245	1.443	61	0.53	4.1	0.40
二氧六环	215	1.420	101	1.2	4.8	0.56
丙酮	330	1.356	56	0.3	5.1	0.56
乙醇	210	1.359	78	1.08	4.3	0.88
乙腈	190	1.341	82	0.34	5.8	0.65
甲醇	205	1.326	65	0.54	5.1	0.95
水	<190	1.333	100	0.89	10.2	很大
正癸烷	200	1.412	174	0.92	0.4	0.04
环己烷	200	1.426	81	1.0	0.2	0.04
二硫化碳	380	1.628	46	0.37	0.3	0.15
四氯化碳	265	1.465	77	0.97	1.6	0.18
二甲苯	290	−1.50	−140	0.62~0.81	2.5	0.26
甲苯	285	1.497	111	0.59	2.4	0.29
氯苯	290	1.525	162	0.80	2.7	0.30
甲乙酮	330	1.379	80	0.4	4.7	0.51
吡啶	305	1.510	115	0.94	5.3	0.71
异丙醇	210	1.377	82	2.3	3.9	0.82
正丙醇	210	1.386	97	2.3	4.0	0.82

2. 正相色谱流动相

正相色谱与反相色谱相反，固定相的极性大于流动相，因此流动相与固定相之间的相互作用越强，目标化合物吸附就越弱；反之亦然。一般来说，正相色谱的流动相采用不含水且极性较低的有机溶剂如正己烷、氯仿、二氯甲烷等。其中一般以正己烷为主，加入质子受体乙醚或甲基叔丁基醚、质子给体氯仿、偶极溶剂二氯甲烷。

正相色谱可用于分离中性和离子状态样品，以中性样品为主。用正相色谱分离碱性化合物时，通常需要在流动相中加入三乙胺；分离酸性化合物时需加入甲酸或乙酸。中性样品采用反相色谱或正相色谱分离效果相近，其主要差异在于两种色谱分离方法的洗脱顺序正好相反（两者主要区别见表 5-2）。

表 5-2　正相色谱法与反相色谱法比较

不同点	正相色谱法	反相色谱法
固定相极性	高至中	中至低
流动相极性	低至中	中至高
组分洗脱次序	极性小先洗出	极性大先洗出

可以使用正相色谱的目标化合物特征：

① 样品在反相色谱中保留太弱（亲水性太强）或太强（疏水性太强）；

② 样品含有空间异构体、立体异构体或非对映异构体；

③ 样品易溶于非极性溶剂，不易溶于极性溶剂。

三、流动相的选择与优化

在化学键合相液相色谱法中，溶剂的洗脱能力与溶剂的极性相关。为了获得合适的溶剂极性，常采用两种、三种或更多种不同极性的溶剂混合起来使用，如果样品组分的分配系数 K 值范围很广则考虑使用梯度洗脱。

1. 有机溶剂比例选择

在反相色谱中，一般通过改变流动相组成或溶剂强度来改变 K 值。采用弱极性的强流动相时溶质 K 值较小，溶剂强度取决于所选用的有机溶剂和其在流动相中的体积分数：%A（一般用 A 表示有机溶剂，B 表示水相）。

液相色谱分析方法建立的目的之一是使样品中所有组分都有适宜的 κ 值（容

量因子）。一般反相色谱方法建立步骤是先以极强的流动相开始试验，如100%乙腈。使用强流动相有可能使首次的运行时间很短，保证强保留化合物可全部流出。然后逐渐降低%A，使其1<κ<10，κ与%A之间基本呈线性关系：

$$\lg\kappa = \lg\kappa_w - S\varphi \qquad (5\text{-}1)$$

式中，κ_w为仅以水为流动相（0%A）的理论κ值；S为对特定目标化合物为常数（$S\approx4$）；φ为有机溶剂在流动相中的体积分数（%A）。

因此当$S=4$时，每减少10%的A相，κ值增大2～3倍，如图5-1所示，这就是液相色谱有机相调整遵循的"3倍规则"。该规则对于快速估算样品中目标化合物κ值在1～10范围时的最佳%A值非常有用，是一种非常简便的方法。

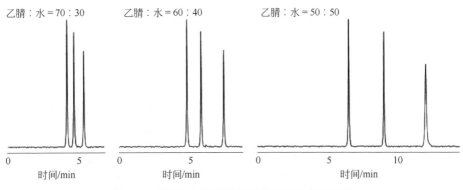

图5-1　各组分在不同比例流动相下的保留情况

2. 流动相强度

反相色谱中的流动相强度由%A和有机溶剂种类共同决定。改变流动相的组成或溶剂的强度，就可以改变容量因子κ和保留时间t_R。在一定的条件下，减少保留时间或缩短分析时间的溶剂为强溶剂，增加保留时间或延长分析时间的溶剂为弱溶剂。常见溶剂强度顺序为：水（最弱）<甲醇<乙腈<乙醇<四氢呋喃<丙醇<二氯甲烷（最强）。可见溶剂强度随着溶剂极性的降低而增加。通常有机溶剂增加10%左右，t_R和κ值要减少2～3倍（见表5-3）。其中乙腈是流动相有机溶剂的首选，这是因为乙腈-水流动相可用于短波长（185～210nm）紫外检测，这对很多样品十分必要，同时该流动相的黏度很低，理论塔板数较高时对应色谱柱柱压较低；第二是甲醇；第三是四氢呋喃。

表5-3　反相色谱不同配比流动相的容量因子κ值

甲醇/水（体积比）	乙腈/水（体积比）	四氢呋喃/水（体积比）	κ值
0/100	0/100	0/100	100
10/90	6/94	4/96	40
20/80	12/88	10/90	16
30/70	22/78	17/83	6
40/60	32/68	23/77	2.5
50/50	40/60	30/70	1
60/40	50/50	37/63	0.4
70/30	60/40	45/55	0.2
80/20	73/27	53/47	0.06
90/10	86/14	63/37	0.03
100/0	100/0	72/28	0.01

3. 水相中常用的改性剂

在反相色谱中，流动相的选择原则是：非极性/中性化合物分析一般用有机溶剂和水就能解决；极性（特别是离子型）化合物分析时，通常需要在水中添加酸/碱或缓冲盐来调整流动相 pH 值以获得对称的峰形和合理的保留时间。向流动相中加入改性剂主要有以下两种方式。

（1）氢离子抑制法　对于弱酸（$3 \leqslant pK_a \leqslant 7$）/弱碱（$7 \leqslant pK_a \leqslant 8$）组分，一般通过调节流动相的 pH 值来抑制目标化合物的解离，以达到分离目的。弱酸的反相色谱保留值随流动相 pH 值的减小而增大，当 pH 值远小于弱酸的 pK_a 值（$pH < pK_a - 2$）时，弱酸99%以上以分子形式存在，有利于在反相色谱柱上保留；对弱碱，情况相反（须 $pH > pK_a + 2$）。因此分析弱酸样品时，通常在流动相中加入少量酸性缓冲液，如三氟乙酸等（图5-2）；分析弱碱样品时，则加入少量碱性缓冲液，如三乙胺等。表 5-4 列出了几种常见缓冲液的 pH 值可用范围。一般缓冲盐浓度在 $5 \sim 50$mmol/L 范围就够用，浓度高的缓冲盐（>50mmol/L）虽然缓冲能力增强，但可能在与高比例有机相混合时析出，对液相色谱输液泵等产生不利影响。

表5-4　液相色谱中常用缓冲液

缓冲液组成	缓冲液 pK_a 值	缓冲范围 pH 值	UV 截止波长
三氟乙酸	>2	1.5～2.5	210nm（0.1%）
磷酸/磷酸二氢钾或磷酸氢二钾	2.1	<3.1	<200nm（0.1%）
	7.2	6.2～8.2	<200nm（10mmol/L）
	12.3	11.3～13.3	
柠檬酸/柠檬酸三钾	3.1		
	4.7	2.1～6.4	230nm（10mmol/L）
	5.4		

续表

缓冲液组成	pK_a 值	缓冲范围 pH 值	UV 截止波长
甲酸/甲酸钾	3.8	2.8～4.8	210nm（10mmol/L）
乙酸/乙酸钾	4.8	3.8～5.8	210nm（10mmol/L）
碳酸氢钾/碳酸钾	6.4 10.3	5.4～7.4 9.3～11.3	<200nm（10mmol/L）
氯化铵/氨	9.2	9.2～10.2	200nm（10mmol/L）
1-甲基哌啶盐酸盐/1-甲基哌啶	10.1	9.1～11.1	215nm（10mmol/L）
三乙胺盐酸盐/三乙胺	11.0	10.0～12.0	<200nm（10mmol/L）

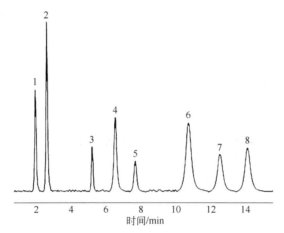

图 5-2　多种有机酸分离色谱图（流动相中含三氟乙酸）
1—没食子酸；2—原儿茶酸；3—龙胆酸；4—香草酸；5—丁香酸；
6—3,4-二甲氧基苯甲酸；7—白芥子酸；8—水杨酸

（2）离子对色谱法　对于强酸/碱及其他离子型化合物，需要在水中加入相应的"对/反离子"，使其与待测组分离子结合生成弱极性的离子对化合物（中性缔合物），以增加其在反相色谱柱（如 C_{18}、C_8）上的保留，从而改善分离效果。

离子对试剂一般可分为酸性和碱性两大类：分析碱性物质常用的离子对试剂为烷基磺酸盐，如己烷磺酸钠（图 5-3）、辛烷磺酸钠、十二烷基磺酸钠等；分离多羧基、磺酸基等酸性物质常用四丁基季铵盐，如四丁基溴化铵、四丁基氯化铵等。被测组分保留时间与离子对性质、浓度、流动相组成及其 pH 值等都有关。

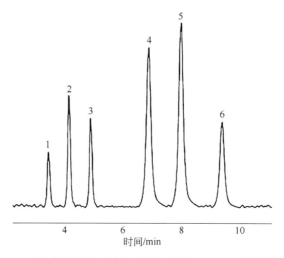

图 5-3　水溶性维生素分离色谱图（流动相中含己烷磺酸钠）
1—维生素 C；2—维生素 B_3；3—维生素 B_6；4—叶酸；5—维生素 B_2；6—维生素 B_1

四、等度洗脱和梯度洗脱

液相色谱流动相洗脱程序有等度和梯度两种方式。等度洗脱是在同一分析周期内流动相组成保持恒定，适合目标化合物数目较少、性质差别不大的样品。梯度洗脱是在同一分析周期内由程序控制流动相的组成，动态调整溶剂的极性、离子强度和 pH 值等，用于分析目标化合物数目多、性质差异较大的样品。本节重点介绍梯度洗脱。

1. 梯度洗脱的优势

对于多组分残留检测而言，样品中所含目标化合物的极性范围可能很宽。若以低有机相比例的流动相进行等度洗脱，极性较强的目标化合物可以在较短时间内达到基线分离，但弱极性的目标化合物在该低强度流动相条件下很难被洗脱，导致保留时间很长、峰展宽，甚至有可能洗脱不下来；反之，若用高比例有机相进行等度洗脱，则弱保留的目标化合物出峰较早，很难获得满意的分离度。这时梯度洗脱就能很好地发挥其优势。

同时，若样品中含有容易吸附在固定相上的杂质，等度洗脱不能很好地将这些杂质洗下来，长时间积累会导致色谱柱柱效下降；而梯度洗脱可以在目标化合物出峰完毕后用高比例有机相冲洗色谱柱上这些强保留杂质，并在进下一针样品前用初始流动相比例平衡色谱柱，这样既能延长色谱柱寿命又能保证色谱峰的重现性。

因此液相色谱法在分析检测目标化合物 κ 值范围较宽、分子量大（如蛋白）

或含有强保留杂质的样品时，梯度洗脱应用更为广泛。

2. 梯度洗脱的原理及相关概念

梯度洗脱在分离过程中需要使两种或两种以上不同极性的溶剂按一定程序连续改变它们之间的比例，从而使流动相的强度、极性、pH 值或离子强度相应地变化，达到提高分离效果、缩短分析时间的目的。

其实质是通过不断地变化流动相的强度，来调整样品中各目标化合物的 κ 值，使所有谱带都以最佳平均 κ 值通过色谱柱。它在液相色谱中所起的作用相当于气相色谱中的程序升温，所不同的是，在梯度洗脱中溶质 κ 值的变化是通过溶质的极性、pH 值和离子强度来实现的，而不是温度。

等度洗脱中，每个目标化合物色谱峰被恒定的流动相（%A 一定）包围，其 κ 值在分离过程中保持不变，而梯度洗脱中该色谱峰周围的流动相组成是不断改变的，因此其 κ 值也是变化的，为了与等度洗脱中的 κ 值区别开，梯度洗脱中的 κ 值一般记作 κ*，其定义为溶质色谱峰沿色谱柱迁移至一半长度时的 κ 值，它决定了组分峰宽和分离度。

当梯度洗脱程序为线性变化时，其 κ* 与梯度条件参数有如下关系：

$$\kappa^* \propto \frac{t_G F}{V_m \left(\Delta \%A\right) S} \tag{5-2}$$

式中，t_G 为梯度时间，min；F 为流速，mL/min，一般在 0.5~2；V_m 为柱死体积（色谱柱固定参数）；$\Delta \%A$ 为最终与最初%A 的差值；S 是与溶质分子量大小有关的常数（分子量小于 500 时 S 值在 3~5）。

可见在这些参数中，改变 $\Delta \%A$ 或 t_G 值是调节 κ* 值最为便捷的方式，因此引入梯度变化速率（G_s）的概念——%A 随时间变化的速率：

$$G_s = \frac{\Delta \%A}{t_G} \tag{5-3}$$

3. 梯度洗脱程序优化原则

G_s 在梯度洗脱中的作用与等度洗脱中改变流动相强度类似，包括以下两方面：

① 梯度中 G_s 的增加类似于等度中%A 的增加。

② 梯度 κ* 的增加类似于等度 κ 的增加。因此建立优化梯度洗脱程序时，可以参考等度洗脱原理，符合以下几方面原则：

a. κ* 随 G_s 的减小而增大。当 κ* 增大时，分离度先增加而后达到平衡，同时色谱峰峰高减小，峰宽展宽，运行时间延长。

b. 保持Δ%A不变，增加 t_G 有利于提高分离度。

c. Δ%A 与 t_G 同时变化，但 G_s 不变，分离度不发生明显变化。

d. 增大初始%A 比例，终点%A 不变，则Δ%A 减小；此时可同时减小 t_G 使 G_s 不变，其结果是分离度基本不变，但可以缩短分析时间。

e. 因不同溶质间 S 值存在差异，由 G_s 引起 κ^* 变化的同时也可能导致出峰顺序变化。

4. 梯度洗脱程序建立过程

理解了梯度洗脱与等度洗脱的相似性，梯度洗脱方法的建立过程可采用与等度洗脱类似的步骤进行：先优化 κ^* 值，同时兼顾分离度和运行时间。具体过程如下：

① 首次梯度洗脱实验应采用较宽的梯度范围（如 5%～100%A），梯度变化速率 G_s 不能太陡。

② 根据目标化合物出峰时间调节初始流动相%A 的值。如第一个目标化合物出峰时间较晚，可适当增加初始有机相比例（如初始%A 从 5%提高到 10%），可有效缩短分析时间。

③ 优化完色谱峰间距后，可调节流速、柱温等以改善分离度或运行时间。

④ 所有目标化合物出峰完毕后要设置一段时间的高比例有机相冲洗程序，以去除强保留物质，然后恢复到初始流动相比例来平衡色谱柱。

⑤ 若线性梯度不能很好解决分离度问题，可以考虑非线性梯度方式作为备选，有时可适当地改善分离。符合下列特点可考虑采用非线性梯度：

a. 同系物或低聚样品，这类样品的分离度一般随化合物分子量和保留值的增大而降低。

b. 色谱图中有些区域具有大量重叠峰或少数峰间距较大。优化非线性梯度形状可能需要多次试验，其优势一般并不显著。

五、常见问题与解答

1. 方法开发中甲醇和乙腈作为流动相有何区别？

解　答　（1）吸光度：色谱级乙腈在紫外短波长波段（200nm 以下）的吸收小。所谓色谱级是除去具有吸收紫外的杂质，特定波长的吸光度值符合要求，在紫外检测时产生的噪声小，因此在进行紫外分析时色谱级乙腈最适宜。另外，在紫外检测中的梯度基线上，色谱级乙腈产生的鬼峰少。

（2）系统压力：乙腈低。从表5-1可知，乙腈黏度比甲醇小，因此在相同的流速和有机相比例下，用乙腈作为流动相，系统压力要比甲醇小，同条件下可得到更高的理论塔板数，还能延长色谱柱的使用寿命。

（3）洗脱能力：乙腈较强。反相色谱中，如果要在相同的时间内分离同一组样品，100%甲醇的冲洗强度相当于89%的乙腈/水或66%的四氢呋喃/水的冲洗强度。

（4）分离（洗脱）的选择性。由于有机溶剂分子的化学性质（甲醇-质子给体、乙腈-质子受体）不同导致乙腈和甲醇在分离的选择性上有所不同。在使用乙腈作为有机相不能获得很好的分离效果时，可以考虑尝试用甲醇作为有机相。

（5）峰形：对于某些物质来说，两者峰形差别较大。如水杨酸类化合物用乙腈作为有机相时拖尾大，用甲醇则可抑制。而聚合物类填料的反相色谱柱与硅胶填料的反相色谱柱相比，色谱峰更有峰形变宽的倾向（如用聚苯乙烯柱分析芳香族化合物），这在流动相用甲醇时非常显著，而用乙腈则不明显，所以用聚合物类反相柱时建议采用乙腈作为有机相。

2. **四氢呋喃和三乙胺在防止色谱峰拖尾方面有什么区别？**

解　答　（1）四氢呋喃可以用来调节流动相洗脱强度和改变流动相对样品的溶解性，其本身也可以作为反相的流动相。另外四氢呋喃还是一种较强的质子受体，因此在分离某些弱酸性物质时，在流动相中加入少量的四氢呋喃，可以提高溶剂碱性，缩短分析时间，对改善酸性物质的拖尾会产生明显的效果。

（2）三乙胺可以封闭固定相上裸露的羟基（—OH），减弱碱性物质在色谱柱上的过度吸附，从而改善峰的拖尾；同时，还可以抑制碱性目标化合物离解。两种机理应该是同时存在的。

3. **高压梯度洗脱与低压梯度洗脱有什么区别？**

解　答　梯度洗脱有两种实现方式：低压梯度（内梯度）和高压梯度（外梯度）。

（1）低压梯度：流动相在低压下混合，然后用高压输液泵将流动相输入色谱柱，因此对硬件的要求较低，其梯度的实现主要由电磁阀的开关进行控制，只需一台泵、一台容积组织器和一台动态混合器，即可配置成四元梯度系统。优点是成本较低，系统的故障率较低，维护较为方便。此外，由于流动相是在常压下混合，不存在流动相的压缩，故而梯度准确度较好。缺点是精度比高压梯度略差。

（2）高压梯度：流动相的混合是在高压下进行，所以该系统在硬件上需多台同样的输液泵的组合，而后经动态混合器进行混合，并有专用的软件模块进行控制。优点是梯度精度较高；缺点是成本较高，硬件较多。而流动相的可压缩性和流动相混合时的热力学体积的变化可能影响输入色谱柱的流动相的组成，所以，梯度的准确度会出现偏差。另外，高压梯度洗脱过程中为保证流速稳定必须使用恒流泵，否则很难获得很好的重复性结果。

从硬件价格上看，高压比低压贵很多。两者最大的区别还是在流动相可能出现的气泡上。在同样的两种流动相混合时，高压混合时产生气泡的概率要比低压混合时小。在四元低压梯度系统中，在线脱气机在混合前先脱气，使气体远远低于其在溶剂中的饱和溶解度，混合后一般也不会达到其在混合溶剂中的最大溶解度，所以一般不会有气泡产生。混合后脱气是不可行的，因为混合后脱气会在一定程度上改变混合比例（各种溶剂的饱和蒸气压不同）。另外，混合前脱气能提高流量精度，这点更有意义。而高压梯度是泵后混合，此时气体在溶剂中的溶解度会增大（溶解度随压力增大而增大），所以一般也不会有气体逸出而产生气泡。

4. 流动相加缓冲液和调节 pH 值的原则有哪些？

解　答　（1）在液相色谱分析中，选择正确的流动相 pH 值对可解离化合物的分析十分重要。不恰当的 pH 值可能导致不对称峰、宽峰、分裂峰或肩峰，而尖锐、对称的峰是定量分析中获得低检测限、良好的平行性和保留时间高重现性的前提。在反相色谱中，流动相的 pH 值一般在 2~8（硅胶填料色谱柱 pH 值耐受范围），当被测物可解离或样品 pH 值不在 2~8 时，往往需要在流动相中加入一些改性剂（如酸/碱/缓冲盐）以改善其峰形或保留值。

（2）在选择缓冲液 pH 值之前，应先了解被分析物的 pK_a，从 H-H 公式 $pH = pK_a + lg([A^-]/[A])$ 得知，当一种化合物的 $pK_a = pH$ 时，其有一半解离；当溶液 pH 值高于或低于 pK_a 两个单位，化合物 99%以上以一种形式存在（完全解离或完全未解离），这时有利于获得对称的峰形。因此几乎所有与 pH 相关的保留值变化基本发生在 $pK_a±2$ 个单位的 pH 值范围内，超出这个范围，其保留值随 pH 值变化不大。从图 5-4 可以看出流动相不同的 pH 值，对某些物质的保留值和分离度影响很大。

综上所述，如果目标化合物在反相色谱上保留弱，则需要调节流动相 pH 值小于（酸性）/大于（碱性）pK_a 两个单位，使其绝大部分呈分子状态以增加其在反相色柱上的保留。若出现共流出情况，我们可以根据目标化合物各自分子结构特点来调节 pH 值增加分离度：如一种物质含有氨基（另一种不含），则可以降低流动相 pH 值，含氨基的目标化合物就会发生解离，减弱在色谱柱上的保留，从而实现分离目的。

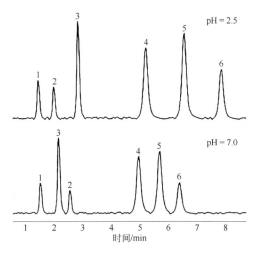

图 5-4　不同 pH 值的分离色谱图
1—对甲氧基苯胺；2—间甲苯胺；3—3-氨基苯甲腈；4—对氯苯胺；
5—间氯苯胺；6—邻氯苯胺

5. 如何正确选择流动相改性剂?

问题描述　流动相改性剂有没有什么规律可循？比如什么时候用磷酸二氢钠、什么时候用乙酸铵？

解　答　（1）流动相改性剂的总体原则一般是 pK_a 值呈酸性的物质加酸性缓冲液，呈碱性加碱性缓冲液。在流动相中添加缓冲液及调节 pH 值的作用主要有三点：

一是增强流动相的缓冲能力，避免体系受到样品酸碱性的干扰；

二是优化峰形，使色谱峰更加尖锐对称；

三是抑制某些目标化合物的解离或其与体系的某种作用。

其中第二和第三点可能同时发生。

（2）具体如何选择缓冲液，一般的做法是先根据待测物质的 pK_a 值初步选定相应的缓冲盐体系，配制某个 pH 值的流动相，然后分析样品。如果保留值、峰形及分离度不好，就改变条件，比如更换流动相的 pH 值，查看趋势，然后选择最合适的方法参数。这时就需要关注一下缓冲液。比如流动相 pH 值要求是 4.0，那么就不会去考虑磷酸盐，因为磷酸盐在这个范围没有缓冲能力；又比如方法波长为

210nm，那么就不会去考虑乙酸盐或甲酸盐，因为这些缓冲盐会严重干扰基线。

总之，具体缓冲液添加的种类和浓度应根据物质本身的性质和仪器情况做出相应的调整。

6. 液相色谱在使用缓冲盐时的注意事项有哪些？

问题描述 在方法开发中，如何正确选择和使用缓冲盐？液相色谱在使用缓冲盐时有哪些注意事项？

解　答 关于如何正确选择和使用缓冲盐在前文已有详细论述，这里主要说一下液相色谱在使用缓冲盐时的注意事项。

（1）避免使用盐酸及含有卤素离子的盐，该类物质对钢质管路、泵体等有腐蚀作用，同时需要了解柱子的 pH 值耐受限度，不要把 pH 值调得过高或者过低。

（2）缓冲盐的浓度一般在 10～50mmol/L 比较适合，太低起不到缓冲作用，太高对色谱柱和液相系统有影响。

（3）缓冲盐和甲醇/乙腈组成流动相时，不宜少于 10%（体积比），太低的缓冲液比例会使缓冲盐析出。

（4）使用过缓冲盐的流动相后，色谱柱一定要及时清洗，而且不能马上用纯有机相如甲醇等冲洗，一定要先用含水相的溶液清洗，比如先用 5%～10%的甲醇/水（不能用纯水冲，否则容易造成键合相流失）把缓冲盐冲洗出来，然后用纯有机溶剂保存色谱柱。

（5）缓冲液最好现配现用，缓冲液往往是良好的菌类培养液。

（6）若液相色谱系统长期使用缓冲液，要注意观察单向阀等处有无结晶，若有白色盐类析出，可考虑定期用 10%硝酸（如 30mL）冲洗一下缓冲盐管路（不接柱子接两通），再用 5 倍体积的水冲洗，可以避免整个水相管路的堵塞。

7. 液相色谱梯度洗脱时的注意事项有哪些？

解　答 在进行梯度洗脱时，由于多种溶剂混合，而且比例不断变化，因此带来一些特殊问题，必须充分重视。

（1）要注意溶剂的互溶性，不相混溶的溶剂不能用作梯度洗脱的流动相。有些溶剂在一定的比例内互溶，超出一定的范围后就不会互溶。例如：乙腈和 1mol/L 的乙酸铵（pH= 5.16）做梯度洗脱，乙腈含量超过 70%时就会出现不溶。当有机溶剂和缓冲液混合时还可能析出盐的结晶体，尤其是使用磷酸盐时需特别小心。

（2）梯度洗脱所用的溶剂纯度要求更高，以保证良好的重现性。进行样品分析前必须进行空白梯度洗脱，以辨认溶剂杂质峰，因为弱溶剂中的杂质富集在色谱柱头上后会被强的溶剂洗脱出来，用于梯度洗脱的溶剂需彻底脱气，以防止溶剂混合时产生气泡。

（3）混合溶剂的黏度常随其组成的变化而变化，因此在梯度洗脱时常会出现压力变化，例如纯水或甲醇的黏度都比较小，但是当二者以相近的比例混合时黏度会增大很多（甲醇-水体积比为1∶1时压力最大），因此要防止梯度洗脱过程中压力超过输液泵或色谱柱所能承受的最大压力。

（4）每次梯度洗脱程序运行完之后必须对色谱柱进行彻底平衡，使其恢复到初始的状态，需让10～30倍柱容积的初始流动相流经色谱柱，使固定相和初始流动相达到完全平衡，平衡不好会影响下一针样品的分离度和保留时间。

（5）注意梯度洗脱用水的有机物残留。往往在等度洗脱时用的水，在梯度洗脱时发生问题（鬼峰）。这是因为在梯度洗脱过程中，水占比例很高的流动相洗脱能力很低，此时水中的有机物残留就被色谱柱吸附并浓缩，等到强溶剂占高比例时，浓缩的有机物被高洗脱能力的流动相洗脱而流出色谱柱，并成为一个色谱峰，从而干扰分析。

（6）梯度洗脱应使用对流动相组成变化不敏感的选择性检测器（如紫外吸收检测器或荧光检测器），而不能使用对流动相组成变化敏感的通用型检测器（如示差折光检测器）。

8. 饱和食盐水是否可以直接进液相色谱仪？

问题描述　用饱和食盐水浸泡果实一段时间，想用液相色谱检测溶液中的物质，这样的饱和食盐水可以直接进液相色谱仪吗？

解　答　（1）食盐溶液的主要成分是氯化钠，氯化钠是离子化合物，在溶液中电离出氯离子和钠离子，该溶液中没有未共用的电子对和不饱和键，不存在生色基团，因此也没有紫外吸收，不会影响紫外吸收物质的检测。

（2）饱和食盐水浓度太大（360g/L 左右），与流动相的差别肯定也很大，直接进样不可避免地会出现溶剂效应，影响目标物的峰形，与流动相溶解度的差异也可能导致待测组分析出。

（3）氯离子之类的卤素离子会腐蚀不锈钢管路，高浓度食盐水不要进入色谱系统，低浓度（≤5%）可以适当进样，完成分析后要尽快用大量纯水清洗管路。

综上所述，不建议把饱和食盐水溶解的样品直接进入液相色谱系统检测。

9. 水相和有机相都加酸的目的是什么？

问题描述 三氟乙酸（TFA）一般是加到水相当中，但有的方法是水相和有机相均加入，如：流动相 A 为水+0.1%TFA；流动相 B 为乙腈+0.08%TFA。这样做的目的是什么？

解　答 （1）水相和有机相中都加入 TFA，可以使 TFA 的浓度在整个运行过程中保持恒定，进而保持 pH 值稳定，可以有效地降低基线波动，有利于目标化合物保留时间保持恒定。

（2）如果只在水相中添加，有机相中不添加，那么在走梯度时，由于两相比例会随时间变化，流动相实时的 pH 值是不一样的，可能对有些化合物的分离产生影响，导致目标化合物保留时间偏移。

10. 用玻璃瓶装流动相的原因有哪些？

问题描述 做液相分析时大都用玻璃瓶装水，为什么不用塑料瓶？

解　答 （1）因为塑料瓶内壁不光滑，用塑料瓶装纯水，用一段时间塑料壁会非常容易吸附气泡，进而引起基线波动，影响分析。

（2）液相的流动相会用到有机溶剂，而有机溶剂会溶解塑料材质中的杂质，从而干扰目标化合物检测。

11. 某通道或某泵长期都是一种流动相，是否需要更换？

问题描述 某通道或某泵一直使用一种流动相，时间长了会不会有什么影响？是否要经常更换通道的流动相的种类？

解　答 （1）水相管路通道如果经常用到缓冲盐，可能发生冲洗不干净导致缓冲盐在管路和泵里残留。泵头内的缓冲盐溶液也可能存在高压析盐现象，析出的细小盐粒非常坚硬，附着在宝石柱塞杆上，随着宝石柱塞杆的往复运动，容易产生划痕，并磨损密封垫，造成漏液等故障。

（2）水相和有机相管路通道隔一段时间对调一下，有利于延长泵的使用寿命和仪器稳定。

（3）水相和有机相管路更换前，先用纯水把水相管路通道里的缓冲盐等冲洗干净，再用有机相冲掉菌类、藻类等污染物。

12. 如何避免液相色谱分析中的"溶剂效应"？

问题描述 "溶剂效应"会导致哪些异常峰形？如何避免溶剂效应？在 HPLC 分析中样品溶剂的选择与流动相有什么关系？

解　答 （1）当样品溶液的溶剂强度强于流动相的溶剂强度时可能导致峰前端展宽、峰分叉，即色谱图上较早洗脱的峰扭曲变形或者开叉，与此同时较晚洗脱的峰则较为尖锐与对称，这种现象一般称为"溶剂效应"。

（2）这里的强溶剂可以理解为洗脱能力强的溶剂，色谱常用的有机相是甲醇与乙腈，两者都具有很强的洗脱能力。流动相的洗脱能力越强，在其他条件不变的情况下，出峰越快，保留时间越短。

（3）液相色谱分析中产生"溶剂效应"的原因主要有：

① 样品溶液的溶剂洗脱能力强于流动相。如图 5-5 所示，当样品溶液的溶剂是 100%乙腈，而流动相洗脱能力较弱（18%乙腈/82%水）：第一个峰是开叉的，并且与第二个峰相比，明显变宽 [图 5-5（a）]；当样品溶液的溶剂替换成流动相后再进样分析时，所有的峰形都改善了，且变得尖锐 [图 5-5（b）]。这是因为当样品进样时，有可能出现峰展宽，最佳的样品溶液组成和体积将会保持在 10%甚至更低，在这个例子里，当样品溶液与流动相溶剂强度不同时，有些目标化合物溶解在强溶剂中，并随强溶剂流过柱子，而有些则溶解在流动相中，从而导致峰分叉。

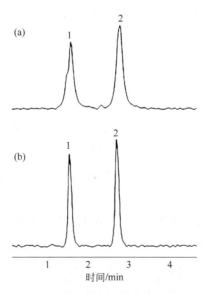

图 5-5　样品溶剂对组分峰形影响

② 进样量比较大。

③ 样品溶液的 pH 值与液相色谱流动相的 pH 值相差悬殊，比如酸性流动相体系，样品溶液的 pH 值偏碱性（pH=10），这种情况也很有可能发生"溶剂效应"。

所以要解决这个问题的最佳方案就是，按照初始流动相比例溶解样品；如果存在溶解度的问题，那就需要改用其他溶剂；如果是进样体积过大导致的问题，那就通过降低进样体积来解决。

13. 双泵运行乙腈和水流动相，产生基线波动的原因有哪些?

问题描述　液相色谱检测三七样品，检测波长为 203nm，用双泵跑乙腈和水，梯度洗脱，基线大幅波动；只运行一只泵基线就很稳定，用双泵跑一种流动相，基线也很稳定。仪器为双泵高压梯度，没有在线脱气机，是什么原因导致的这种情况？

解　答　如果将乙腈直接在线与水混合，很容易产生大量微小气泡，导致基线不稳，这种情况常发生在没有在线脱气装置的高压梯度系统中。因此，在高效液相色谱中在线脱气装置还是十分必要的，如果没有的话也可以试着通过以下方式解决：

（1）流动相彻底脱气，单纯超声波处理并非很好的脱气手段，应该在超声的同时施以负压，例如用水冲泵来抽真空。

（2）可以尝试将乙腈与水以适当的比例（例如 10%～15%）预混，然后脱气作为流动相 A 通道，再以乙腈为 B 通道进行梯度分离，当然梯度表要做适当调整以便保证流动相中乙腈的总浓度相当于以前的。

（3）在检测器之后连接一段较细的管子，以便增加背压，这样可以抑制气泡在检测器流通池之前释放出来。

14. 流动相中加入缓冲盐能改善基线漂移吗?

问题描述　分析的物质是三萜皂苷类，含有较多羟基。采用梯度洗脱，基线严重漂移，如果采用含缓冲盐的流动相，能改善基线漂移的情况吗？

解　答　（1）一般情况下，梯度洗脱程序变化太大或者低波长检测时可能有明显的基线漂移。

（2）通过查阅相关文献，多羟基的三萜皂苷类可以尝试用磷酸盐缓冲液，根据经验，15mmol/L 磷酸盐水相不要低于 15%，25mmol/L 磷酸盐水相不要低于 25%。

（3）多羟基结构容易产生色谱峰拖尾现象，可以考虑在有机相中适当添加三乙胺等扫尾剂，有助于峰形对称。

（4）基线漂移和梯度洗脱程序设置也有关系，可以试着改善一下梯度：梯度变化不要太大、太快，目标化合物出峰后再变化初始梯度等；梯度洗脱程序走完后加上足够长的运行初始流动相比例的平衡时间，有助于改善基线。

第二节　色谱柱

液相色谱分析对色谱柱的要求是柱效高、选择性好、分析速度快等。选择色谱柱时，柱间重现性是方法建立中极为重要的因素，因为色谱工作者都不愿意在建立了一套稳定的分析系统后，又不得不为一新色谱柱重新建立液相色谱方法。因此，选择一支稳定、高效的色谱柱对建立普适性强、重现性好的液相色谱方法必不可少。

一、色谱柱的填料

现代高效液相色谱中，色谱柱填料的选择直接影响到分离效果的好坏。色谱柱填料的种类很多，要做合适的选择，就需要对此有一定的认识和了解。色谱柱填料主要可以分为硅胶基质、聚合物和无机填料三类。

1. 硅胶基质填料

多空微球硅胶是液相色谱所用填料中最普遍的，其提供的多孔表面可以通过成熟的硅烷化技术键合上各种配基，制成反相、离子交换、疏水作用、亲水作用或分子排阻色谱用填料。硅胶基质填料广泛适用于极性和非极性溶剂，通常硅胶基质填料推荐的常规分析 pH 值范围为 2～8。

2. 聚合物填料

聚合物填料多为聚苯乙烯-二乙烯基苯或聚甲基丙烯酸酯等，其优点是 pH 值耐受范围宽，基本在 pH 值 1～14 都可以使用，广泛用于分离大分子物质。

3. 无机填料

无机填料色谱柱也已经商品化，由于其特殊的性质，一般仅限于特殊的用途：如石墨化炭黑填料可用于分离某些几何异构体，由于在液相色谱流动相中不会被溶解，这类色谱柱可在任何 pH 值与温度下使用。氧化铝微粒刚性强，可制成稳定的色谱柱柱床，其优点是可以在 pH 值高达 12 的流动相中使用；但由于氧化铝与碱性化合物的作用也很强，应用范围受到一定限制，所以未能广泛应用。

二、色谱柱的分类和应用范围

以硅胶微粒为载体的化学键合相色谱柱在液相色谱中获得了广泛应用，其原理是借助化学反应的方法将有机官能团键合到载体（硅胶）表面的游离羟基上（常见液相色谱柱及其应用范围见表 2-13），主要用于反相、正相和离子交换色谱等。

1. 反相色谱柱

反相色谱柱用的填料常是以硅胶为基质，表面键合有极性相对较弱的官能团，如各种烷基硅烷（C_2、C_4、C_8、C_{16}、C_{18}、C_{22} 等）、苯基（C_6H_5）等，其中最常用的是 C_{18}。一般来说，当烷基键合相的表面浓度（$\mu mol/m^2$）相同时，烷基链长增加，碳含量增加，溶质的保留值增加。而短链烷基（C_8 及以下）硅烷由于分子尺寸较小，与硅胶表面键合时可以有比长链烷基更高的覆盖度和较少的残余羟基，因此适合极性样品或做离子抑制的样品分离分析，或者说有利于使用酸性较强的流动相。长链烷基（C_{16} 及以上）因为有较高的碳含量和更好的疏水性，所以对弱极性样品有更好的分离能力。

图 5-6 是相同条件下普鲁卡因等几种极性相对较强的物质在长链（C_{18}）和短链（C_8）烷基柱上分离色谱图，可以看出布他卡因和丁卡因在 C_{18} 柱上没有完全分开，用 C_8 色谱柱实现了完全分离，很好地印证了上述理论。

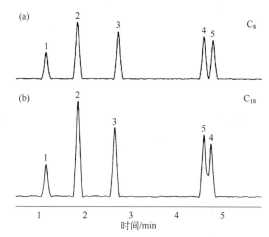

图 5-6　不同碳含量色谱柱的分离色谱图
1—普鲁卡因；2—利多卡因；3—金鸡宁；4—布他卡因；5—丁卡因

反相色谱中样品流出色谱柱的顺序是极性较强的组分最先被冲洗出，而极性弱的组分会在色谱柱上有更强的保留。

2. 正相色谱柱

正相色谱柱一般以硅胶为载体，表面键合具有极性官能团的有机分子，如氨基、氰基、二醇基等。它们主要以氢键作用力与溶质相互作用，都属于极性较强的基团。因此正相色谱柱分离的次序是依据样品中各组分的极性大小，即极性较弱的组分最先被冲洗出色谱柱。正相色谱使用的流动相极性相比固定相低，如正己烷、氯仿、二氯甲烷等。

氨基（—NH_2）键合相结构决定了其具有质子受体和供体的双重功能，对具有较强氢键作用力的样品显示出较强的分子间相互作用。氨基的碱性特质可在酸性溶液中作为弱阴离子交换剂，用于分离酚、羧酸、核苷酸；氨基也可用作反相固定相与糖分子中的羟基作用，广泛用于单糖、双糖及多糖的分离，见图 5-7。需要注意的是一级胺可与醛、酮的羰基发生化学反应生成席夫碱，因此不能用氨基柱去分析含羰基的甾酮、还原糖等化合物，且氨基柱流动相中也不能含有羰基化合物（如丙酮）。

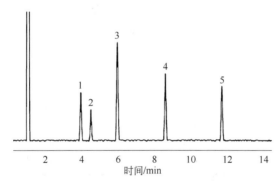

图 5-7 糖类在氨基柱上的分离色谱图
1—果糖；2—葡萄糖；3—蔗糖；4—海藻糖；5—麦芽糖

氰基（—CN）键合相为质子受体，具有中等极性，分离选择性与硅胶类似，但比硅胶保留值低。其优点是在梯度洗脱或流动相组成改变时平衡快，与某些有双键的化合物发生选择性相互作用，因此对双键异构体或含有不等量双键的环状化合物有很好的分离能力。二醇基（diol）键合相极性相对弱一些，对一些弱极性物质和某些共聚物有较好的分离度，见图 5-8。

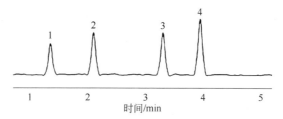

图 5-8　维生素 E 在二醇基色谱柱上的分离色谱图
1—α-维生素 E；2—β-维生素 E；3—γ-维生素 E；4—δ-维生素 E

3. 离子交换色谱柱

离子交换色谱柱的固定相是树脂型材料，常用苯乙烯与二乙烯基苯交联形成的聚合物骨架，在化学键合的有机硅烷分子中接上羧基、磺酸基（称阳离子交换树脂）或季铵基（阴离子交换树脂）。在离子交换色谱中，常用缓冲液作流动相。目标化合物在离子交换柱中的保留时间除跟目标化合物离子与树脂上的离子交换基团作用强弱有关外，还受流动相的 pH 值和离子强度影响。pH 值可改变化合物的解离程度，进而影响其与固定相的作用。同时，流动相中往往加入有机溶剂作为改性剂，此时溶质的保留值还会受到有机改性剂的影响，所以溶质的保留兼有离子交换和吸附的双重机理。离子交换色谱法主要用于分析有机酸、氨基酸、多肽、碳水化合物及核酸等，见图 5-9。

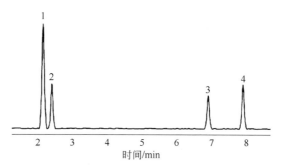

图 5-9　核苷酸在 SAX 色谱柱上的分离色谱图
1—乳清酸；2—尿苷酸；3—鸟苷酸；4—黄苷酸

4. 其他专用色谱柱

液相色谱柱是一个十分庞大的家族，除了上述三大应用范围最广、普适性较高的色谱柱外，还有很多各行业的专用色谱柱，这里重点介绍以下几类。

（1）亲和色谱柱　亲和色谱的原理是在其固定相载体上键合了具有"锚式"结构特征的配位体，这些官能团与被分离的、结构相似的生物分子之间存在特殊可逆的分子间相互作用，依据生物识别原理，可对天然生物活性物质进行特效性分离纯化，实现如蛋白质、多肽、核苷酸等生物样品组分的高纯度、高产率分离。

（2）凝胶色谱柱　凝胶色谱是体积排阻色谱的一种，其原理是样品中不同大小分子通过多孔性凝胶固定相时，借助精准控制凝胶孔径大小，大分子不能进入凝胶孔洞，只能沿凝胶基体间缝隙通过，所以最先被流动相洗脱出来；中等分子和小分子能不同程度地进入孔洞，接着被先后洗出，从而实现具有不同分子大小样品的完全分离。因此凝胶色谱主要用于聚苯乙烯、聚甲基丙烯酸酯等高聚物和大分子蛋白的分子量测定，见图 5-10。

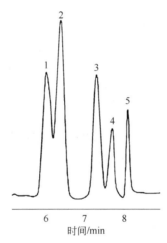

图 5-10　多种蛋白在 GPC 色谱柱上的分离色谱图
1—鼠免疫球蛋白（分子量 900000）；2—牛甲状腺球蛋白（分子量 670000）；
3—牛血清白蛋白（分子量 67000）；4—鸡白蛋白（分子量 45000）；
5—核糖核酸酶（分子量 13700）

（3）手性色谱柱　该色谱柱是由具有光学活性的单体固定在硅胶或其他聚合物上制成手性固定相。通过引入手性环境使对映异构体间呈现物理特性的差异，从而达到光学异构体分离的目的。由于不同物质结构的异构体千差万别，目前还没有像 C_{18} 那样的普适柱，不同结构、化学性质的异构体不得不采用不同类型的手性柱。其主要应用于生物、医药研发等领域手性物质的分离，见图 5-11。

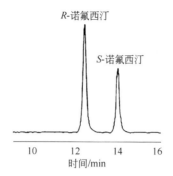

图 5-11　诺氟西汀手性分离的色谱图

三、常见问题与解答

1. 色谱柱长短对分析有什么影响?

问题描述　同一个型号的柱子,色谱柱的长短对分析有哪些影响?短柱分不开的话,长柱是否一定能分得开?

解　　答　(1)同一型号代表着厂家、填料、内径、粒径都相同,只是色谱柱长短存在差异(例如150mm和250mm),理论上讲,其他参数相同条件下长色谱柱的理论塔板数更高,保留时间更长,分离能力更好一些,见图5-12。

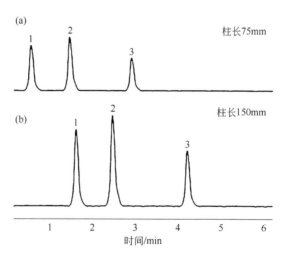

图 5-12　色谱柱长度对目标化合物分离的影响
1—尿嘧啶;2—N-乙酰苯胺;3—乙酰水杨酸

（2）不能说短色谱柱分不开长色谱柱就一定能分开，因为有些物质本身结构性质决定了其在这种色谱柱上分离度就不是很好，这种情况下换长色谱柱也没有意义，应该从更换不同品牌、不同填料类型的柱子和优化流动相组合等方面考虑重新建立液相色谱方法。

2. 更换色谱柱时的注意事项有哪些？

解　答　（1）在使用液相色谱时，应特别注意"柱外效应"对分析结果的影响。由于样品分子在液体流动相中的扩散系数比在气体中小 4～5 个数量级，液体流动相的流速也比气相慢 1～2 个数量级。因此，样品进入色谱柱后，在柱子以外的任何死体积（进样器、柱接头、连接管、检测器）中，样品分子的扩散和滞留都会引起色谱峰的展宽，从而使柱效降低。为使柱外效应减至最小，获得理想的分析结果，仪器的流动相管路连接非常重要。

（2）现在柱接头采用的是低死体积结构，柱接头是两端螺纹组件，一般一端是 7/16in（1in=2.54cm）外螺纹，另一端是 3/16in 的内螺纹。7/16in 外螺纹与 1/4in 柱管连接，3/16in 的内螺纹与 1/16in 的连接管连接，中间都放置压环用于柱接头的密封。为了尽量减少柱外死体积，在安装色谱柱时，用连接管通过空心螺钉压环后要尽量插到底，然后再拧紧空心螺钉，压环被空心螺钉挤压变形后紧箍在连接管上。

（3）在柱接头两端内部各有一片不锈钢滤片，用于封堵柱填料不被流动相冲至柱外而流失。色谱柱各组件均为不锈钢材质，能耐受一般的溶剂。但由于含氯化合物的溶剂对其有一定的腐蚀性，故使用时要注意，柱及连接管内不能长时间存留此类溶剂。

（4）要注意按柱管上标示的流动相流向，一般色谱柱入口接头为不锈钢卡套接头，色谱柱出口为不锈钢卡套接头或 PEEK 管线手拧接头，连接管的两端均有空心螺钉及密封用压环。当完成第一次安装后，不锈钢卡套已固定死，当接不同的色谱柱时，要注意色谱柱接头处的形状和长度，否则会产生一个非常大的死体积。连接管通过空心螺钉、压环后尽量用力插到底，顺时针拧紧空心螺钉后，再用扳手继续顺时针拧 1/4～1/2 圈，切记不要用力过大。如果色谱柱通过流动相加压后有漏液现象，继续顺时针拧 1/4 圈，直至不漏液为止。

3. 方法开发时需要使用保护柱吗？

问题描述　方法开发时，液相的保护柱是不是必须要装配的？不装的话影响大不大？

解　答　（1）保护柱，顾名思义就是保护分离用的色谱柱。如果把含杂质等有害物质的样品直接注入色谱柱，杂质会在色谱柱中吸附，造成色谱柱损坏。为了防止这种情况，样品需要经过滤膜过滤后再注入色谱柱。但是滤膜有时不能完全过滤有害物质，这些残留的有害成分会导致色谱柱损坏。

（2）保护柱是和正常色谱柱填充同样填料的迷你色谱柱（尺寸小）。在色谱分析柱前放置保护柱，样品中的有害成分就会从保护柱的上部开始累积，在保护柱全部被污染之前更换保护柱的话，色谱柱就不会被污染。因此保护柱可以给色谱柱提供物理的保护，除去样品及流动相中的颗粒；也可以提供化学的保护，防止色谱柱被化学污染。

（3）保护柱的价格通常是正常色谱柱的 1/10～1/3，很好地利用保护柱能延长色谱柱的使用寿命，是非常经济有效的措施。

（4）加上保护柱以后相当于增加了色谱分析柱长度，会导致系统压力升高，影响泵的使用寿命；也会延长目标化合物的保留时间，降低工作效率。液相色谱仪一般没有设计专门放置保护柱的空间，保护柱加在柱温箱外部的话，由于温度不稳定，会对分离产生一定影响。另外保护柱长度相对较短，填料粒径一般比色谱柱填料粒径大，理论塔板数较低，所以保护柱在用过一段时间后出现拖尾或杂峰等现象时，就应更换保护柱了。

综上所述，色谱柱前端的保护柱不是必备品，这里需要考量保护柱与色谱柱损耗的平衡，加不加保护柱要看样品和色谱柱本身。对于比较便宜的色谱柱，采用保护柱的性价比不高，这样的色谱柱也可以不使用保护柱。另外，硅胶柱的寿命本身就非常短，使用保护柱意义不大。反过来说，对于需要延长使用寿命的聚合物填料色谱柱，使用保护柱还是非常有效的。近年来出现的超高效液相色谱柱填料粒径非常小（<2μm），样品脏的话很容易造成堵塞和残留，价格也比普通色谱柱贵很多，这种色谱柱最好在前端加装保护柱。

4. 有机相对反相色谱柱保留时间影响的机理有哪些?

解　答　（1）反相色谱分离保留机制可以理解为"相似相溶原理"，类似于从水中萃取不同化合物至有机溶剂（如辛醇）中，疏水（非极性）化合物更易于萃取至非极性有机相中。目前，比较流行的观点是疏溶剂理论，用来解释反相色谱中保留值和选择性变化的规律，并用以预测在某一分离体系或某种分离条件下的保留行为。

（2）疏溶剂理论是指反相色谱中，溶质分子由非极性部分与极性官能团所组成。其非极性部分与极性溶剂相接触时，便会产生排斥力，使得自由能增加而熵减少。这种排斥力会引起溶质非极性部分的取向，造成流动相的混合溶剂中出现容纳分子的"空腔"。由于它是由水、溶剂、混合流动相的不相溶性或疏水排斥作用所造成的，故称为疏水或疏溶剂效应。

（3）如果把非极性的烷基键合相看作是在硅胶表面上覆盖了一层键合的十八烷基的"分子毛"，这种"分子毛"有很强的疏水特性。当用水与有机溶剂所组成的极性溶剂为流动相来分离有机化合物时，一方面，非极性目标化合物或目标化合物的非极性部分由于疏溶剂的作用，将会从水中被"挤"出来，与固定相上的疏水烷基之间产生缔合作用。另一方面，目标化合物的极性部分受到极性流动相的作用，使它离开固定相，减少保留值，此即解缔合过程。显然，这两种作用力之差决定了分子在色谱中的保留行为。一般地，固定相的烷基配合基或目标化合物中非极性部分的表面积越大，或者流动相表面张力及介电常数越大，则缔合作用越强，分配比也越大，保留值越大。这个缔合作用是可逆的，当流动相的极性减小（有机相比例增加）时，解缔合的倾向增加，溶质分子被洗脱；而当流动相的极性增加（有机相比例减小）时，缔合作用增强。所以在反相键合相色谱中，流动相中有机相比例越大，物质在色谱柱上的保留时间越短；反之则越长。同一流动相条件下，极性大的目标化合物先流出，极性小的目标化合物后流出。

5. 反相色谱系统切换成正相色谱系统有哪些需要注意的问题？

问题描述　高效液相色谱原来使用的是 C_{18} 色谱柱，现在由于分析要求，需要换正相纯硅胶色谱柱，流动相也要从甲醇换成异丙醇，应该怎样操作？要注意哪些问题？

解　答　由于反相和正相色谱系统所使用的流动相差别很大，因此液相色谱系统在从反相向正相色谱转换过程中，需要注意以下问题：

（1）先将色谱柱用相应的溶剂冲洗干净，然后将色谱柱拆下来密封保存。用双通将进样器与检测器连接。

（2）将贮液瓶内装入 300mL 的二次蒸馏水，将流速逐渐提高到 2.0mL/min 冲洗系统 1.5h，注意观察泵压。

（3）将流速逐渐降到 0.0mL/min，把二次蒸馏水更换为甲醇，将流速逐渐提高到 2.0mL/min 冲洗系统 1h。

（4）用同样的方法将甲醇更换为异丙醇、四氢呋喃，各冲洗系统 1h。

（5）最后将四氢呋喃更换为预先配制好的流动相冲洗系统 1h，同时将柱塞杆清洗系统内的 10%异丙醇更换为流动相，保持 50～60 滴/min 的速度清洗柱塞杆。

再将双通更换为正相色谱柱，待色谱柱平衡好以后即可分析样品。

6. C₁₈柱为什么不适合用纯水作流动相？

解　答　（1）当采用有机溶剂作冲洗剂时，由于硅胶的表面高度不均一，即使极微量的水吸附在其表面上时，也会使吸附活性大大降低。尽管水在非极性和弱极性的有机溶剂中溶解度很小，但如此微小的含水量的变化就会导致柱负荷和保留值的显著变化。

（2）C₁₈属于疏水性基团，而疏水性简单说就是容易抱团。C₁₈长链在纯水条件下会抱团，抱团之后就很难再分开，导致柱效下降，因为 C₁₈里面被抱团在内部的那一部分就会失去作用，且不容易恢复。

（3）加入有机相（比如 5%甲醇或乙腈）就可以起到阻碍 C₁₈抱团的作用，所以流动相中要加一定量的有机相。

（4）抱团作用（疏水性）和柱子本身有关，现在的色谱柱填料经过改进后增加了能"阻挡抱团"的基团，一般能耐受 95%水相；此外碳载量高的柱子（如 C₁₈及更高）一般更怕水，更容易抱团，碳载量低的相对要好一些。

（5）目前也有色谱柱能耐受 100%水相的 C₁₈柱（如安捷伦 AQ 柱），里面添加了极性基团，抱团作用被有效遏制，可以用纯水作为流动相。

7. 柱温对分离度有哪些影响？

问题描述　其他分析条件都一样的情况下，是否柱温越低分离效果越好呢？

解　答　（1）温度升高的趋势是保留时间提前，一般柱温增加 1℃，保留值减小 1%～2%。保留值改变也可引起分离度变化。理论上来说，温度提高有利于提高柱效，增加分离度，但由于不同物质对温度的敏感程度不同，所以这也不是绝对的。用温度优化液相色谱分析方法的优点是使用方便，不需要更换色谱柱和流动相，是改变峰间距和改善分离度的有效参数。

（2）升高柱温，会改变流动相的黏度（一般表现为柱压降低）和目标化合物的溶解性，进而影响某些物质的保留特性和选择性；而温度的不平衡会导致峰扭曲变形。因此柱温在液相色谱分离过程中扮演了一个重要的角色，如果想得到稳定可靠的分离结果，色谱柱的温度变化是不可忽视的。对于液相色谱来说，柱温升高可加快分离过程，但因样品保留时间不稳将增加检测工作的麻烦，分辨率也可能下降。相反，当柱温低时，分辨率提高，但分离过程时间会加长，因为在温度低的情况下，流动相黏度增加会延长检测时间，增加泵的磨损。同时，低温导致的溶解度相对下降会出现缓冲盐结晶而堵塞泵、进样阀、管道、色谱柱的现象，杂质吸附在填料上而难以洗脱，从而影响色谱柱的使用寿命。

8. 液相色谱柱封端与不封端对检测结果有哪些影响？

解　答　（1）由于空间位阻效应，较大的硅烷分子不可能与载体表面上较小的硅羟基全部发生反应，因此残余羟基是不可避免的，当使用双官能团或三官能团硅烷化试剂时，还会产生新的硅羟基。这些残余羟基，特别是在反相填料的情况下，对产品的性能影响很大，其可以减小表面的疏水性，对极性化合物，特别是碱性溶质产生二次化学吸附，而残余羟基浓度的变化又是色谱柱性能不稳定的重要原因。所以除对键合反应本身进行改进之外，键合反应结束后，一般要用三甲基氯硅烷或六甲基二硅胺等小分子硅烷进行处理，即封尾（封端），以尽量减少残余硅羟基，这对提高键合相填料的稳定性是很重要的。

（2）另一方面，也有一些 C_{18} 商品填料是不封尾的，以使其与水系统流动相有更好的"湿润"性能，在一定的条件下可以对某些极性化合物的分析提供更好的分离效果。如图 5-13 所示，维生素 D_2、D_3 在不封端的 C_{18} 色谱柱上分离效果更好。

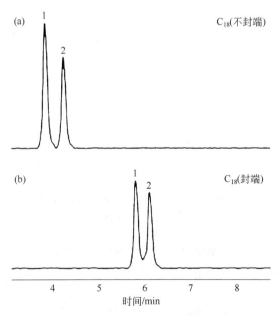

图 5-13　不封端和封端色谱柱对维生素 D 分离的影响
1—维生素 D_2；2—维生素 D_3

9. 色谱柱粒径及孔径对保留时间有哪些影响？

问题描述 色谱柱填料的粒径及孔径大小除了可以增加柱效外，对保留时间有怎样的影响？在其他条件不变的情况下保留时间是延长还是缩短？

解　答 （1）目前，高效液相色谱柱厂家色谱填料粒度从 1μm 到超过 30μm 均有销售，而目前分析用填料主要是 3μm 和 5μm 等粒径。

（2）填料的粒度主要影响填充柱的两个参数，即柱效和背压。粒度越小，柱压越大，柱压的增加限制了粒度小于 3μm 的填料应用。在相同选择性条件下，提高柱效可提高分离度，但不是唯一的因素。如果固定相选择正确，但是分离度不够，那么选用更小的粒度的填料是很有用的。3μm 填料填充柱的柱效比相同条件下的 5μm 填料的柱效提高近 30%；然而，3μm 的色谱柱的背压却是 5μm 的 2 倍。

（3）柱效提高意味着在相同条件下可以选用更短的色谱柱，即在相同的理论塔板数或分离能力下柱长更短，分析时间就可以缩短。

（4）如图 5-14 所示，3 种待测组分在 3.5μm 粒径填料色谱柱上分析时间明显比 5μm 时短很多，但分离度基本不变，可大大提高工作效率。

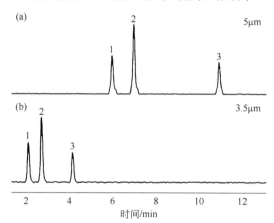

图 5-14　色谱柱粒径对目标化合物保留时间的影响
1—马来酸；2—伪麻黄碱；3—二乙酰吗啡

（5）可以采用低黏度的溶剂作流动相或增加色谱柱的使用温度，比如用乙腈代替甲醇，以降低色谱柱的压力。

10. BEH Amide 柱适用范围和注意事项有哪些？

问题描述 请问 BEH Amide 色谱柱和 C_{18} 色谱柱功效接近吗？金刚烷胺项目需

要 BEH Amide 色谱柱，是否可以用 C_{18} 色谱柱代替 BEH Amide 色谱柱？

解　答　（1）BEH Amide 色谱柱是 Waters 公司推出的一款主要用于分析糖类（图 5-15）等碳水化合物的柱子，采用 BEH 填料（Waters 专利：亚乙基桥杂化颗粒）和酰胺键合相。BEH 填料的热稳定性更好，耐受 pH 值范围更广，稳定性更高（柱流失减少），寿命更长（不与还原糖发生化学反应，不产生席夫碱）。BEH Amide 柱本质上还是正相柱(适合极性物质)，但可以用反相流动相(如乙腈和水)。因此，BEH Amide 柱与反相 C_{18} 柱(适合非/弱极性物质)本质上是有差别的，是完全不同的两种色谱柱。

（2）金刚烷胺含有氨基，属于极性很强的化合物，在反相 C_{18} 柱上很难保留，出峰时间靠前，很可能与样品中的极性物质同时出峰，用 BEH Amide 正相柱可以增加其保留时间，使目标化合物和杂质得到更好的分离度。

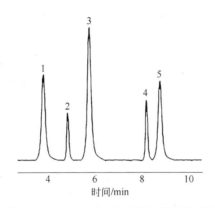

图 5-15　BEH Amide 柱分离糖类的色谱图
1—果糖；2—葡萄糖；3—蔗糖；4—麦芽糖；5—乳糖

（3）BEH Amide 是一种新型正相色谱柱，使用时需要注意以下几点：

① 对于新柱子，先用 50 倍柱体积的乙腈/水（60/40）或初始流动相平衡色谱柱(以 2.1μm×100mm 色谱柱为例，柱体积为 0.4mL，50 倍柱体积相当于 20mL，如果用 0.5mL/min 流速，需要 40min)。

② 等度洗脱：进样前用 20 倍柱体积初始流动相平衡；梯度洗脱：每次进样前需要用 10 倍柱体积的初始流动相进行平衡，否则没有充分平衡好的色谱柱可能出现保留时间波动。

③ 流动相要求：流动相体系至少需要保证含有 40% 的有机溶剂（如乙腈）；尽量避免使用磷酸盐等缓冲盐体系（流动相有机溶剂比例高，容易造成缓冲盐析出），但可以使用磷酸。

④ 样品溶剂尽量接近初始流动相组成比例，不能用丙酮溶解样品（除非系统

配置了正己烷/四氢呋喃组件包）。

⑤ 使用完色谱柱后要进行冲洗，最终要将其保存在至少含有 5%的极性溶剂（如 5%水）中，以保证色谱填料始终处于润湿状态。

11. T_3色谱柱和C_{18}色谱柱有哪些区别？

问题描述 实验室只有 C_{18} 色谱柱，而 GB 5009.185—2016 中做展青霉素需要使用 T_3 色谱柱，按照国家标准方法用 C_{18} 柱进展青霉素单标，发现一个峰都没有，做展青霉素是否必须使用 T_3 柱？

解 答 （1）T_3 色谱柱是 Waters 公司推出的一款极性较强的反相色谱柱，本质上是在 C_{18} 键合相基础上又加上极性基团修饰，因此比单独 C_{18} 柱更能耐受高比例水相。其基体采用的是聚合物（单体为四乙氧基硅氧烷）杂化颗粒得到的纯度极高的合成硅胶，对低 pH 值的耐受性得到增强；采用低密度封端技术，可以兼容 100%纯水相作为流动相，且键合相抗流失能力强，显著增强对极性分子的反相保留能力，延长极性目标物的保留时间，对强疏水性分析物保留减弱，适用于多组分、极性分布宽的样品分析。

（2）展青霉素易溶于水，从结构来看属于极性相对较强的物质，在普通 C_{18} 柱上保留时间较短，用可兼容纯水相的 T_3 色谱柱可显著增加其保留时间，有利于样品中各组分更好分离，所以 GB 5009.185—2016 推荐展青霉素液相色谱分析使用 T_3 色谱柱。而用普通 C_{18} 柱可能出现目标化合物出峰很靠前或不出峰的情况，也可以考虑用离子对试剂增加展青霉素在 C_{18} 柱上的保留时间。

12. 导致色谱峰保留时间漂移、柱压波动变大的原因有哪些？

问题描述 使用标准方法检测阿莫西林等物质，色谱峰保留时间不断往后漂移，柱压波动，逐渐变大，这是什么原因导致的？

解 答 保留时间的漂移多数时候是由固定相流失、色谱柱污染等原因导致的色谱柱柱效下降而引起的，具体总结如下：

（1）固定相流失。固定相的稳定性都是有限的，即使在推荐的 pH 值范围内使用，固定相也会慢慢水解，水解速度与流动相类型和配体有关。双官能团配体和三官能团配体比单官能团配体的键合相要稳定，长链键合相比短链键合相稳定，烷基键合相比氰基键合相稳定。经常清洗色谱柱也会加速色谱柱固定相的水解。其他硅胶基质键合相在水溶液环境中同样也发生水解，如氨基键合相等。

（2）色谱柱污染。色谱柱是非常有效的吸附性过滤器，对于反相色谱柱，样品中如果存在色谱柱上保留很强的组分，就可能是使保留时间漂移的潜在根源。这些根源通常是样品基质，如食品及生物样品（如血清）中的蛋白质、脂肪等大分子物质。在此情况下，保留时间漂移的同时，其后还可能会有反压的增加。避免色谱柱污染最简单的方法是防患于未然，可以通过使用固相萃取等前处理方法来尽量去除样品基质的影响。

13. 氨基柱使用注意事项有哪些？

问题描述　新的氨基柱怎样活化？氨基柱使用很短的时间就报废，这是与柱子没有活化有关吗？

解　答　（1）氨基柱其本质属于正相柱，其填料、键合相组成在前文已有详细介绍。使用氨基柱除了采用正相系统作为流动相以外，一般还可采用乙腈-水作为流动相，但是要求乙腈的含量不得低于 60%。

（2）使用氨基柱时需要注意以下事项：

① 反相条件下使用时，要特别注意控制流动相的 pH 值范围，pH 值越低越有发生水解的危险，最理想的 pH 值范围在 pH 3.0～7.0。

② 流动相一定要过滤，一般采用 0.22μm 的滤膜过滤。如果流动相中还含有缓冲盐类，建议在用流动相之前先用不含缓冲盐的同比例流动相过渡，这样可避免缓冲盐在分析柱内的析出。

③ 分析结束后，流动相如果含有缓冲盐，用不少于缓冲盐比例的纯水/乙腈冲洗至少 20 倍柱容量，但要注意纯水比例不宜超过 40%（例如用的流动相是 20% 的缓冲液，则可以用 25% 比例的纯水将缓冲盐缓慢洗脱出来），再用 100% 乙腈冲洗至少 10 倍柱容量，并保存在 100% 乙腈中。

④ 色谱柱如短期不用，可用乙腈保存；长期不用时最好用异丙醇充分置换，最后用正己烷保存。

⑤ 建议使用保护柱，并经常更换保护柱。

14. HILIC 模式有哪些适用范围？

解　答　（1）亲水色谱 HILIC（hydrophilic interaction liquid chromatography）是一种用来改善在反相色谱中保留较差的强极性物质保留行为的色谱技术。它通过采用强极性固定相，并结合高比例有机相/低比例水相组成的流动相来实现这一目的，但本质上是可以使用反相流动相的正相色谱。

（2）HILIC 模式色谱柱综合了液液分配、离子交换和氢键作用。极性分子首先在流动相与色谱柱填料表面的半固定高极性水膜之间发生液液分配；次级保留作用包括色谱柱填料表面硅醇基和/或极性官能团与带电目标化合物发生的离子交换作用；氢键作用发生在带正电的目标化合物与带负电的表面硅醇基之间。因此，HILIC 模式色谱柱适用于含羟基、氨基、羧基等官能团的物质。

（3）目前 HILIC 技术已经越来越多地被用作液相色谱方法开发策略的一部分，作为传统反相色谱技术的补充，不仅可以保留高极性化合物，还能够提供巨大的选择性差异，获得与反相分离时完全相反的洗脱顺序。因此，HILIC 模式色谱柱广泛应用于有机酸（图 5-16）、多巴胺（图 5-17）、组胺（图 5-18）、嘧啶（图 5-19）及水溶性维生素（图 5-20）等极性物质的分离。此外，流动相的 pH 值在 HILIC 模式中对保留值和选择性的影响要比在反相分离中大很多，通过 pH 值调节能使结构相似的极性物质得到更好的分离度。

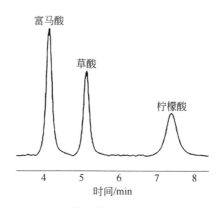

图 5-16　HILIC 模式色谱柱分离有机酸的色谱图

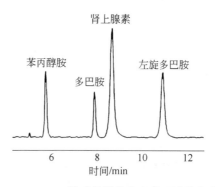

图 5-17　HILIC 模式色谱柱分离多巴胺的色谱图

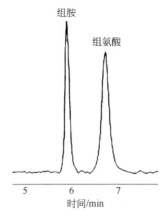

图 5-18　HILIC 模式色谱柱分离组胺的色谱图

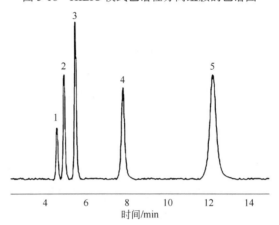

图 5-19　HILIC 模式色谱柱分离嘧啶的色谱图
1—5-甲基脲嘧啶；2—尿嘧啶；3—腺嘌呤；4—胞嘧啶；5—鸟苷

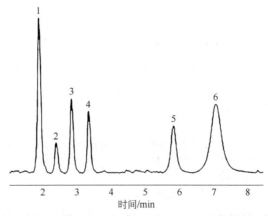

图 5-20　HILIC 模式色谱柱分离水溶性维生素的色谱图
1—烟酰胺；2—维生素 B_7；3—维生素 B_6；4—维生素 C；5—维生素 B_{12}；6—维生素 B_1

15. 如何确定色谱柱的最佳流速?

问题描述　如何确定色谱柱的最佳流速?最佳流速与色谱柱内径、长度有什么关系?

解　　答　(1)在液相色谱的基础理论中,速率理论是从动力学观点出发,依据基本实验事实研究各种操作条件(流动相的性质及流速、固定相粒径及总孔率、色谱柱填充的均匀程度等)对理论塔板数的影响,范德米特曾经在纸上画了一个"对钩",很好地解释了色谱柱的柱效和流速的关系,叫作"范德米特曲线",成为液相色谱分离中最经典的理论之一,见图1-11。

(2)范德米特曲线是基于5μm填料色谱柱绘制。横坐标表示谱带移动的线速度,纵坐标表示理论塔板高度。可以近似地理解为:流速和柱效,对于一根给定的色谱柱(长度、填料粒径固定),越快的流速能产生越高的分析速度,越小的板高能产生越高的柱效。所以,在这个"对钩"当中,横坐标数值越大,分析速度越快;纵坐标数值越小,柱子的分离效果越好。因此柱效随着流速提升而升高,到达一个最大值以后,又开始随流速增大而降低,这个让色谱柱达到最大柱效的流速值就是最佳流速。

(3)范德米特曲线的横坐标是线速度(色谱峰谱带移动的速度,单位cm/min),而流速是指色谱仪输液的体积流速(单位mL/min),这两者之间的联系桥梁就是色谱柱内径。对于5μm填料的色谱柱,根据范氏曲线最佳流速对应的大概是6cm/min这一点,只不过这是线速度,而现在色谱仪都是设定的体积流速。

(4)色谱柱内径一般是2.1mm、4.6mm这样很零碎的数字,几乎没有2mm、5mm这样的整数。这是因为在液相色谱仪中输入流速的时候,一般是输入0.5mL/min、1mL/min这样相对规整的数字,而1mL/min对应的正是4.6mm内径色谱柱的最佳流速,5mm内径色谱柱对应的则是1.18mL/min(5μm填料色谱柱)。相比较而言,"1"肯定比"1.18"容易记忆。表5-5记录了常见色谱柱内径对应的最佳流速(5μm)。

表5-5　常见色谱柱内径对应的最佳流速(5μm)

色谱柱内径/mm	最佳流速/(mL/min)
4.6	1
3	0.4
2.1	0.2
1	0.05

第三节　检测器

液相色谱检测器作为液相色谱仪的核心部件之一，是与色谱柱联用的信号接收和转换装置。检测器性能的好坏直接关系着定性定量分析结果的可靠性和准确性，因此在液相色谱分析方法建立过程中，选择合适的检测器尤为重要。

一、检测器选用原则

由于液相色谱法分离原理主要是基于流动相与目标化合物的"相似相溶"性质，要在大量流动相溶剂中检测痕量目标化合物含量是艰巨的，因此理想的检测器要求对不同样品，在不同流动相洗脱条件下能准确、连续地反映出色谱峰浓度变化。迄今为止，还没有一款能完成所有物质检测的通用型高灵敏度检测器。因此我们可以按照分离工作的要求去选择检测器，或者去创造条件，尽量能使现有检测器满足工作需要。

二、各类检测器适用范围

液相色谱检测器有很多种，分类方法也很多。具体分类原则及方法在本书第二章第五节已有详细说明，本节重点介绍液相色谱常用检测器的适用范围，即不同类的物质需要用哪类对应的检测器进行测量。

1. 紫外可见光检测器

（1）适用于紫外可见光检测器的目标化合物结构特征　紫外可见光检测器是液相色谱应用最早、最广泛的检测器，原理可查阅本书第二章第五节。理论上讲，只要目标化合物分子中含有发色基团（光吸收性强的基团，与分子的外层电子或价电子有关），能够吸收紫外、可见光，就可以用紫外可见光检测器检测。

表 5-6 列出了一些常见发色基团的最大紫外吸收波长。此外，对于有紫外吸收的如 F^-、Cl^-、Br^-、NO_2^-、NO_3^-、SO_4^{2-} 等无机阴离子也可用紫外可见光检测器检测，见图 5-21。

表5-6　常见发色基团的最大紫外吸收波长 λ_{max}

发色基团		λ_{max}/nm	发色基团		λ_{max}/nm
醚基	—O—	185	酮	$>$C=O	195/270～285
硫醚基	—S—	194/215	硫酮	$>$C=S	205
氨基	—NH₂	195	酯	—COOR	205
硫醇基	—SH	195	醛	—CHO	210/280～300
二硫化基	—S—S—	194/255	羧酸	—COOH	200～210
溴化物	—Br	208	亚砜	$>$S=O	210
碘化物	—I	260	硝基化合物	—NO₃	210
腈	—CN	160	亚硝酸酯	—ONO	220～230/300～400
乙炔化物	—C≡C—	175～180	偶氮	—N=N—	285～400
砜	$>$SO₂	180	苯		184/202
肟	=NOH	190	联苯		246
叠氮化物	$>$C=N—	190	萘		220/275
烯烃类	$>$C=C$<$	190	蒽		252/375

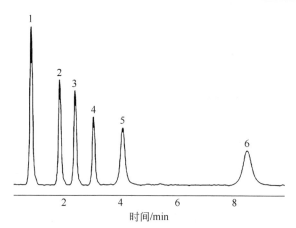

图5-21　无机阴离子紫外检测色谱图
1—氟离子；2—氯离子；3—亚硝酸根离子；4—溴离子；
5—硝酸根离子；6—硫酸根离子

（2）最佳紫外可见光吸收波长的选择　表 5-6 列举了能够产生紫外可见光吸收的发色基团的结构特征，但目标化合物的紫外可见光最大吸收波长并不一定就是液相色谱方法的最佳波长。

测定波长的选择主要取决于目标化合物的成分和分子结构，所以确定目标化合物吸收波长的通常做法是先对目标化合物进行紫外波长全扫描，确定包括最大吸收在内的几个波长，然后综合考虑流动相、灵敏度、基线噪声等因素以获得相对最大灵敏度和抗干扰能力，最终确定最优吸收波长。

特别要注意的是，应把所使用流动相组成的紫外吸收性质作为重要的考虑因素，因为各种溶剂都有一定的透过波长下限值（即溶剂吸收波长上限），一旦超过了这个波长，溶剂的吸收会变得很强，就会一定程度掩盖目标化合物的吸收强度。换句话说，就是使用紫外可见光检测器时，流动相不应吸收测定波长的紫外光，这样才能保证检测灵敏度。通常在使用紫外检测器时，所用波长应至少比所用溶剂的截止波长长20nm以上。对于某些样品来说，选择干扰物吸收值最小处的波长可能更有意义。

表 5-7 列出了液相色谱中常用溶剂透过波长的下限。波长的下限规定为溶剂在以空气为参比、样品池厚度（即光程长）为1cm的条件下恰好产生 1.0 吸光度时相对应的波长值（nm），即溶剂透过率为10%时相应的波长。

表 5-7　液相色谱中常用溶剂透过波长下限　　　　单位：nm

溶剂名称	透过波长下限	溶剂名称	透过波长下限	溶剂名称	透过波长下限
丙酮	330	甲酸乙酯	260	间二甲苯	290
乙腈	210	乙酸乙酯	260	2,2,4-三甲基戊烷	210
苯	280	甘油	220	甲乙酮	223
三溴甲烷	360	庚烷	210	二甲苯	290
乙酸丁酯	255	乙烷	210	异丙醚	220
丁醚	235	甲醇	210	氯代丙烷	225
二硫化碳	380	甲基环己烷	210	二乙胺	275
四氯化碳	265	甲酸甲酯	265	异辛烷	210
氯仿	245	硝基甲烷	265	乙醚	220
环己烷	210	正戊烷	210	甲基异丁酮	330
二氯甲烷	230	异丙醇	210	四氢呋喃	220
二氯乙烷	230	吡啶	305	戊醇	210
二氧六环	220	四氯代乙烯	290		
环戊烷	210	甲苯	285		

另外，液相色谱系统对作为流动相的溶剂纯度要求较高，最好使用色谱纯及以上的溶剂，这是因为溶剂中如果含有吸收紫外光的杂质，会造成检测器本底升高，灵敏度降低，且用作梯度洗脱时会引起严重漂移。

2. 光电二极管矩阵检测器

光电二极管矩阵检测器也称为二极管阵列检测器，是近年来发展起来的一种新型紫外吸收检测器，结构原理可查阅本书第二章第五节。光电二极管矩阵检测器不仅可以进行定量检测，还可提供目标化合物的光谱定性信息。

由于光电二极管矩阵和紫外吸收本质上都是紫外吸收检测器，因此可以用紫外吸收检测器检测的物质也都可以用光电二极管矩阵检测器检测。

3. 荧光检测器

荧光检测器结构原理可查阅本书第二章第五节。其特点是选择性高，只对荧光物质有响应；灵敏度比紫外检测器要高 10~1000 倍，可达 ng/mL 级，适合多环芳烃及各种荧光物质的痕量分析，也可用于检测本身不发荧光但可与荧光试剂发生衍生反应的物质。能够发射荧光的物质在结构及产生条件上具有以下特点：

① 具有对称共轭体系的分子能产生荧光。荧光通常发生在具有刚性结构和平面结构的 π 电子共轭体系分子中，并随 π 电子共轭度和分子平面度的增加，荧光效率增大，荧光光谱向长波方向移动。

② 具有芳香环并带有给电子取代基的化合物或具有共轭不饱和体系的化合物能发出荧光。在芳香烃上导入给电子基团，如—OH、—NH$_2$、—OCH$_3$、—NR$_2$ 等均增强了荧光，主要是由于产生了 p-π 共轭作用，在不同程度上增强了 π 电子的共轭。而吸电子基团如—NO$_2$、—COOH 等会减弱荧光。取代基位置对芳香烃荧光的影响通常为：邻位、对位取代增强荧光，间位取代抑制荧光。

③ pH 值对可离子化的某些荧光化合物影响也很大。例如未解离的苯酚和苯胺分子会产生荧光，但其离子不产生荧光。苯酚在 pH=1 的溶液中荧光最强，但在 pH=13 的溶液中无荧光；苯胺在 pH 值为 7~12 的溶液中能产生荧光，但在 pH<2 和 pH>13 的溶液中都不产生荧光。

④ 在紫外光照射下能产生荧光的化合物绝大多数为环状化合物，但环状化合物并不是产生荧光的必要条件。某些链状化合物如硬脂酸盐、棕榈酸盐也可产生荧光。

⑤ 不产生荧光的物质可以通过化学衍生反应使其加上能够产生荧光的基团，如高级脂肪酸、氨基酸、生物胺、甾体化合物和生物碱等本身不发荧光，可以依靠荧光衍生试剂与这类化合物反应，接上产生荧光的生色基团。

4. 示差折光检测器

示差折光检测器结构原理可查阅本书第二章第五节，是一种通用型检测器。特别是在高分子化合物、糖类、脂肪烷烃等非紫外吸收物质的检测方面，示差折光检测器更能体现其优势。此外示差折光检测器还适用于流动相紫外吸收本底大、不适于紫外吸收检测的体系；在凝胶色谱中示差折光检测器也有广泛的应用，尤其是对聚合物如聚乙烯、聚乙二醇、丁苯橡胶等聚合物分子量分布的测定。但示差折光检测器的灵敏度不高（一般检测限为 $10^{-7} \sim 10^{-6}$ g/mL），不适用于痕量物质检测。

5. 蒸发光散射检测器

蒸发光散射检测器结构原理可查阅本书第二章第五节，是一款通用型检测器，理论上适用于所有可以用液相色谱法检测的物质，特别是可以解决糖类、磷脂、皂苷等无或弱紫外吸收、不适合紫外吸收检测器的化合物的检测。

蒸发光散射检测器可以用梯度洗脱，大大提高了进行高通量多组分分析时的分离度，所用流动相要满足以下条件：

① 蒸发光散射检测器检测的是没有挥发的样品颗粒的散射光，所以要求使用高纯无颗粒的试剂，溶剂的蒸发残渣值应小于 10^{-6}。

② 流动相应经过 0.45μm 的滤膜过滤后使用，注意选择好滤膜的种类，以免带入更多的颗粒。

③ 流动相缓冲盐的挥发性、纯度及浓度将直接影响蒸发光散射检测器检测的基线水平、基线漂移程度及噪声大小，因此流动相中所用的缓冲盐既要容易挥发（一般是热分解挥发），又要具有较高的纯度。非挥发性缓冲液及离子对试剂必须用挥发性的试剂（如甲酸、乙酸、乙酸铵等）取代，不能使用 H_3PO_4、KH_2PO_4 等。

6. 电化学检测器

电化学检测器是根据电化学原理和物质的电化学性质进行检测的，是离子色谱常用的检测器，主要包括安培检测器和电导检测器两种，广泛应用在环境污染物和活体代谢分析、食品卫生检查、临床化学和生物医学研究等各个方面。那些没有紫外吸收或不能发出荧光但具有电活性的物质，可考虑采用这两种电化学检测器。

（1）安培检测器　安培检测器是利用目标化合物的氧化还原性质，要求目标化合物在电解池内有电解反应，即在外加电压作用下，利用目标化合物在电极表面被氧化或者还原过程中产生的电流变化而进行测量的一种方法。包括苯胺类、硝基化合物类、亚硝胺类、氨基酸类、酚类、糖类等在内的物质都可以用安培检测器进行分析检测。

（2）电导检测器　电导检测器是利用各种离子的摩尔电导率不同，进而形成的电导不同，在一定温度下，检测池结构固定，稀溶液中溶液的电导与离子的浓度成正比，这就是电导检测器的定量原理。电导检测器具有结构简单、操作成本低、线性范围宽、死体积小等优点，常用来检测常规阴阳离子和有机酸。

三、常见问题与解答

1. 如何选择液相色谱的检测器？

解　答　一般液相色谱检测器的选择应尽量满足以下几个方面：

（1）灵敏度高，能检测出 μg/mL 以下的目标化合物含量。

（2）噪声低，漂移小，稳定性好，对温度和流动相流速、组分变化不敏感，从而在梯度洗脱时也能测定。

（3）线性范围宽，在目标化合物含量呈数量级变化时也能落在检测器线性范围之内，以便准确、方便地进行定量测定。

（4）响应快，能快速、精确地将流出物转换成能记录下来的电信号。

（5）对待测样品无破坏性。

（6）稳定可靠，使用、维护（维修）方便。

（7）死体积小，不会引起很大的柱外谱带扩张效应，以保持高分离效能。

（8）价格相对便宜。

2. 如何正确选择目标化合物紫外吸收波长？

问题描述　图 5-22 中化合物应该选择什么检测波长？是否尽可能取 210nm、220nm 这样的整数波长？另外 254nm 的波长为什么很常见？

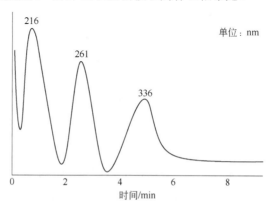

图 5-22　某组分最大紫外吸收波长谱图

解　　答　　（1）选什么波长应根据检测目的和对灵敏度的要求，同时还要兼顾杂质等其他物质的吸收波长，以及流动相的紫外吸收截止波长。一般选择的是最大吸收波长，如果最大吸收波长有干扰，就选次波长，要综合考虑目标化合物响应和基线。

（2）从图 5-22 可以看出，目标化合物紫外最大吸收波长为 216nm，但是考虑到 216nm 接近不少有机相的紫外吸收截止波长，所以可能造成梯度洗脱时基线波动较大，相同浓度条件下目标化合物信噪比不一定比次吸收波长 261nm 处高，而336nm 处目标化合物紫外吸收波长较 261nm 处低很多，灵敏度较低，综合考虑建议采用 261nm 的波长作为最佳选择。

（3）关于问题里面提出的波长选择是否尽可能取整数，目前应该没有这种要求。

（4）254nm 对常见的共轭结构和羰基官能团都有吸收，对饱和基团也有弱的吸收，而对反相色谱常用的甲醇、乙腈的透过率很高，所以一般作为通用波长使用。

3. 不同溶剂对目标化合物的紫外吸收波长有什么影响？

问题描述　　用紫外分光光度计测叶黄素含量，国家标准中用无水乙醇为溶剂的最佳检测波长是 445nm，文献中用正己烷为溶剂的最佳检测波长是 474nm，这是溶剂不同造成的吗？

解　　答　　（1）目标化合物紫外吸收波长与所采用的溶剂密切相关，不同溶剂对紫外吸收峰波长和强度影响不同，特别是对波长影响更大。溶剂极性对溶质最大吸收峰 λ_{max} 的影响与溶剂的介电常数和溶质分子的电子跃迁性质有关。

（2）当用光照射时，基团中的电子吸收光能发生能级改变，形成特征的强吸收带，这些基团称作发色团，它们都含有不饱和键或未共用电子对，能产生 π-π* 跃迁及 n-π* 跃迁。溶剂极性越强，由 π-π* 跃迁产生的谱带向长波方向移动越显著。这是因为发生 π-π* 跃迁的分子激发态的极性总是大于基态，在极性溶剂作用下，激发态能量降低的程度大于基态，从而实现基态到激发态跃迁所需能量变小，致使吸收带发生红移。所用溶剂极性越强，由 n-π* 跃迁产生的谱带向短波方向移动越明显。这是因为发生 n-π* 跃迁的分子都含有未成键 n 电子，这些电子会与极性溶剂形成氢键，其作用强度是极性较强的基态大于极性较弱的激发态。因而基态能级比激发态能级的能量下降幅度大，实现 n-π* 跃迁所需能量也相应增大，致使吸收谱带发生蓝移。

（3）在选择测定吸收光谱曲线的溶剂时应注意如下几点：

① 能很好地溶解目标化合物，并形成良好化学和光化学稳定性的溶剂；

② 在溶解度允许范围内，尽量选择极性较小的溶剂；

③ 溶剂在样品的吸收光谱区无明显吸收。

4. 荧光激发波长与荧光发射波长有什么关系？

问题描述　物质的紫外最大吸收波长是否可以作为荧光激发波长？荧光激发波长与荧光发射波长之间存在什么样的关系？发射波长又要如何选择呢？

解　　答　（1）荧光产生的原理在前文中已有介绍，需要注意的是电子跃迁时吸收或发射的能量并不是任意的，而是受到电子能级的制约，只能吸收或发射一定波长范围内的光。含有共轭双键体系的有机化合物容易吸收激发光，其激发波长大多处于近紫外区或可见光区，发射波长多处于可见光区。由于荧光涉及光的吸收和发射两个过程，因此任何荧光物质都有两种特征光谱，即激发光谱和发射光谱。

（2）光的发射波长和激发波长之间的差值叫斯托克斯（Stokes）位移，斯托克斯位移越大，其激发光谱和发射光谱的重叠就越少，越有利于提高其分辨率。分子的第一激发态与基态的能差是一定的，因而荧光波长不随激发光波长的改变而发生变化。分子激发过程中吸收的能量一般高于荧光辐射释放的能量，二者之差以热的形式损耗，因此荧光波长比激发光波长要长，其差通常为50~70nm，当有机化合物分子内可以形成氢键时，则增至150~250nm。荧光的强度受许多因素的制约，如激发光源能量、吸收强度、量子效率等。量子效率也称量子收率，是指荧光物体分子发射的光量子数与吸收的光量子数之比。其大小是由分子结构决定的，而与激发光源的能量无关。

（3）荧光属于光致发光，需选择合适的激发波长以利于检测。激发光波长可通过荧光化合物的激发光谱来确定。激发光谱的具体检测办法是通过扫描激发单色器，使不同波长的入射光激发荧光化合物，产生的荧光通过固定波长的发射单色器，由光检测元件检测。最终得到荧光强度对激发波长的关系曲线，就是激发光谱。在激发光谱曲线的最大波长处，处于激发态的分子数目最多，即所吸收的光能量也最多，能产生最强的荧光。因此大多数物质的紫外最大吸收波长可以作为激发波长，激发波长的选择并不影响发射波长的选择，理论上激发光谱和发射光谱有一个镜像关系。很多人误以为，激发波长和发射波长是一一对应的，其实不然，激发光谱的强弱只代表该物质在所选择的激发波长下被激发的比率，其发射光谱还是原来形状的光谱，只是在强弱上改变。我们选择最大激发波长是为了获得高激发率的物质形态，间接提高灵敏度；选择最大发射波长是为了直接提高灵敏度。

5. 紫外检测器与蒸发光散射检测器哪个灵敏度更高？

解　答　（1）要比较紫外检测器和蒸发光散射检测器灵敏度的高低，首先要了解这两款检测器各自的优缺点和适用范围。鉴于紫外检测器本身的高选择性，对于有紫外吸收的物质绝大部分使用紫外检测器时的灵敏度要高于蒸发光散射检测器，但对于无或弱紫外吸收以及紫外最大吸收波长接近甲醇、乙腈等流动相常用有机试剂最大截止吸收波长（通常在 200nm 以下）的物质，这时紫外检测器就不适用了。

（2）蒸发光散射检测器没有流动相和杂质的紫外吸收干扰，可以在较低的紫外吸收波长外检测大分子有机酸等最大吸收波长在 200nm 附近的物质。

综上，紫外检测器有高灵敏度和高选择性，有强紫外吸收且最大吸收波长与流动相差别较大的物质选择紫外检测器灵敏度更好；反之蒸发光散射检测器更有优势。

6. 示差折光检测器能不能使用梯度洗脱？

解　答　（1）示差折光检测器简要工作过程见图 5-23，使用之前必须将样品池、参比池充满脱过气的流动相，流路方向 A—B—C—D 进行冲洗。当正常运行时，流动相仅通过 A—B 到废液，只有参比池内的介质与流经样品池流动相的介质相同才能保证基线稳定，当含有目标化合物的介质流过样品池时，即形成了色谱峰。

图 5-23　示差折光检测器简要工作过程

（2）从图 5-23 中可以看出，由于示差折光检测器使用时先用流动相冲洗参比池，以流动相作为本底做参比，流动相一定要和参比池时刻保持一致；同时它对流动相组成的任何变化都有明显的响应，会干扰样品的检测。因此示差折光检测器不能使用流动相梯度洗脱程序。

7. 示差折光检测器的应用范围和注意事项有哪些？

解　答　示差折光检测器的通用性在于只要选择到合适的溶剂，几乎所有的物质都可以进行检测。为了使示差折光检测器正常工作，需要整个色谱系统十分稳定，使用时要注意以下几点。

（1）保证流动相组成恒定。使用示差折光检测器分析的大部分目标化合物需要使用混合溶剂作流动相,这时混合溶剂需要人工配制,不能用泵自动混合溶剂。因为要使检测器噪声不高于 10^{-7} 折射率单位,应保证溶剂组成的变化小于 10^{-6},而目前的色谱泵技术基本达不到这样的控制精度。

(2)保证温度恒定。由于折射率对温度变化非常敏感,大多数溶剂折射率的温度系数约为 5×10^{-4},为了保证参比池和样品池的温差最小,需要将温度控制在 $\pm 0.001{}^{\circ}\mathrm{C}$。因此检测器必须恒温,以便获得精确的结果。

8. 蒸发光散射检测器使用注意事项有哪些?

问题描述 蒸发光散射检测器是先开机还是先开气体?排气管是导入抽气管,还是导入含有水的容器?

解 答 (1)蒸发光散射检测器的工作过程如下:样品经色谱柱分离后随流动相进入雾化器,被高速的载气流(一般为氮气)雾化形成气溶胶,然后在加热的漂移管中将溶剂蒸发,最后余下的不挥发性溶质颗粒在光散射检测池中得到检测,具体过程见图 2-52。

(2)蒸发光散射检测器使用时要先开气体系统,再开机,再打开流动相,以便系统稳定,排气管直接导入外界即可;关机时的顺序正好反过来,先停止流动相,再用载气吹半小时左右后关机。若长期不用,一定要把流动相完全置换干净,否则喷雾头容易堵塞。

(3)影响蒸发光散射检测器检测效果的主要因素有雾化载气流量、漂移管温度、流动相组成及流速等。气溶胶由均匀分布的液滴组成,液滴大小取决于分析中采用的载气流量。载气流量越低形成的液滴越大,液滴越大则散射的光越多,从而提高了分析灵敏度;但是越大的液滴在漂移管中越难蒸发,每种方法均存在产生最佳信噪比的最优化气体流量。

(4)漂移管温度的设定取决于流动相组成和流速,以及样品的挥发性。温度升高,流动相蒸发趋向完全,信噪比提高;但温度太高会使流动相沸腾,增加本底噪声,同时可能导致溶质部分汽化,使信号变小,降低信噪比。如果温度太低,流动相蒸发不完全,基线水平提高。故在流动相(包括其中所含的盐)基本挥发的基础上,产生可接受噪声的最低温度是最为理想的温度。

(5)有机溶剂含量高的流动相比水分含量高的流动相要求蒸发的漂移管温度低,流动相流速越低要求蒸发的漂移管温度越低,半挥发性样品要求采用较低的漂移管温度,以获得最佳灵敏度,最佳温度需要通过观察各温度时的信噪比来确定。常用的流动相漂移管温度可参考表 5-8，对混合流动相漂移管温度的设定可以按混合比例计算，例如流动相为甲醇/水溶液（体积比）＝4∶1，漂移管设定温度为：0.8×120+0.2×150=126℃。

表5-8　蒸发光散射检测器常用流动相漂移管温度

流动相	沸点/℃	漂移管温度/℃	流动相	沸点/℃	漂移管温度/℃
正己烷	69	93	乙腈	82	130
异辛烷	99	130	异丙醇	82	110
氯仿	61	108	乙醇	78	105
二氯甲烷	40	75	甲醇	65	120
四氢呋喃	66	95	水	100	150
丙醇	56	90	甲醇/水（4∶1）	—	126

9. 电导检测器和安培检测器的区别在哪里？

解　答　（1）概括起来就是安培检测器以测量电解电流的大小为基础，而电导检测器以测量液体的电阻变化为依据。

（2）安培检测器局限性：

① 采用的流动相中必须有 0.01～0.1mol/L 的电解质（如含盐的缓冲液）存在，要有足够高的介电常数，使电解质充分离解；

② 对流动相的流速、温度、pH 值等因素变化比较敏感；

③ 测量还原电流时，流动相中的痕量氧也可能发生电解反应，引起干扰；

④ 由于电极表面可能发生吸附、催化氧化还原等现象，需要经常清洗或更换。

（3）电导检测器局限性：

① 发现电导池有污染后，应用 1∶1 硝酸处理以清除污染；

② 温度对电导率的影响较大，每升高 1℃，电导率增加 2%～2.5%，需要将检测器置于绝热恒温设备中；

③ 当分析复杂基质样品时，流动相本底电导率往往高达 50μS/cm 以上，普通的二电极式电导检测器不能适用，必须使用五电极式电导检测器才能获得足够的线性范围和灵敏度。

10. 为什么在不同的检测器上色谱峰的分离度不同？

问题描述　两种待测物质，用紫外检测器两个峰的分离度只有 1.2，而用蒸发光散射检测器分离度却可以达到 1.6 以上，为什么？

解　答　（1）这主要跟检测器的响应速度、采集频率等参数有关系：蒸发光散射检测器是蒸发后散射，响应速度快；而紫外检测器是要等待测物完全流过流通池，响应要慢一些。换言之，同样的流速，紫外检测器上的峰要圆钝一些，蒸发光散射检测器要尖锐一些，所以体现出的分离度就不一样。

（2）检测器不同，灵敏度就不同，管路连接方式、死体积等不同（即柱后效应），可能对分离度有不同程度的影响。

11. 为什么检测器采集不到信号？

问题描述　液相色谱仪能够正常进样，为什么检测器采集不到信号？

解　答　需要确认系统模块联机是否正常、仪器视图的检测器信号采集是否打勾、检测器灯的能量是否足够、分析方法设定是否合理等问题。

12. 检测器出鬼峰如何处理？

解　答　（1）检测器出鬼峰的原因可能有：

① 前次进样的色谱峰；

② 系统污染；

③ 系统中混入空气；

④ 检测器噪声。

（2）可以通过尝试以下方法解决：

① 依次通过空针（不进样）、空白溶剂进样、流动相进样、标样进样等排查鬼峰来源；

② 确保有足够的洗脱时间，在运行结束后延长冲洗色谱柱的时间或使用更强的溶剂进行冲洗；

③ 尝试通过再次平衡或更换色谱柱来清除污染物，还需确保所有流动相经过过滤，且现用现配；

④ 确保脱气机正常工作，或预先将流动相脱气；

⑤ 观察泵关闭时的基线，如果观察到基线仍有鬼峰，则与检测器有关，此时应检查检测器的灯，查看灯的使用寿命或灯能量。

第六章

液相色谱法的应用

　　液相色谱法主要适用于分析高沸点、不易挥发、受热不稳定易分解、分子量大、不同极性的有机化合物，生物活性物质和天然产物，合成和天然高分子化合物等，约占全部有机化合物的 80%左右。由于其适用范围广，已在生物化学和生物工程研究、制药工业研究和生产、食品工业分析、环境监测、石油化工产品分析中获得广泛应用。

第一节　液相色谱在生物制品分析中的应用

　　随着生命科学和生物工程技术的迅速发展，人们对氨基酸、多肽、蛋白质及核酸等生物分子的研究日益增加。这些生物活性成分是人类生命延续过程中必须摄取的成分，也是生物化学、生物制药、生物工程等学科的重要研究对象。液相色谱法在该领域的应用非常广泛，可以为研究人员提供必要的数据和信息。

一、液相色谱在氨基酸、多肽和蛋白质分析中的应用

1. 氨基酸

氨基酸样品主要来自两个方面，一是由动物或植物蛋白质水解产生；二是存在于生物体的血浆或体液中。但仅有少数氨基酸，如酪氨酸、苯丙氨酸、色氨酸、脯氨酸、组氨酸具有紫外吸收性质，可以用紫外吸收检测器测定，其他氨基酸皆需在柱前或柱后进行衍生，然后使用紫外吸收或荧光检测器进行测定。

当采用反相键合柱分离氨基酸时，由于氨基酸的等电点、极性和分子大小不同，组分洗脱顺序也不相同，通常遵循以下几种规律：

① 通常呈酸性和带羟基的氨基酸先洗脱下来，然后是中性氨基酸，最后是碱性氨基酸。

② 同类型氨基酸中，短碳链的小分子先洗脱下来，长碳链的后洗脱下来。如甘氨酸先于丙氨酸流出，缬氨酸先于亮氨酸流出。

③ 碳链上存在羟基可加速洗脱。如丝氨酸先于丙氨酸流出，酪氨酸先于苯丙氨酸流出。

常用的氨基酸柱前衍生生化试剂如表 6-1 所示。

表 6-1　常用的氨基酸柱前衍生生化试剂

中文名称	英文名称及缩写	结构式
邻苯二甲醛	o-phthalaldehyde，OPA	
异硫氰酸苯酯	phenyl isothiocyanate，PITC	
二甲胺基偶氮苯异硫氰酸酯	dimethylaminoazoben-zeneisothiocyanate，DABITC	
二甲胺基萘磺酰氯	dimethylsulfamoyl chloride，DANSYL-Cl	
二甲胺基偶氮苯磺酰氯	dimethylaminoazobenzene-nesulfonyl chloride，DABSYL-Cl	

中文名称	英文名称及缩写	结构式
4-(N-酞基)苯磺酰氯	4-(N phthalimidyl)ben-zene-sulfonyl chloride，PHISYL-Cl	
氯甲酸芴甲酯	fluorenylmethylaxycarbonyl chloride，FMOC-Cl	
6-氨基喹啉-N-羟基丁二酰亚胺氨基甲酸酯	6-aminoquinolyl-N by-droxy-succinimidyl carbamate，AQC	

混合氨基酸标准样品经与异硫氰酸苯酯柱（PITC）前衍生化反应后，采用反相键合相柱进行分离。

混合氨基酸标准样品分离色谱见图 6-1。分离条件如下：色谱柱为 ODS 柱（4.6mm ×150mm，3μm）；流动相：A 为乙腈，B 为 10mmol/L 磷酸铵缓冲液（pH2.5）；梯度洗脱程序：0～12min，80%～55% B；运行时间：20min；流速：1.0mL/min；柱温：40℃；进样量：5μL；检测波长：254nm。

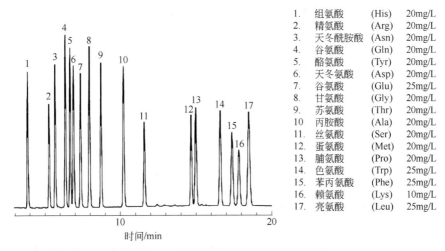

1.	组氨酸	(His)	20mg/L
2.	精氨酸	(Arg)	20mg/L
3.	天冬酰胺酸	(Asn)	20mg/L
4.	谷氨酸	(Gln)	20mg/L
5.	酪氨酸	(Tyr)	20mg/L
6.	天冬氨酸	(Asp)	20mg/L
7.	谷氨酸	(Glu)	25mg/L
8.	甘氨酸	(Gly)	20mg/L
9.	苏氨酸	(Thr)	20mg/L
10.	丙氨酸	(Ala)	20mg/L
11.	丝氨酸	(Ser)	20mg/L
12.	蛋氨酸	(Met)	20mg/L
13.	脯氨酸	(Pro)	20mg/L
14.	色氨酸	(Trp)	25mg/L
15.	苯丙氨酸	(Phe)	25mg/L
16.	赖氨酸	(Lys)	10mg/L
17.	亮氨酸	(Leu)	25mg/L

图 6-1 混合氨基酸标准样品分离色谱

2. 多肽

肽是由一个氨基酸的羧基与另一个氨基酸的氨基经脱水缩合生成的化合物。

多个氨基酸缩合形成的叫多肽，其分子量一般为 $10^2 \sim 10^4$。

在多肽分离中，一般使用具有一定 pH 值的缓冲溶液（如磷酸盐、甲酸盐等）作流动相，且向缓冲液中加入盐（如氯化钠），保持一定的盐浓度可减少峰形扩散，改善分离度。

由于肽键在 200~220nm 具有光吸收特性，因此大多数肽都可以使用紫外检测器在此波长范围内进行测定。如果肽链中含有可吸收紫外光的酪氨酸、苯丙氨酸、色氨酸，可直接使用 254nm 检测。当检测灵敏度低时，也可使用邻苯二甲醛（OPA）、氯甲酸芴甲酯（FMOC）先进行柱前衍生，然后用荧光检测器检测，对 OPA-氨基酸衍生物，$\lambda_{ex}=330nm$，$\lambda_{em}=450nm$；对 FMOC-氨基酸衍生物，$\lambda_{ex}=263nm$，$\lambda_{em}=313nm$。

多肽化合物在反相键合相柱上分离，见图 6-2。分离条件如下：色谱柱为 ODS 柱（3.0mm×150mm，3μm）；流动相：A 为 0.1%TFA-水溶液，B 为 0.1%TFA-甲醇溶液；梯度洗脱程序：0~15min，20%~35% B；运行时间：20min；流速：0.4mL/min；柱温：40℃；进样量：20μL；检测波长：210nm。

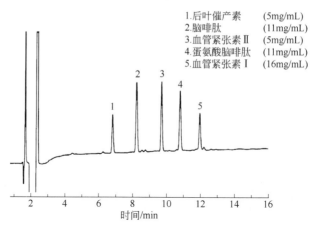

1.后叶催产素　　　（5mg/mL）
2.脑啡肽　　　　　（11mg/mL）
3.血管紧张素 II　　（5mg/mL）
4.蛋氨酸脑啡肽　　（11mg/mL）
5.血管紧张素 I　　（16mg/mL）

图 6-2　氨基酸和小肽分离色谱图

3. 蛋白质

蛋白质是由几十到几千个氨基酸分子借助肽键和二硫键相互连接的多肽链，随肽链数目、氨基酸组成及排列顺序的不同，蛋白质分子呈现三维空间结构，分子量达 $10^4 \sim 10^6$，并具有生物活性。

作为生物大分子蛋白质，它们不仅分子量大，而且在溶液中的扩散系数较小、黏度大，易受外界温度、pH 值、有机溶剂的影响而发生变性，从而引起结构改变。因此解决它们的分离和分析问题至今仍是具有挑战性的课题。

对一般蛋白质分子，其分子内有疏水侧链组成的疏水核心，在其表面上分布有许多亲水基团，形成表面亲水区。进行蛋白质分离时，可使用体积排阻法、离子交换法、反相键合法和亲和色谱法。当使用反相液相色谱时，应考虑蛋白质变性问题，蛋白质分子接触到有机溶剂或吸附在反相固定相时，会引起变性，并丧失生物活性。若使用中等极性反相键合柱，以磷酸盐缓冲液体系为流动相，保持 pH=3～7 范围内，许多蛋白质经反相液相色谱法分离后，仍能保持生物学活性。

蛋白质在全多孔型反相键合相上分离，见图 6-3。分离条件如下：色谱柱为 C_{18} 柱（4.6mm×250mm，5μm，孔径 300Å，1Å=0.1nm）；流动相：A 为 0.1%TFA 水溶液，B 为 0.1%TFA-95%乙腈水溶液；梯度洗脱程序：0～9min，15%～90% B；运行时间：12min；流速：1.0mL/min；检测波长：210nm。

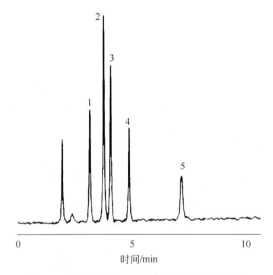

图 6-3　蛋白质在反相键合相上的分离谱图
1—核糖核酸酶；2—胰岛素；3—溶菌酶；4—肌红蛋白；5—人生长激素

蛋白质在全多孔型硅胶体积排阻柱上分离，见图 6-4。分离条件如下：色谱柱为 G2000 Swxl 凝胶柱（7.8mm×300mm，5μm，孔径 125Å，1Å=0.1nm）；流动相：0.1mol/L Na_2SO_4 + 0.05%NaN_3 + 0.1mol/L 磷酸盐缓冲溶液（pH 值 6.7）；等度洗脱程序；运行时间：15min；流速：1.0mL/min；柱温：25℃；进样量：20μL；检测波长：280nm。

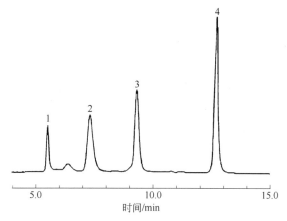

图 6-4　蛋白质在体积排阻上的分离谱图
1—球蛋白；2—白蛋白；3—核糖核酸酶 a；4—对氨基苯甲酸

二、液相色谱在核碱、核苷、核苷酸和核酸分析中的应用

核酸指核糖核酸（RNA）和脱氧核糖核酸（DNA），它们是构成生物体细胞组织的主要成分。DNA 是遗传信息的主要载体，RNA 在蛋白质的生物合成过程中起着重要作用。

核酸是由多种核苷酸组合构成，核苷酸是由多种核苷和磷酸组成，核苷是由多种核碱和戊糖（核糖或脱氧核糖）组成，核碱是组成核酸的基本成分。

1. 核碱和核苷

核碱主要指尿嘧啶、胞嘧啶、胸腺嘧啶、腺嘌呤和鸟嘌呤。嘧啶和嘌呤皆为含有 N 原子的不饱和的杂环化合物，上述五种核碱皆在 240～280nm 呈现强的紫外吸收，适合紫外检测器检测，见图 6-5。

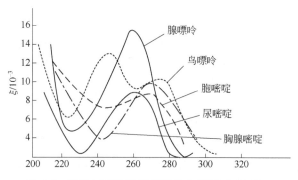

图 6-5　嘧啶与嘌呤的紫外吸收曲线图（pH=7）

核苷是由上述五种核碱与核糖或 2-脱氧核糖生成的糖苷，一般为尿苷、胞苷、胸苷、腺苷和鸟苷以及对应的脱氧尿苷、脱氧胞苷、脱氧胸苷、脱氧腺苷和脱氧鸟苷。它们皆呈现和核碱相似的紫外吸收特性。

采用强阳离子交换柱分离核碱，见图6-6。分离条件如下：色谱柱为 Inertsil CX 柱（4.6mm×150mm，5μm）；流动相：0.2mol/L 甲酸铵缓冲液（pH 值 5.0）；等度洗脱程序；运行时间：20min；流速：1.0mL/min；柱温：40℃；进样量：10μL；检测波长：260nm。

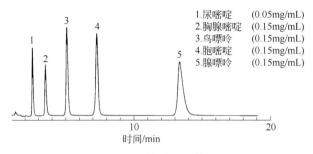

1.尿嘧啶	(0.05mg/mL)
2.胸腺嘧啶	(0.15mg/mL)
3.鸟嘌呤	(0.15mg/mL)
4.胞嘧啶	(0.15mg/mL)
5.腺嘌呤	(0.15mg/mL)

图 6-6　核碱分析谱图

采用球状二氧化钛凝胶固定相分离核苷，见图 6-7。分离条件如下：色谱柱为 Titansphere TiO 柱（4.6mm×150mm，5μm），流动相：A 为乙腈，B 为 50mmol/L 磷酸二氢钾溶液（pH 值 6.5）；以 A：B（体积比）=7：3 进行等度洗脱程序；运行时间：30min；流速：1.0mL/min；柱温：40℃；检测波长：260nm。

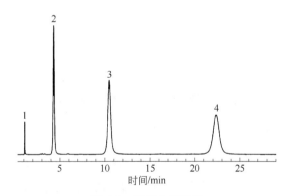

图 6-7　核苷分析谱图
1—腺苷；2—5'-腺嘌呤核苷酸；3—腺苷-5-二磷酸二钠盐；4—5'-三磷酸腺苷

2. 核苷酸

核苷酸是核苷的磷酸酯，由其所含磷酸根数目的不同，可分为一磷酸酯、二磷酸酯、三磷酸酯。核碱、核苷和核苷酸组成的对应关系如表6-2所示。

表 6-2 核碱、核苷和核苷酸组成的对应关系

核碱	核苷	核苷酸		
		一磷酸酯	二磷酸酯	三磷酸酯
尿嘧啶	尿苷	一磷酸尿苷 一磷酸脱氧尿苷	二磷酸尿苷 二磷酸脱氧尿苷	三磷酸尿苷 三磷酸脱氧尿苷
胞嘧啶	胞苷	一磷酸胞苷 一磷酸脱氧胞苷	二磷酸胞苷 二磷酸脱氧胞苷	三磷酸胞苷 三磷酸脱氧胞苷
胸腺嘧啶	胸苷	一磷酸胸苷 一磷酸脱氧胸苷	二磷酸胸苷 二磷酸脱氧胸苷	三磷酸胸苷 三磷酸脱氧胸苷
腺嘌呤	腺苷	一磷酸腺苷 一磷酸脱氧腺苷	二磷酸腺苷 二磷酸脱氧腺苷	三磷酸腺苷 三磷酸脱氧腺苷
鸟嘌呤	鸟苷	一磷酸鸟苷 一磷酸脱氧鸟苷	二磷酸鸟苷 二磷酸脱氧鸟苷	三磷酸鸟苷 三磷酸脱氧鸟苷

采用强阳离子交换柱分离核苷酸，见图 6-8。分离条件如下：色谱柱为 CX 柱（4.6mm ×150mm，5μm）；流动相：0.2mol/L 磷酸二氢铵溶液（pH 值 4.0）；等度洗脱程序；运行时间：5min；流速：1.0mL/min；柱温：40℃；进样量：1μL；检测波长：254nm。

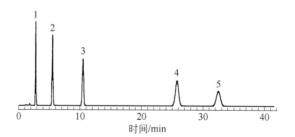

图 6-8　核苷酸分析谱图
1—胞苷-5'磷酸；2—5'-磷酸腺苷；3—尿苷-5'-单磷酸；4—5-鸟苷酸；5—黄苷-5'-单磷酸钠

3. 寡聚核苷酸、核酸及碎片

寡聚核苷酸是指同一类核苷酸的多个分子的缩聚物。

核酸在生理 pH 值下是具有负电荷的生物大分子，它由长链核苷酸组成。核酸可以分为核糖核酸和脱氧核糖核酸两大类，因核酸中包含杂环嘌呤和嘧啶核碱，其在 $250 \sim 280$nm 有强烈紫外吸收。

RNA 为其一级结构的多聚体，分子量达 $10^4 \sim 10^5$；DNA 也为其一级结构的多聚体，分子量更大，为 $10^6 \sim 10^{11}$。在分子生物学和基因工程技术中，常需分析人工合成的寡聚核苷酸或 RNA、DNA 的组成或需分析 RNA 水解液的组成，此类分析具有一定的难度。

采用阴离子交换柱分析 RNA/DNA，见图 6-9、图 6-10。分离条件如下：色谱柱为 DNA-STAT 柱（4.6mm×100mm，5μm）；流动相：A 为 20mmol/L Tris-HCl（pH 值 8.5），B 为 20mmol/L Tris-HCl + 1mol/L NaCl（pH 值 8.5）。

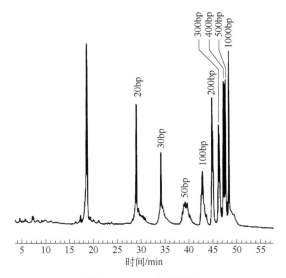

图 6-9　RNA 分析谱图

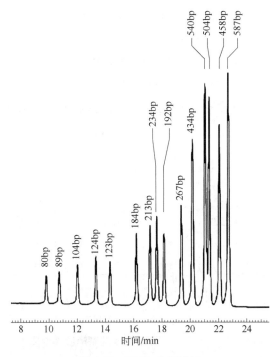

图 6-10　DNA 分析谱图

① RNA 梯度洗脱程序：0～60min，30%～90% B；60～60.1min，100% B；60.1～65min，100%B；65～65.1min，100%～30% B；65.1～70min，30%B；运行时间：70min；流速：0.5mL/min；柱温：25℃；进样量：5μL；检测波长：260nm。

② DNA 梯度洗脱程序：0～60min，75%～95% B；60～65min，95% B；65～65.01min，95%～75% B；65.01～70min，75% B；运行时间：70min；流速：0.5mL/min；柱温：35℃；进样量：5μL；检测波长：260nm。

三、液相色谱在生物胺分析中的应用

生物胺是生物机体新陈代谢过程产生的胺类化合物，主要为儿茶酚胺类，它们是由肾上腺髓质分泌的，既属于激素，又是神经递质。

儿茶酚胺包括肾上腺素、去甲肾上腺素和多巴胺。这类激素的合成原料来自血液中的酪氨酸，其代谢产物为：3,4-二羟基苯乙酸、高香草酸、高香草扁桃酸、3-甲氧基-4-羟基苯乙醇、3-甲氧基酪胺、3,4-二羟基苯乙二醇、3,4-二羟基扁桃酸、5-羟基色胺和5-羟基吲哚乙酸。

儿茶酚胺及其代谢产物的紫外吸收较弱，不适于生物样品中的微量或痕量检测，可采用电化学检测器进行检测。

采用硅胶材质色谱柱分离儿茶酚胺类，见图6-11。分离条件如下：色谱柱为ODS柱（3.0mm×250mm，5μm）；流动相：A 为乙腈，B 为 20mmol/L 乙酸钠溶液+20mmol/L 柠檬酸溶液+1g/L 正辛烷磺酸钠溶液，以 A：B（体积比）= 16：100，预混合；等度洗脱程序；流速：0.5mL/min；柱温：35℃；进样量：20μL；ECD 800mV（vs. Ag/AgCl）。

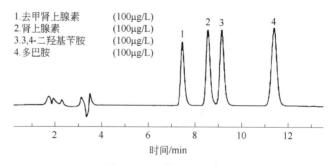

图 6-11　儿茶酚胺类谱图

四、常见问题与解答

1. 液相色谱分析多肽药物时仪器条件如何确定？

问题描述 液相色谱分析多肽药物时，采用什么溶剂作为流动相？如何确定检测波长？

解　答 （1）液相色谱法分析化学合成的、结构相似的小分子多肽可采用乙腈和水作为流动相，采用三氟乙酸调节流动相 pH 值。

（2）三氟乙酸作为离子对试剂和扫尾剂，常用于乙腈流动相中（反相色谱），目的是增加色谱峰的对称性。其作用原理为：乙腈中的三氟乙酸通过与疏水键合相及残留的极性表面以多种模式相互作用，从而改善峰形，克服峰的展宽以及拖尾的问题，同时三氟乙酸与蛋白质及多肽表面上的正电荷以及极性基团相结合以减少极性保留，把蛋白质或多肽带回到疏水的反相表面，另外三氟乙酸又以同样的方式，屏蔽了固定相上残留的极性表面。

（3）除了一些特殊蛋白质或多肽，如含铜离子、铁离子等，一般用波长 280nm 或者 210～220nm 检测；前者是蛋白质中特定氨基酸的检测波长，后者是多肽或蛋白质中特有的肽键的主吸收峰波长。

（4）如果使用液相分析多肽药物的杂质，可优先选用正相色谱，更方便、更有效、更准确。

2. 如何使用液相色谱测定多肽中某种肽含量？

解　答 （1）在开始做多肽分析之前首先要了解多肽的构成，以及氨基酸的性质。20 种氨基酸中有两个酸性氨基酸（Asp、Glu），三个碱性氨基酸（Arg、His、Lys），不同氨基酸的疏水性质也不一样（可查阅 20 种氨基酸的疏水值）。

（2）其次，需要选择合适的溶剂（如甲醇、乙腈或水）溶解待测样品。对于一条肽链来说，能否顺利检测，关键是有没有合适的溶剂能够将其溶解。

① 可以称取少量样品（10～100mg）于 2mL 进样瓶中，选择不同体积、不同种类的溶剂进行溶解，控制加入溶剂的体积。如果加完有机溶剂后再加入水的过程中出现样品的析出，可以适当增加有机溶剂的体积。

② 肽链的酸碱性会影响样品的溶解性，通常碱性肽链容易溶解，酸性肽链溶解性较差,此时可以尝试用乙酸铵或者 10%的氨水进行溶解。如果肽链中含有 Cys

基团，则尽量少用碱性助溶试剂，可以尝试先用纯甲酸溶解再用乙腈和水稀释至适当体积；如果必须用到碱性助溶试剂，则需要现用现配，避免变质。

③ 如果乙腈与水不能溶解，而且该肽不显酸碱性，则考虑加甲酸进行溶解，然后加乙腈和水稀释，溶解时溶剂的加入顺序非常重要。

④ 体积控制好后观察样品中有没有不溶的颗粒物或者絮状物，可以选择超声促进样品的溶解，否则用滤膜过滤掉不溶物。

（3）检测时需要注意，含 Trp 的样品检测前加少许酸，如 TFA、乙酸等，含量为 0.1%～1%，再用吹风机热风吹 2～5min，瓶身发烫为止，否则 Trp 会结合不稳定的羧基，影响测定结果。含两个连续的 Pro 或以上，多个连续 Ser 的多肽物质测定时，需将柱温箱加热到 50℃。如果整条肽链均由两三个基团重复构成，在 C_{18} 色谱柱上出峰的可能性较小，此时可以考虑用氰基柱；对于那些用碱性溶剂溶解的样品，尽量用氰基柱，流动相采用 4g/L 的乙酸铵缓冲溶液。

（4）选择梯度洗脱时，需要注意，以 C_{18} 色谱柱（4.6mm×250mm、5μm）为例，流动相：A 为水（0.1%TFA），B 为 80%乙腈（0.1%TFA）。以下涉及流动相比例均为体积比。

① 10 个氨基酸左右长度的肽，亲疏水总和接近 0 时就用 10%～70%B；如果亲水总值是疏水总值的两倍，酌情考虑用 0%～60%B 或者 5%～65%B；如果亲水总值是疏水总值的 1/2，考虑用 20%～80%B。

② 如果氨基酸链长达到 20 多个氨基酸，前面三种情况就要分别改为梯度 20%～80%、10%～70%、30%～90%；但也要注意对亲疏水性影响很大的几种氨基酸的比例，亲水的总值越大，流动相 B 比例越低。

3. **做核酸纯化分离时对液相色谱有什么要求？**

解　答　（1）化学合成的肽产品是一个纯度不高的粗产品，一是因为在合成肽过程中各种副反应、消旋化等造成的副反应肽；二是在脱保护过程中，由于保护基的残留，肽键的断裂、烷基化等造成的杂质。由于杂质与合成的肽在分子结构和化学性质上非常相似，给肽的分离纯化带来了困难，需要根据对目标肽的要求选择适当的方法进行纯化。

（2）目前用于分离纯化合成多肽的液相色谱模式主要有三种：一是凝胶过滤色谱，按照肽分子的大小进行分离；二是离子交换色谱，按照肽分子所具有的带电基团的性质和数目进行分离；三是反相色谱，按照肽分子的疏水性强弱进行分离。

（3）通常采用制备或者半制备色谱对合成多肽化合物进行分离纯化。制备色谱的进样品量很大，因此要求进样系统能满足大体积进样要求，例如计量泵、定量环的体积会不同于普通分析型色谱。进样量的增加导致制备色谱柱子的分离负荷相应加大，也就必须加大色谱柱填料，增大制备色谱的直径和长度。如 GB/T 20770—2008《粮谷中486种农药及相关化学品残留量的测定　液相色谱-串联质谱法》中使用的色谱柱要求柱长400mm，内径25mm。要将待分离组分从如此规格的色谱柱中洗脱下来，就需要使用相对多的流动相，因此制备色谱的管路也比分析色谱粗很多，同时泵的流速也较高，通常需要设置为5mL/min。由于制备或者半制备色谱仅用于分离纯化，不用于定量或定性分析，对泵的精密度、检测器的灵敏度等要求较低。

4. 普通 C_{18} 柱能否用来分离蛋白质？

问题描述　现有一个分子量7万左右的蛋白质，普通的 C_{18} 色谱柱（非蛋白专用柱）能否用于分析此样品？

解　答　（1）采用分析型 C_{18} 液相色谱柱分离蛋白质样品时，蛋白质分子量不能太大，否则容易造成色谱柱堵塞，压力增加。

（2）采用反相硅胶色谱柱分离蛋白质样品，通常60Å（1Å=0.1nm）的硅胶柱，蛋白质分子量一般最大只能到2000；100Å的硅胶柱，蛋白质分子量能到5000～7000；300Å的硅胶柱，蛋白质分子量能到20000～30000；分子量更大的蛋白质，就不能用反相硅胶柱来分离了。

（3）分离分子量较大的蛋白质时，建议使用蛋白质专用柱或使用体积排阻色谱进行分析。

5. 如何建立液相色谱法分析生物胺的色谱条件？

解　答　（1）食品中生物胺的测定方法可以参考 GB 5009.208—2016《食品安全国家标准　食品中生物胺的测定》、GB/T 21970—2008《水质　组胺等五种生物胺的测定　高效液相色谱法》、GB/T 23884—2009《动物源性饲料中生物胺的测定　高效液相色谱法》等。

（2）液相色谱法分析生物胺类物质时，通常不能直接测定，需要衍生反应后进行分析，常用的衍生试剂有丹磺酰氯、苯甲酰氯、邻苯二醛等。

（3）对于液体样品，如水样、酒类以及液体调味品可以无须处理，直接进行衍生化反应；动物源性饲料、水产品及肉类样品中的生物胺需要经三氯乙酸溶液提取，适当处理后再进行衍生化反应。

（4）通常以乙腈和乙酸铵溶液为流动相，采用梯度洗脱的方式，在 254nm 波长下进行测定。

6. 生物胺样品衍生产物用乙腈复溶后的沉淀是否影响测定结果？

问题描述 生物胺样品衍生、氮吹后用乙腈复溶后出现了沉淀，而且溶解不了，液相色谱分析时会有影响吗？如何解决？

解　答 （1）前文几个国家标准中，生物胺的衍生产物氮吹后分别用乙腈或甲醇进行复溶；如果不能正常复溶，生物胺具有很好的水溶性，可以尝试更换溶剂进行复溶。

（2）沉淀物可能是一些杂质组分，其存在不一定影响结果，可以通过加标实验进行验证。

（3）可以将样品进行过滤，防止沉淀物进入色谱柱中，导致色谱柱堵塞，系统压力升高。

7. 氨基酸衍生产物可以放置多久？

问题描述 液相色谱检测氨基酸，用 2,4-二硝基甲苯衍生以后放入棕色容量瓶中，冰箱冷藏保存。4 天后进样发现单标中多出来几个小峰，目标峰也变小了，且峰形分叉，是不是衍生物发生了降解？

解　答 （1）液相色谱测氨基酸，建议衍生产物现配现用，如果是荧光检测，大部分氨基酸在衍生 2h 后荧光响应会逐渐下降，下降到一定程度后稳定；但是几种氨基酸衍生产物的荧光响应值下降非常明显。

（2）液相色谱测氨基酸通常采用在线柱后衍生的方式进行。

（3）针对做一个对照品溶液的稳定性实验，即以第一天配制的对照品为样品，每天配制一组新的相同浓度的对照品来测定第一天配制的对照品的含量，看其情况就可以知道稳定性。

8. 如何采用液相色谱测定氨基酸？

问题描述 如何采用液相色谱测定氨基酸？对仪器配置有哪些要求？有哪些注意事项？

解　答 （1）液相色谱通常无法直接测定氨基酸，需要对氨基酸进行衍生，衍生的方式可采用柱前衍生和柱后衍生，柱前衍生有专门的试剂包，许多分析仪器厂家有相关的应用资料；柱后衍生需要相应的衍生装置和衍生试剂。

（2）仪器配置方面，液相色谱仪首先需要具有梯度洗脱功能；防止温度波动导致保留时间的漂移，因此需要配备柱温箱。氨基酸衍生产物具有紫外和荧光响应，可以配置紫外检测器、二极管阵列检测器或荧光检测器进行检测。如果采用在线柱后衍生方式进行测定，还需配备柱后衍生装置。

（3）由于氨基酸测定种类较多（通常是 18 种游离氨基酸），另外样品基质较为复杂，采用液相色谱测定氨基酸时，通常会出现保留时间漂移、分离度下降、杂质干扰等现象。

（4）液相色谱法测定食品中的氨基酸含量，可以参考 SN/T 5223—2019《蜂蜜中 18 种游离氨基酸的测定　高效液相色谱-荧光检测法》、QB/T 4356—2012《黄酒中游离氨基酸的测定　高效液相色谱法》。

第二节　液相色谱在医学分析中的应用

在医学分析领域，人工合成药物的纯化及成分的定性、定量测定，中草药有效成分的分离制备及纯度的测定，临床医学研究中人体血液和体液中药物浓度、药物代谢物的测定，新型高效手性药物中手性对应体含量的测定等关键问题，都需要用液相色谱法来解决，各国药典也将液相色谱法作为药物分析的主要方法之一。

一、液相色谱在药物分析中的应用

近年来，液相色谱法在药物分析中发挥着越来越重要的作用，主要是鉴别相关物质、检查药物中有关物质的含量限度以及测定有效成分或主要成分含量。

1. 药物鉴别

采用高效液相色谱法分析时，相同物质在相同的色谱条件下保留时间一致，不同的物质由于结构或性质的差异，保留时间会有所不同，因此可以通过保留时间对待测物质进行定性，用于药物的鉴别。如《中国药典》收载的药物头孢羟氨苄的鉴别项下规定：在含量测定项下记录的色谱图中，供试品主峰的保留时间应与对照品主峰的保留时间一致。头孢拉定、头孢噻吩钠等头孢类药物以及地西泮注射液、曲安奈德注射液等多种药物均采用高效液相色谱法进行鉴别。

2. 有关物质检查

药物中有关物质的控制是药品安全、有效的重要保障，是评价药品质量优劣的关键指标。目前药物中有关物质的检查方法主要有薄层色谱法、高效液相色谱法、气相色谱法、紫外分光光度法及容量分析法等。近年来随着仪器分析技术的发展，高效液相色谱法分离效果佳、分离速度快的特点使其成为最主要的检查方法。如《中国药典》中收录的抗生素氨苄西林、抗炎药双氯芬酸钠、抗肿瘤药盐酸阿糖胞苷等，这些药物中的有关物质的检查方法均为高效液相色谱法。

3. 药物成分含量

在药物分析中，高效液相色谱由于其具有专一性强、灵敏度高、快速简便的特点，广泛应用于药物分析中的定量分析，尤其是在干扰因素较多的时候表现出更大的优越性。中药材及其制剂组成复杂，不少有效成分的含量测定也越来越多地采用了高效液相色谱法。如李翔等建立高效液相色谱法测定麻杏口服液中盐酸麻黄碱和盐酸伪麻黄碱的含量，该方法简便准确，快速可靠，能够用于麻杏口服液的含量测定和质量控制。

图 6-12 为麻黄碱对照品色谱图。分离条件如下：色谱柱为极性乙醚连接苯基键合硅胶柱（Phenomenex，4.6mm×250mm，4μm）；流动相：A 为乙腈，B 为 0.1%磷酸溶液（含 0.1%三乙胺）；梯度洗脱程序：0～20min，3%～10%A；流速：1.0mL/min；进样量：20μL；检测波长：210nm。

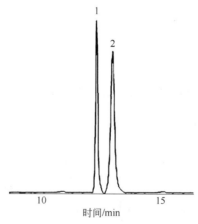

图 6-12　麻黄碱对照品色谱图
1—盐酸麻黄碱；2—盐酸伪麻黄碱

4. 药物的质量控制

在早期各国的药典中，药品的质量多用化学分析方法来控制，该方法难以对药品生产、储存中产生的有关物质及微量杂质进行监测。随着高效液相色谱法的发展，此类问题得到了较好的解决。高效液相色谱法在止痛药、抗生素、抗病毒药、抗高血压药、抗抑郁药、消化系统药等药物质量控制中有着广泛的应用。如氨基糖苷类抗生素的结构因缺少强紫外吸收基团，故常用柱前或柱后衍生化来分析测定，但是这种方法前处理过于烦琐，衍生过程可能导致样品的降解，不适用于对相关物质的控制，但利用高效液相色谱法蒸发光散射检测器检测可以得到满意的结果。

5. 药物动力学

药物代谢动力学是指药物在肌体内吸收、分布、代谢和排泄过程的研究，包括药物及其在各种复杂基质（全血、血浆、尿、胆汁及生物组织）中代谢物的分离、结构鉴定以及痕量分析测定。肌体的体液系统中存在大量的保留时间相同、分子量也相同的干扰组分；另外，药物使用的趋势朝着低剂量方向发展，导致传统分离技术与含量成分测定技术无法达到期望的高精度。如何更快辨别出代谢产物，这需要高效、灵敏的检测技术。采用高效液相色谱法进行药物代谢及药物动力学研究，体现了其高灵敏度和高专属性的特点，而且能够同时测定样品中多组分浓度，实现样品高通量分析。

二、液相色谱在临床医学分析中的应用

1. 在口腔医学研究中的应用

高效液相色谱技术因其自身的优点，近年来已广泛应用于口腔医学各个专业研究中，并且随着研究的深入，该技术将越来越受口腔医学研究者的关注，并将为口腔医学研究和发展提供有力的支持。目前，关于高效液相色谱技术应用于牙体牙髓病、牙周病、黏膜病、颌面外科、正畸学等的研究案例已经有很多。例如，程广强利用高效液相色谱法对口腔癌患者尿液中的萘酚反应物进行分离分析，比较了癌症患者及健康人尿液中的成分含量差异，提出了一种可用于口腔癌辅助诊断的新方法。毛广艳等利用液相色谱-质谱法的高通量分析优势，对口腔鳞癌组织

（OSCC）和匹配的癌旁组织进行代谢组学分析，筛选出具有诊断价值的代谢物，为深入研究 OSCC 的发生发展提供了基础。

2. 在肝胆系统疾病治疗中的应用

胆固醇在肝脏中被分解为胆汁酸，作为胆汁的重要组成部分，其有利于促进肠道系统对脂质的分解与吸收。斯日古楞等采用超高效液相色谱同时快速测定胆汁中 13 种胆汁酸浓度，并将分析方法应用于 3 种不同种属（人、大鼠、猪）胆汁样本中，同时比较 3 种种属之间胆汁酸分布的差异性。王文娟等利用高效液相色谱法测定了人体中的胆汁酸，9 种不同的胆汁酸在 20min 能够完全被分离出来，该法能够满足临床肝胆疾病常规检测要求。

图 6-13 为胆汁酸对照品色谱图。分离条件如下：色谱柱为 Waters Nova C$_{18}$ 柱（3.9mm×150mm，5μm）；流动相：A 为甲醇，B 为 60mmol/L 磷酸盐缓冲液（66：34，体积比），pH 3.3；等度洗脱；流速：0.8mL/min；柱温：25℃；进样量：10μL；检测波长：197nm。

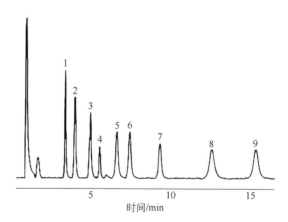

图 6-13　胆汁酸对照品色谱图
1—牛磺熊脱氧胆酸；2—牛磺胆酸；3—甘氨胆酸；4—甘氨石胆酸；5—甘氨脱氧胆酸；
6—牛磺脱氧胆酸；7—甘氨鹅脱氧胆酸；8—牛磺鹅脱氧胆酸；9—牛磺石胆酸

3. 在神经系统分析中的应用

与神经系统相关的化合物为胺类物质，如前体氨基酸、单胺以及前体氨基酸的代谢产物，这些化合物的含量水平能够反应神经系统的稳定性。目前，多巴胺为研究最广泛的胺类物质。多巴胺是一类神经传导介质，通过这种介质可以传送相应的化学物质。因此，多巴胺的含量与人类的情感状态有关，它可以传递开心、兴奋、沮丧以及悲伤等信息。吴予明等利用高效液相色谱法对嗜铬细胞脑瘤患者与正常人 24h 尿液中的多巴胺进行测定，研究发现多巴胺在两组之间的差异较大，能够为临床诊断此类脑瘤疾病提供精确的数据。

4. 在癌症分析方面的应用

癌症一直以来是威胁人类生命安全的第一杀手，确诊不及时或者误诊是导致癌症继续恶化，影响最佳治疗时间的主要问题。而色谱技术的高效、快速以及自动化等分析优势吸引了医疗领域的专家，高效液相色谱法在癌症诊断分析方面的科研和应用也在不断开展着，推动了癌症诊断、实时监控以及后续的康复治疗等技术的进步。青海大学附属医院的郭振昌教授等早在 1988 年就开始研究高效液相色谱法在癌症疾病分析上的应用，他们利用高效液相色谱对癌症患者与正常人的尿液进行波长扫描和分析，发现在 280nm 波长处某种物质响应值较高，含量较大，而这种未知物质在正常人尿液中含量很低。

三、常见问题与解答

1. BB、BV 等分离模式在新药申报时该如何设定和选择?

问题描述　安捷伦工作站中对于液相色谱图的分离模式有 BB、BV、BP 和 BH 等，药品研发方法学中对分离模式有什么要求？中药申报新药时怎么处理？积分参数如何设定？

解　答　（1）工作站中这些字母代表峰分离代码，如

B：峰在基线处开始或结束；

V：峰在谷点线处开始或结束；

P：峰开始或结束与基线贯穿点；

BB：标准的峰；

BP 或 PB：峰一端在基线之下；

BV：峰起始于基线但结束在峰的谷点，在基线之上；

VB 相对于 BV 则反之。

（2）在新药申报时，没有对 BB、BP 等分离类型的要求，只要分离度、对称因子、理论塔板数等能满足要求就可以。

（3）对色谱图的积分通常采用自动积分模式，需要满足基线分离要求，规定的分离度都是以基线分离为基础的。

2. 如何设置橙皮苷液相色谱检测方法的检测时间？

问题描述 按照 2020 版《中国药典》的方法，橙皮苷在液相色谱中的出峰时间是多少？如何设置检测时间？

解　答 （1）采用液相色谱法进行分析时，待测物质的出峰时间与色谱柱类型、流动相种类、流速、柱温等因素有关。

（2）可以尝试下面的色谱条件进行分析，橙皮苷的出峰时间约为 18min，色谱条件如下：色谱柱为 JADE PAK ODS 柱（4.6mm×250mm，5μm）；流动相为甲醇：水：冰乙酸（体积比）=33∶63∶2；等度洗脱；流速：1.0mL/min；柱温：25℃；进样量：5μL；检测波长：284nm。

（3）《中国药典》方法中待测物质的出峰时间通常是小于 30min 的，因此新方法开发时，检测时间可以先设置为 30min 左右。但是受分析条件、物质性质与仪器性能的影响，也会遇到出峰时间超过 30min 的情况，可以通过重复进样的方式进行排查，连续重复进样时会隔几针出现一个相同的谱图，此时可以适当延长检测时间。

（4）《中国药典》方法中虽然规定了色谱柱类型、流动相、理论塔板数、检测波长等条件，但是可以通过适当调整流速、柱温等条件缩短待测物质出峰时间。

3. 如何进行汤剂样品的前处理？

问题描述 采用高效液相色谱法分析中药传统水煎煮的汤剂时，文献方法都是将汤剂蒸干，再用有机溶剂溶解，十分耗费时间。有没有简单又快速的前处理办法？

解　答 （1）传统汤剂中的杂质组分比较多，不同于单纯的合剂或口服液，用高效液相色谱法进行分析时，必须通过过滤等手段除去杂质等干扰组分，目前尚未见到既简单又快速的前处理方法。

（2）采用液相色谱法对汤剂样品进行分析时，需要依据检测的成分类型选择合适的前处理方法，事先需要进行大量的预处理实验。

（3）除了将汤剂蒸干，用溶剂溶解的方法之外，高速离心也是很常见的前处理方法，通过高速离心可以去除汤剂中的颗粒物，进样前再用 0.22μm 或 0.45μm 微孔滤膜过滤，防止堵塞进样针、在线过滤器或色谱柱筛板。

（4）测定提取液中的成分，最理想的方法是直接进样，不做萃取与净化，防止萃取与净化过程中将需检测的成分破坏，因此可以尝试先直接进提取液，依据测定结果决定是否需要进行其他预处理步骤。

（5）如果采用直接进提取液测定的方法不可行，可以考虑加入有机溶剂对待测物质进行萃取，取回收率最高的溶剂进行前处理。

4. 如何选择紫外分光光度法与高效液相色谱法？

问题描述　为什么有些药品的分析测定需要用紫外分光光度法，而有些药品用高效液相色谱法？两种方法有何区别？是否可以相互取代？

解　　答　（1）高效液相色谱法通常分离混合样品，能够对各个单体成分进行检测；紫外分光光度法主要用于对纯度非常高的或者对总类物质进行分析，通常测定的是某类物质的总含量。

（2）高效液相色谱法可以依据不同待测物质的性质选择不同的检测器进行检测。

（3）有些物质既可以用紫外分光光度法检测，也可以用高效液相色谱法进行检测，此时两者是通用的，可以互相取代；而有些指标，例如计算杂质比或者有效成分比例时，用紫外分光光度法的导数去计算也可以实现，但是会增加工作难度。

（4）不管是分光光度法还是高效液相色谱法，使用之前都需要进行方法验证或方法确认，确定检测方法的专属性、检测精度、准确度等能够满足要求。

5. 为何薄层色谱法与液相色谱法检测药材提取液结果不一致？

问题描述　药材提取液先做薄层色谱检测，极性较小的 A 物质跑得高，极性较大的 B 物质跑得低一些；而做液相色谱检测时，极性较小的 A 物质却先出峰，为什么两者结果会不一致？

解　　答　（1）液相色谱和薄层色谱固定相的填料不一样，不同的填料其选择性会产生差异，从而导致出峰顺序的变化。

（2）流动相极性、pH 值、柱温等参数的变化都会引起出峰顺序的改变，从而在分析时需要采用标准品或者对照品确认目标化合物的出峰时间或出峰顺序。

（3）出峰顺序与分离机理也有一定的关系，"相似相溶原理"只是色谱分离中的一种机理，另外还有离子交换、亲和吸附等。不同机理作用下，分析条件稍有不同都可能影响色谱峰出峰顺序的改变。

6. 《中国药典》中规定的理论塔板数参数在实际分析中重要吗？

问题描述　《中国药典》中色谱法测定中药成分的方法都规定了理论塔板数，这个参数重要吗？理论塔板数与分离度哪个更重要？

解　答　（1）理论塔板数这个参数非常重要，在保证理论塔板数的前提下，才能保证色谱峰的对称性，才能保证不同组分之间的分离度。

（2）理论塔板数达不到要求，说明色谱柱的柱效下降，满足不了方法要求。理论塔板数达不到要求，分离度下降，同一个色谱峰中可能还有其他组分。

（3）理论塔板数越多，色谱峰的对称性越好，不同组分间的分离度越高。

（4）对于色谱分析而言，分离度和重复性也非常重要。分离度表示相邻两峰的分离程度，分离度越大，表明相邻两组分分离越好。《中国药典》中规定分离度应大于1.5。

7. 液相色谱定性鉴别的分离度要求是多少？

问题描述　对于定量鉴别，分离度要求 1.5 以上，那么对于定性鉴别，液相色谱的分离度要求是多少？

解　答　（1）液相色谱法进行分析时，通常依据色谱峰的保留时间进行定性，依据色谱峰的峰面积或峰高进行定量。具体做法是：通过与对照品的保留时间进行比较，找到各色谱峰所对应的组分。保留时间相同，可能是同样的组分；保留时间不同，肯定不是同样的组分。

（2）定量时要求待测物质与杂质组分达到基线分离，分离度大于或等于1.5，否则会影响定量的准确性。

（3）采用保留时间进行定性分析时，待测物质需尽可能地与杂质组分进行分离，否则保留时间重合，容易出现"假阳性"的现象，目前尚未见到有技术规范对定性分析时的分离度提出具体要求。目标化合物与杂质组分不要求完全达到基线分离，只要保留时间有差别还可以通过标准加入法等方式辅助定性。

（4）除了通过保留时间进行定性之外，还可以通过光谱、质谱或其他方式进行定性。

8. 甘草苷的液相色谱检测方法可以用甲醇作流动相吗？

问题描述　用液相色谱法分析甘草苷含量，用甲醇作流动相时，对照品峰形难看，像两个没分开的峰，使用乙腈时没有这个问题，这是为什么？

解　答　（1）此类现象在液相色谱分析中经常会遇到，主要与有机相对样品的溶解和洗脱能力有关。

（2）此类现象通常称为溶剂效应，即当样品溶液的溶剂强度强于流动相溶剂强度时，可能造成峰展宽、峰分叉的现象。溶剂效应通常表现为保留时间短的色谱峰出现峰前沿或分叉，保留时间靠后的色谱峰正常。可能发生溶剂效应的情况有：保留弱，保留时间较早；进样量大；溶解性差异；电离状态差异等。

（3）消除溶剂效应的方法有：尽量用与流动相比例相同或相近的溶剂溶解样品；对于梯度洗脱，采用初始的流动相比例；对于在流动相中溶解度小，必须用强溶剂时，减少进样体积以消除溶剂效应的影响。

9. 分析三七含量时分离度达不到《中国药典》要求该如何解决？

问题描述　按照 2020 版《中国药典》采用高效液相色谱法分析三七含量时，人参皂苷 Rg1 和人参皂苷 Re 的分离度无法满足要求，如何解决？

解　答　（1）这与两种物质的结构有关。从结构式上看，这两种物质结构类似，不利于分离。

（2）可以通过尝试更换色谱柱、减小流动相流速、降低流动相极性、调整梯度洗脱程序等方式改善分离度。

（3）可尝试下面的色谱条件进行分析：色谱柱为 Pntulips RSZG-C_{18}（4.6mm×250mm，4μm）；流动相：A 为乙腈，B 为水；梯度洗脱：0～12min，81%B；12～60min，81%～64%B；流速：1.0mL/min；柱温：25℃；进样量：10μL；检测波长：203nm。

10. 怎样做系统适应性试验？

问题描述　系统适应性试验是怎样做的？每做一批样都需要进 5 针对照吗？

解　答　《中国药典》规定高效液相色谱法色谱系统适应性试验应包括色谱柱的理论塔板数、分离度、重复性和拖尾因子。

（1）理论塔板数通常反映色谱柱的分离效率（简称柱效），《中国药典》中不同物质的最低理论塔板数要求不一样。理论塔板数取决于固定相的种类、性质（粒度、粒径分布等）、填充状况、柱长、流动相的种类、流速及测定柱效所用物质的性质。

（2）分离度是判断两种物质在一种方法中分离的程度，虽然与柱效相关，但在衡量系统适用性时，首先强调的应该是分离度，只有当色谱图中仅有一个色谱峰或测定微量成分时，规定柱效才有其实际意义。

（3）重现性保证了方法的可重复性，拖尾因子对柱效提出了要求，柱子老化、塌陷，拖尾因子则难以达到要求。

在进行高效液相色谱系统适应性试验时，除了重复性要求测定 5 次外其余参数没有要求进样次数。

除非另有规定，系统适应性参数由目标化合物的数据计算，目前大部分工作站都能直接获得理论塔板数、分离度、拖尾因子等系统适应性数据。配置系统适应性试验待测溶液时，溶液中包含一定量的目标化合物和一些其他物质（如药品辅料或杂质）。当色谱系统有显著变化或者要用特殊试剂时，则要重新做系统适应性试验。只有系统适应性试验符合规定的要求，才能将该液相色谱方法用于检测。

第三节　液相色谱在食品分析中的应用

食品是人类获取生命活动能量最重要的来源。食品中所包含的糖类、维生素、蛋白质、氨基酸、脂肪等营养物质直接关系人体的健康。在食品生产过程中，往往需要添加防腐剂、抗氧化剂、人工色素、甜味剂、保鲜剂等食品添加剂，它们的含量过高会危害人体健康。此外食品原料（如初级农、畜产品）在种植、养殖过程中，通常会使用农药、兽药等防治植物病虫害和动物疾病，若农药、兽药使用不当会造成在农畜产品中残留超标，人类食用后也会危害身体健康。上述这些化学物质大多数属于不易挥发、热稳定性差、极性强的组分，而液相色谱能满足其分离条件，比单纯的化学分析法操作简便、快速，且能提供更多的有用信息。

一、液相色谱在食品营养成分分析中的应用

1. 糖类

糖类是自然界存在的最广泛、最丰富的一类有机物，对于研究食品营养成分是一切生命体维持生命活动所需能量的主要来源，因此准确测定糖分组成和含量十分必要。糖类通常包括单糖（如葡萄糖、果糖）、二糖（如蔗糖、麦芽糖）、多糖（如淀粉、纤维素）等。由于糖类具有还原性强、易溶于水、结构相似等特点，一般比色法、旋光法等常规方法很难对各种糖类组分单独进行准确检测，而液相

色谱法利用糖类分析专用色谱柱强大的分离能力和检测器的高灵敏度，极大地克服了上述糖类检测过程中的问题，可以对食品中的各种糖类成分进行准确定性、定量分析。

2. 氨基酸

氨基酸是生物体得以存在和发展的基础性物质之一，是构成蛋白质的基本组成单位，因此氨基酸的分析检测是食品营养成分研究中的重要技术。离子交换色谱结合柱后茚三酮衍生的分析方法是最早的氨基酸检测方法，也是国家标准 GB 5009.124—2016《食品安全国家标准　食品中氨基酸的测定》的指定方法。该方法需要购置价格昂贵（一般几十万元）的专用氨基酸分析仪，所需流动相试剂较多，分析时间较长。近年来，反相高效液相色谱与各种柱前衍生相结合的氨基酸分析技术发展迅速，构成了具有广泛适用性的现代氨基酸分析技术。

3. 维生素

维生素在人体生长、代谢、发育过程中发挥着重要的作用，是人类为维持正常的生理功能而必须从食物中获得的一类微量有机物质。维生素种类很多，根据溶解性质可分为水溶性维生素（如 V_{B1}、V_{B2}、V_C 等）和脂溶性维生素（如 V_A、V_D、V_E 等）。除少数维生素可以在人体内合成外，大多数维生素都要从食物中获取。因此，准确测定食品中各种维生素含量对人类从食物中获取维生素种类和数量有重要的指导意义。与传统的维生素检测方法如化学滴定法、比色法等相比，液相色谱法具有省时、高效、快速、稳定、可靠等特点，且抗干扰能力强，十分适合大批量食品中各类维生素含量的测定。

4. 有机酸

食品中常见的有机酸有苹果酸、柠檬酸、酒石酸、草酸、琥珀酸、乙酸和乳酸等，这些有机酸广泛分布在植物的叶、果实中，是果蔬主要的风味营养物质，具有软化血管，促进钙、铁元素的吸收，增进食欲，帮助消化吸收等功能。

目前检测有机酸的方法主要有化学滴定法、离子色谱法、高效液相色谱法等。其中化学滴定法只能测定总酸含量，离子色谱法容易受到食品中高浓度无机阴离子干扰，相比较而言，高效液相色谱法操作简单、准确度高，逐渐成为食品中有机酸检测的主要分析方法。

二、液相色谱在食品添加剂成分分析中的应用

根据 GB 2760—2014《食品安全国家标准　食品添加剂使用标准》的规定，食品添加剂是指"在食品生产加工过程中，为改善食品品质和色、香、味，以及为防腐、保鲜和加工工艺的需要而加入食品中的人工合成或者天然物质"。食品添加剂主要分为甜味剂、防腐剂、增味剂、发色剂、抗氧化剂、增稠剂等。理想的食品添加剂最好是有益无害的物质，而人工化学合成的添加剂大都有一定的副作用，不按法规要求过量使用会对人体健康造成潜在风险。因此准确测定食品中各种添加剂的含量以控制其使用量对保证食品质量安全，保障人民健康具有十分重要的意义。

1. 防腐剂

食品防腐剂是防止因微生物作用引起食品变质，延长食品保存期的一类添加剂。其防腐机制主要是降低食品的水分活度和 pH 值，破坏微生物代谢系统正常运行，进而抑制微生物生长，延长产品货架期。目前，我国使用的防腐剂主要是有机酸及其盐，如苯甲酸、山梨酸、丙酸、乳酸及其盐、对羟基苯甲酸酯类（如甲酯、乙酯）等。这些物质结构中一般都含有羧基等酸根基团，多数易溶于水，特别是盐形式在水中发生电离呈离子状态。因此用 C_{18} 等反相柱分析时，一般需要在流动相中加酸或缓冲盐，使其呈分子状态，有利于获得对称峰形，增加保留时间。

图 6-14 为高效液相色谱法分离苯甲酸、山梨酸、脱氢乙酸的色谱图。分离条件如下：色谱柱为 ODS C_{18} 柱（4.6mm×250mm，5μm）；流动相：A 为乙腈，B 为 0.02mol/L 乙酸铵溶液，A：B（体积比）= 5：95；运行时间：20min；流速：1.0mL/min；柱温：30℃；检测波长：230nm。

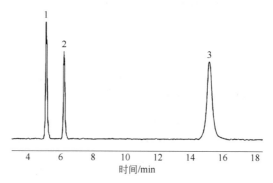

图 6-14　高效液相色谱法分离 3 种防腐剂的色谱图
1—脱氢乙酸；2—苯甲酸；3—山梨酸

2. 抗氧化剂

抗氧化剂能够阻止或延缓食品的氧化过程，并对维生素类和必需氨基酸等一些易被氧化的营养成分起保护作用，可有效提高食品的稳定性和延长食品保质期。然而相当多的动物实验表明，不少抗氧化剂具有一定的毒副作用，因此 GB 2760—2014《食品安全国家标准　食品添加剂使用标准》对食品中常用的抗氧化剂如 2,6-二丁基羟基甲苯（BHT）、叔丁基对羟基苯甲醚（BHA）、特丁基对苯二酚（TBHQ）等做了最大使用量规定（不超过 0.2g/kg）。

目前，抗氧化剂的检测方法主要是气相色谱法和液相色谱法。由于多数抗氧化剂属于高沸点、不易挥发的物质，气相色谱法检测时需要衍生处理，过程较烦琐，因此液相色谱法检测食品中抗氧化剂应用更为广泛。常见的 BHT、BHA、TBHQ 等抗氧化剂结构中都含有酚羟基，因此用 C_{18} 反相色谱分离时一般需要在流动相中加入乙酸等酸性物质使其呈分子状态，以便得到更加对称的峰形和更好的分离度。

图 6-15 为高效液相色谱法分离没食子酸丙酯等 7 种抗氧化剂的色谱图。分离条件如下：色谱柱为 ODS C_{18} 柱（4.6mm×250mm，5μm）。流动相：A 为乙腈，B 为 0.5%甲酸溶液。梯度洗脱程序：0~5min，50%A；5~8min，50%~70%A；8~13min，70%A；13~17min，70%~100%A；17~18min，100%A；18~19min，100%~50%A；19~20min，50%A。运行时间：20min。流速：1.0mL/min。柱温：35℃；检测波长：280nm。

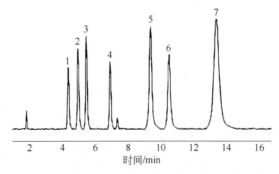

图 6-15　高效液相色谱法分离 7 种抗氧化剂的色谱图
1—没食子酸丙酯；2—2,4,5-三羟基苯丁酮；3—叔丁基对苯二酚；4—去甲二氢愈创木酸；5—叔丁基对羟基茴香醚；6—没食子酸辛酯；7—没食子酸十二酯

3. 色素

为了使食品色泽艳丽或保持原有色泽，在食品加工过程中加入色素（着色剂）

已成为普遍现象。与天然色素相比，人工合成色素具有化学性质稳定、成本低、着色力强等特点，受到食品加工企业的广泛青睐。但大部分合成色素并不能给人体提供营养成分，过量添加还会危害人体健康。因此 GB 2760—2014《食品安全国家标准　食品添加剂使用标准》对各种合成色素的适用范围和限量值做了明确规定，允许在食品中使用的合成色素包括日落黄、柠檬黄、苋菜红、赤藓红、诱惑红、胭脂红、新红、亮蓝、靛蓝。其中柠檬黄和日落黄在饮料中最大使用量为0.1g/kg，糖果中为 0.3g/kg，并且同一食品中多种色素混合使用时，各自用量占其最大使用量的比例之和不能超过 1。

由于食品加工过程中可能添加不止一种色素，加之食品基质较为复杂，高效液相色谱凭借其强大的分离能力和检测器高灵敏度，目前已成为食品中色素检测的主流分析方法。

图 6-16 为高效液相色谱法分离柠檬黄等 7 种色素的色谱图。分离条件如下：色谱柱为 ODS C_{18} 柱（4.6mm×250mm，5μm）；流动相：A 为乙腈，B 为 0.02mol/L 乙酸铵溶液，A：B（体积比）= 10：90；运行时间：17min；流速：1.0mL/min；柱温：30℃；检测波长：254nm。

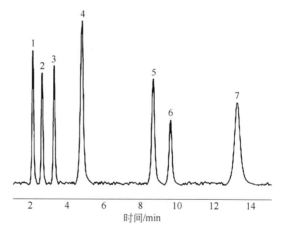

图 6-16　高效液相色谱法分离 7 种色素的色谱图
1—柠檬黄；2—苋菜红；3—靛蓝；4—胭脂红；5—日落黄；6—诱惑红；7—亮蓝

4. 甜味剂

甜味剂是一类用于改善食品风味的食品添加剂，按其来源可分为天然甜味剂和人工合成甜味剂。人工合成甜味剂主要包括安赛蜜、糖精钠、阿斯巴甜、阿力甜和纽甜等，其甜度为蔗糖的数十倍至数千倍，低热量且多不参与人体代谢过程，是目前食品加工领域广泛应用的甜味剂。但也不是所有食品中都能使用甜味剂，GB 2760—2014《食品安全国家标准　食品添加剂使用标准》明确规定，白酒中不允许添加任何人工合成甜味剂。

由于人工合成甜味剂具有高沸点、不易挥发等特点，用气相色谱分析需要衍生化处理，步骤较烦琐，而高效液相色谱法可直接对其进行分离检测，大大简化前处理和上机过程。

图6-17为高效液相色谱法分离安赛蜜等5种甜味剂的色谱图。分离条件如下：色谱柱为 ODS C_{18} 柱（4.6mm×250mm，5μm）；流动相：A 为甲醇，B 为 0.02mol/L 硫酸铵溶液（pH 4.4），A：B（体积比）= 5：95，运行时间：18min；流速：1.0mL/min；柱温：25℃；检测波长：230nm。

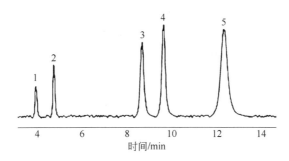

图 6-17　高效液相色谱法分离 5 种甜味剂的色谱图
1—安赛蜜；2—糖精钠；3—阿斯巴甜；4—阿力甜；5—纽甜

三、液相色谱在食品有毒有害物质残留分析中的应用

食品中有毒有害物质的来源主要有两方面：一是食品本身原材料（如初级农产品）在种植、养殖环节中农兽药使用不规范，造成食物中农兽药残留超标问题；二是食品在加工、储运、保存等过程中，由于处置不当或环境条件不达标导致食品中产生如黄曲霉毒素等真菌毒素污染，该类物质的强致癌性严重威胁人体健康。因此采用高效、可靠的分析技术快速检测食品中的有毒有害物质，杜绝不合格食品进入市场，可有效降低食品安全风险。

1. 食品中农药残留

在农药残留分析中，高效液相色谱与气相色谱各有优势，能够互补短长。高效液相色谱法的优势在于分析一些沸点较高、不易挥发、热不稳定的农药组分，与气相色谱只能通过程序升温优化分离条件相比，高效液相色谱法在流动相种类、组成比例、pH值等方面有更多选择，程序方法可灵活调节，特别适合分析食品这类基质复杂的样品，广泛应用于食品中氨基甲酸酯类、除草剂类等农残检测。

（1）氨基甲酸酯类农残检测　氨基甲酸酯类农药是以甲酸酯为前体化合物发展而来的农药，GB 2763—2019《食品安全国家标准　食品中农药最大残留限量》对食品中如涕灭威、克百威等毒性大的组分限量要求很低（一般要求≤0.02mg/kg），紫外检测器灵敏度很难达到，需要使用荧光检测器。但该类农药没有荧光官能团，需要通过邻苯二甲醛（OPA）衍生使其产生荧光，因此高效液相色谱法检测氨基甲酸酯类农药需要进行柱后衍生。

图6-18为高效液相色谱法柱后衍生分离克百威等8种氨基甲酸酯类农药的色谱图。分离条件如下：色谱柱为C_8柱（4.6mm×250mm，5μm）。流动相：A为甲醇，B为水。梯度洗脱程序：0～2min，15%A；2～5min，15%～40%A；5～7min，40%A；7～11min，40%～75%A；11～12min，75%～100%A；12～13min，100%A；13～14min，100%～15%A；14～15min，15%A。运行时间：15min。流速：1.0mL/min。柱温：42℃。柱后衍生条件：0.05mol/L氢氧化钠溶液+邻苯二甲醛试剂（OPA）。流速：0.3mL/min。水解温度：100℃。衍生温度：25℃。检测波长：激发波长330nm，发射波长465nm。

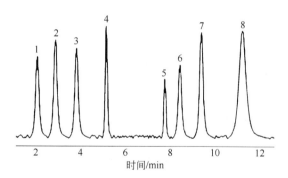

图6-18　高效液相色谱法柱后衍生分离8种氨基甲酸酯类农药的色谱图
1—涕灭威亚砜；2—涕灭威砜；3—灭多威；4—3-羟基克百威；5—涕灭威；
6—克百威；7—甲萘威；8—异丙威

（2）磺酰脲类除草剂检测　磺酰脲类除草剂是目前世界上用量最大的一类除草剂，其具有广谱、高效和高选择性等特点，广泛用于去除田间杂草。这类除草剂由于挥发性低、热不稳定，不宜用气相色谱法分析，而高效液相色谱法非常适合分析检测该类组分。

2. 食品中兽药残留

兽药在防治动物疾病、促进动物生长、改善畜产品产品质量方面发挥着重要作用，但在动物养殖过程中还存在不少不合理使用兽药的情况，这将非常容易导致在动物源性食品中残留，人类长期食用这类食品必然会危害身体健康。动物源性食品中常见的残留超标的兽药主要包括抗生素类（如磺胺类、喹诺酮类）、激素类（如雌激素、雄激素类）和抗寄生虫类（如咪唑类）等药物。这些药物大多属于极性较强、高沸点、不易挥发的有机物，适合用高效液相色谱法分析。

（1）磺胺类兽药检测　磺胺类抗生素是基于对氨基苯磺酰胺化学合成的磺酰胺及其衍生物（右侧氨基键合不同基团），适合用反相色谱法分析，其结构含有紫外吸收基团，可用紫外吸收检测器。

图 6-19 为高效液相色谱法分离 7 种磺胺类药物的色谱图，分离条件如下：色谱柱为 ODS C_{18} 柱（4.6mm×250mm，3.5μm）。流动相：A 为乙腈，B 为 0.2%乙酸溶液。梯度洗脱程序：0～2min，13%A；2～5min，13%～35%A；5～8min，35%A；8～11min，35%～70%A；11～12min，70%～100%A；12～13min，100%A；13～14min，100%～13%A；14～15min，13%A。运行时间：15min。流速：1.0mL/min。柱温：30℃。检测波长：230nm。

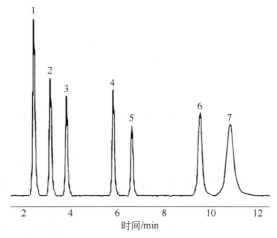

图 6-19　高效液相色谱法分离 7 种磺胺类药物的色谱图
1—磺胺吡啶；2—磺胺甲基嘧啶；3—磺胺二甲基嘧啶；4—磺胺间甲氧嘧啶；
5—磺胺甲噁唑；6—磺胺间二甲氧嘧啶；7—磺胺喹噁啉

动物源性食品一般脂肪含量较高,若前处理过程中不能将其完全去除,会在270nm 波长处有强紫外吸收,可能干扰目标物检测,因此为得到更高灵敏度和高选择性,磺胺类药物经过荧光胺类物质衍生也可通过荧光检测器分析。

图 6-20 为高效液相色谱-荧光法分离 10 种磺胺类药物的色谱图。分离条件如下:色谱柱为 ODS C_{18} 柱(4.6mm×250mm,5μm)。流动相:A 为甲醇,B 为 0.3% 乙酸溶液。梯度洗脱程序:0~3min,10%A;3~8min,10%~40%A;8~10min,40%A;10~16min,40%~60%A;16~17min,60%~100%A;17~19min,100%A;19~20min,100%~10%A;20~22min,10%A。运行时间:22min。流速:1.0mL/min。柱温:30℃。检测波长:激发波长 388nm,发射波长 492nm。

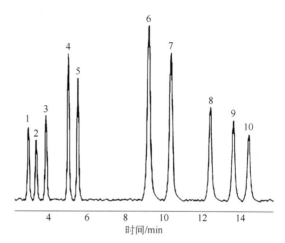

图 6-20　高效液相色谱-荧光法分离 10 种磺胺类药物的色谱图
1—磺胺嘧啶;2—磺胺吡啶;3—磺胺甲基嘧啶;4—磺胺二甲基嘧啶;
5—磺胺间甲氧嘧啶;6—磺胺甲噁唑;7—磺胺二甲异噁唑;
8—磺胺苯吡唑;9—磺胺间二甲氧嘧啶;10—磺胺喹噁啉

(2)喹诺酮类兽药检测　喹诺酮类抗生素分子基本骨架为氮(杂)双并环结构,该官能团自身能够产生荧光,一般使用反相色谱-荧光检测器分析。

图 6-21 为高效液相色谱-荧光法分离 7 种喹诺酮类药物的色谱图。分离条件如下:色谱柱为 ODS C_{18} 柱(4.6mm×250mm,5μm);流动相:A 为乙腈,B 为 0.05mol/L 磷酸溶液(用三乙胺调 pH 值到 2.4),A∶B(体积比)=20∶80;运行时间:15min;流速:0.8mL/min;柱温:30℃;检测波长:激发波长 280nm,发射波长 450nm。

(3)激素类兽药检测　激素是由动植物产生或人工合成的一类促进细胞生长分化、扩增肌肉的化学物质。为了提高经济效益,激素在畜牧和水产养殖中被大量使用,造成了动物源性食品中存在不同程度的激素残留,进而威胁到人类健康。

该类物质主要包括皮质固醇类激素、雄性激素、雌性激素等，属于沸点高、难挥发组分，适合高效液相色谱法分析检测。

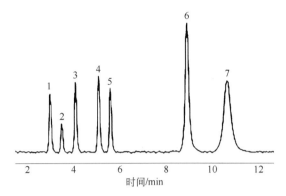

图 6-21　高效液相色谱-荧光法分离 7 种喹诺酮类药物的色谱图
1—氟罗沙星；2—氧氟沙星；3—诺氟沙星；4—环丙沙星；5—洛美沙星；
6—恩诺沙星；7—沙拉沙星

图 6-22 为高效液相色谱法分离氢化可的松等 8 种肾上腺皮质类激素的色谱图。分离条件如下：色谱柱为 ODS C_{18} 柱（4.6mm×250mm，5μm）；流动相：A 为乙腈，B 为水，A:B（体积比）=35:65；运行时间：18min；流速：1.0mL/min；柱温：37℃；检测波长：260nm。

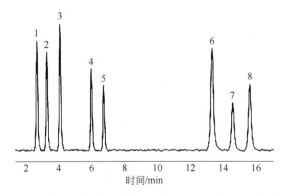

图 6-22　高效液相色谱法分离 8 种肾上腺皮质类激素的色谱图
1—氢化可的松；2—可的松；3—甲泼尼龙；4—倍他米松；5—地塞米松；
6—皮质酮；7—倍氯米松；8—曲安奈德

图 6-23 为高效液相色谱法分离雌三醇等 8 种雌性激素的色谱图。分离条件如下：色谱柱为 YMC C_8 柱（4.6mm×250mm，5μm）；流动相：A 为乙腈/四氢呋喃，B 为水，乙腈:四氢呋喃:B（体积比）=46:4:50；运行时间：15min；流速：

0.7mL/min；柱温：30℃；检测波长：230nm。

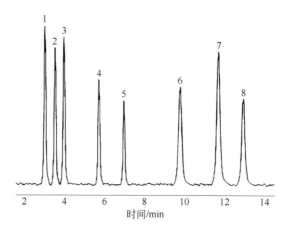

图 6-23　高效液相色谱法分离 8 种雌性激素的色谱图
1—雌三醇；2—雌二醇；3—炔诺酮；4—炔雌醇；5—雌酮；6—黄体酮；
7—乙酸甲羟孕酮；8—美雌醇

3. 食品中真菌毒素残留

真菌毒素是由各种丝状真菌产生的有毒次生代谢产物，容易出现在储存不当发霉变质的食品中，特别是谷物、油料作物和坚果中。主要分为霉菌毒素如黄曲霉毒素、棒曲霉毒素和赭曲霉毒素等，镰刀菌毒素如伏马毒素、脱氧雪腐镰刀菌烯醇、玉米赤霉烯酮等。这些毒素一般是强致癌物质，对肝肾、神经系统等有直接损害作用。因此，GB 2761—2017《食品安全国家标准　食品中真菌毒素限量》对其限量做出了严格的要求：黄曲霉毒素，一般类食品 5～20μg/kg，特殊类食品（如婴幼儿食品）0.5μg/kg；赭曲霉毒素，2～10μg/kg；玉米赤霉烯酮，60μg/kg 等。真菌毒素属于难挥发类物质，适合液相色谱分析；结构中多数含有较多芳香环和杂环，普通反相色谱柱（C_{18} 等）基本可满足分离度要求；同时要达到 10^{-9} 数量级检出限，一般需要使用荧光检测器。

四、常见问题与解答

1. 液相色谱分析糖类需要注意的问题有哪些?

问题描述　请问色谱柱 Agilent ZORBAX Carbohydrate Analysis Column 是氨基柱

还是糖柱？这根柱子能分离左旋葡聚糖、木糖、半乳糖、甘露糖、阿拉伯糖吗？生物油水相中含有一定量的乙酸，乙酸在这个柱子上会不会出峰？需不需要梯度洗脱？流动相用什么？

解　答　（1）糖柱顾名思义就是可以分析糖类物质的色谱柱，包括氨基键合相、酰胺键合相、钙基-离子交换柱等众多类型色谱柱。"Agilent ZORBAX Carbohydrate Analysis Column"是安捷伦公司生产的分析糖类等碳水化合物的专用分析柱，该色谱柱基体填料为硅胶颗粒，表面键合 3-氨基丙基硅烷分子，本质上是一款硅胶为载体的氨基柱。

（2）乙酸在溶液中以乙酸根离子状态存在，理论上不会在该色谱柱上保留，而且糖类分析一般要用示差折光或蒸发光散射检测器，乙酸一般不会在这两种检测器上出峰。

（3）氨基柱是十分适合分离各种糖类的正相色谱柱，可以用反相色谱流动相（如乙腈+水/三乙胺），省去了反相、正相液相色谱系统的切换。建议参考利用氨基柱分析糖类的相关文献，再根据自己的仪器优化流动相组成，如乙腈和水的比例、需不需要添加三乙胺改善峰形等。需要注意的是使用示差折光检测器就不能用梯度洗脱，如果打算用梯度洗脱可以考虑蒸发光散射检测器。

2. 如何选择氨基酸分析时可以使用的衍生化试剂？

问题描述　使用液相色谱紫外检测器测定氨基酸，发现使用 AQC 衍生测定时 AMQ 峰很高，但是氨基酸的峰很低，此时氨基酸的浓度已经很大，浓度为 100mg/kg。降低 AQC 的量，基线漂移很严重，有什么方法可以改善？有没有更好的衍生化试剂？

解　答　氨基酸的结构决定了本身的紫外吸收很弱，因此用液相色谱-紫外检测器测定氨基酸含量时需要用到衍生试剂，增大其紫外吸收以满足灵敏度要求。用于紫外检测器分析氨基酸的柱前衍生试剂主要包括 PTH、PTC 和 AQC 等。

（1）PTH（苯乙内酰硫脲）：PTH 是最早一批用于氨基酸衍生的试剂，衍生物稳定，缺点是不能同时衍生所有氨基酸（如 Arg、His 等需要单独处理），这就导致衍生步骤复杂且时间长，已经逐步被 PTC 法取代。

（2）PTC（苯氨基硫甲酰）：PTC 是 PTH 衍生法的中间产物，与 PTH 法相比，该方法衍生步骤简单、快速（室温条件下只需 20min），衍生产物稳定，且都能和一、二级氨基酸反应，试剂、副产物等干扰因素可通过快速蒸发去除，紫外检测灵敏度相对较高（可达 1pmol），是目前氨基酸柱前衍生分析方法的主要试剂之一。

（3）AQC（6-氨基喹啉基-*N*-羟基琥珀酰亚氨基甲酸酯）：AQC 是一种具有反应活性的杂环氨基甲酸酯，能与一、二级氨基酸迅速反应生成脲。该衍生物性质十分稳定，具有强紫外吸收。该方法使用时注意 AQC 的加入量要适量，如果在组氨酸峰后和甘氨酸峰前分别出现一个较小和较大的峰，则可能是 AQC 量不够，导致含有两个氨基的赖氨酸形成单衍生化的两个异构体。如果色谱柱上出现一个很大的试剂峰而影响目标化合物检测，则可能是 AQC 过多水解为 AMQ（6-氨基喹啉）。

3. 液相色谱可以检测维生素的种类有哪些？

解　答　维生素主要分为水溶性维生素和脂溶性维生素两大类，基本可以用液相色谱法检测，下面分别进行介绍。

（1）水溶性维生素的检测

由于水溶性维生素（主要是 B 族维生素和维生素 C）易溶于水，极性较强，很难直接在如 C_{18} 等反相色谱柱上保留。因此该类物质分析一般有两种方式：一是用硅胶表面键合—NH_2 等极性基团的正相色谱柱，如图 6-24 所示的 HILIC 模式；二是在反相色谱（如 C_{18}、C_8 等）流动相中添加离子对缓冲试剂（如 Na_3PO_4、KH_2PO_4、己烷磺酸盐等）增加其保留时间，见图 6-25。

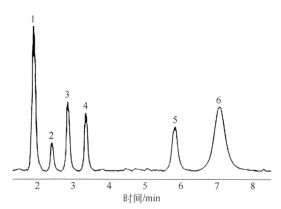

图 6-24　HILIC 模式色谱柱分离水溶性维生素的色谱图
1—烟酰胺；2—维生素 B_7；3—维生素 B_6；4—维生素 C；5—维生素 B_{12}；6—维生素 B_1

（2）脂溶性维生素的检测

脂溶性维生素（维生素 A、D、E 等）极性较弱，可以直接用 C_{18}、C_8 等反相色谱柱分离。需要注意的是，维生素 E（生育酚）共有 α、β、γ、δ 四种结构类型，

C_{18} 等反相柱很难将这四种完全分开，而硅胶、二醇基（diol）等正相柱能很好地分离这四种结构，见图 6-26。

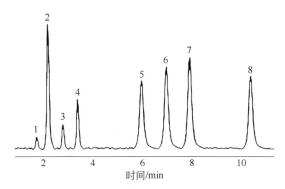

图 6-25　C_{18} 柱分离水溶性维生素色谱图
1—维生素 B_1；2—维生素 C；3—烟酸；4—维生素 B_6；5—泛酸；6—叶酸；
7—维生素 B_{12}；8—维生素 B_2

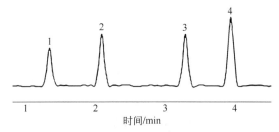

图 6-26　维生素 E 在二醇基色谱柱上的色谱图
1—α-维生素 E；2—β-维生素 E；3—γ-维生素 E；4—δ-维生素 E

4. 如何解决高效液相色谱检测有机酸分离度不好的问题？

问题描述　参考国家标准方法用高效液相色谱检测水果中的有机酸，流动相为 pH 值 2.7 的磷酸氢二钾溶液，流速 0.5mL/min，进样量 20μL，安捷伦 4.6mm×100mm、3.5μm 色谱柱，标准品苹果酸、柠檬酸、酒石酸、丁二酸在柱子里保留时间很短，1.5min 开始出峰，四种标准品分不开，最多出两个峰。如何提高这四种物质的分离度？

解　答　食品中有机酸通常为含有羧基的小分子酸性有机化合物，在水中以酸根离子态存在，直接分析很难在 C_{18} 等反相柱上保留，因此一般需要在流动相中加酸（如三氟乙酸等）或缓冲盐（如 NaH_2PO_4 等）增加其保留时间，以利于色谱分离。

GB 5009.157—2016《食品安全国家标准　食品有机酸的测定》中用到的色谱

柱是 C_{18}（4.6mm×250mm，5μm），上文中所使用的 4.6mm×100mm、3.5μm 色谱柱虽然粒径小一些，但还没达到超高效色谱柱（一般粒径<2μm）规格，而该色谱柱长度 100mm 比标准要求的 250mm 短很多，因此分离能力可能要比国家标准要求的色谱柱差一些，导致这四种有机酸分离度不好。国家标准中流动相是 0.1%磷酸溶液（pH 值约为 2.1）+甲醇，上文中所使用的流动相为 pH=2.7 的磷酸氢二钾（磷酸氢二钾为碱性，应该是磷酸二氢钾），很明显国家标准中流动相 pH 值更低，这有利于这几种酸更多地呈分子状态以增加其在反相色谱柱 C_{18} 上的保留时间，改善分离度。

建议采用更长些的色谱柱（如 250mm），同时要保证该色谱柱有足够强的耐水性（最好能耐受 100%水相），流动相 pH 值尽量靠近国家标准的推荐，可借鉴国家标准中所示流动相组成，再根据自己仪器进一步优化。C_{18} 柱分离有机酸的色谱图如图 6-27 所示。

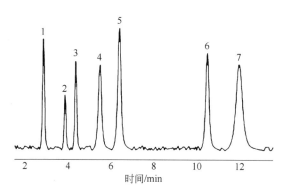

图 6-27　C_{18} 柱分离有机酸的色谱图
1—苹果酸；2—乳酸；3—乙酸；4—马来酸；5—琥珀酸；6—丙酸；7—富马酸

5. 如何选择食品中丙酸液相色谱分析方法的流动相？

问题描述　液相色谱法检测丙酸钙、丙酸钠，流动相可以用 100%的磷酸氢二铵吗？

解　答　丙酸钙、丙酸钠是食品生产中常用的防腐剂，GB 2760—2014《食品安全国家标准　食品添加剂使用标准》中规定在面包等产品中的使用限量为 2.5g/kg。

丙酸钙、丙酸钠属于强碱弱酸盐，易溶于水，因此常用丙酸的检测来反映丙酸钙、丙酸钠的使用情况。

由于丙酸的 pK_a 值为 4.87，为了增加丙酸在 C_{18} 色谱柱上的保留能力，确保丙酸呈现分子状态，因此，流动相的 pH 值应在 2.8 左右。

由于丙酸中碳链短，属于极性化合物，与 C_{18} 色谱柱的作用力相对较弱。为了使丙酸在 C_{18} 色谱柱上有必要的保留时间，常使用磷酸氢二铵缓冲液作为流动相。如使用改性过能耐纯水的 C_{18} 色谱柱，可使用100%缓冲液作流动相。

6. 防腐剂检测时前处理需要注意哪些问题？

问题描述　检测酱油中的防腐剂山梨酸和苯甲酸，前处理方法有酸化后提取法和沉淀法，酸化法和沉淀法具体该如何操作？提取剂和沉淀剂用什么？

解　答　酱油的前处理过程一般参照 GB 5009.28—2016《食品安全国家标准　食品中苯甲酸、山梨酸和糖精钠的测定》中的 5.2.1：在样品中加水提取后，加入亚铁氰化钾和乙酸锌沉淀蛋白（即"沉淀法"），离心后取上清液用水定容，混匀，过 0.22μm 水系滤膜后供液相色谱分析。

酱油含有较多的色素、蛋白等杂质，且与水互溶，只用纯水作提取液，沉淀完蛋白后发现上清液颜色还是比较深，这说明前处理除杂不完全。这时上机检测的色谱峰杂峰很多，干扰苯甲酸、山梨酸等目标物检测，同时也容易导致色谱柱堵塞，造成色谱柱柱效下降。

可以考虑加入一些如乙腈等可以沉淀蛋白的有机试剂。有研究表明，用 0.1% 甲酸乙腈作为酱油中防腐剂的提取溶剂，可有效去除蛋白等杂质，上清液比只用水提取时颜色浅很多，上机后杂质峰也要少很多。

7. 为什么分析食品中苯甲酸和山梨酸时保留时间会延迟？

问题描述　用安捷伦1260检测苯甲酸、山梨酸，标准溶液的保留时间与样品的保留时间不一致，样品的保留时间较标准品延后，该如何处理？

解　答　理论上，色谱条件不变的前提下，样液中化合物峰保留时间应与标准溶液中化合物峰保留时间一致，这是液相色谱定性的前提与要求。受实际条件的制约，两者间的保留时间相对允许偏差为5%。

导致苯甲酸、山梨酸标准液的保留时间与样品的保留时间不一致的原因可能有：

（1）样液中杂质的干扰

由于苯甲酸、山梨酸极性的原因，在 GB 5009.28—2016《食品安全国家标准　食品中苯甲酸、山梨酸和糖精钠的测定》中，使用 C_{18} 色谱柱对苯甲酸、山梨酸进行色谱分离时，采用了低有机相比例的流动相进行等度洗脱，即甲醇：乙酸铵（体积比）=5：95。低有机相比例的流动相使得样品中部分非极性化合物不能及时洗脱出色谱柱，进而影响苯甲酸、山梨酸在 C_{18} 色谱柱上的保留时间。在实际的样品检测中，样液中杂质干扰是引起保留时间不一致的主要原因。解决的办法是：在色谱分离的后期增加一步强溶剂洗脱步骤，或延长色谱洗脱时间。

（2）流动相的不稳定

在现代液相色谱中，二元及以上的液相色谱仪是主流。二元或四元液相色谱仪可以通过比例阀将不同溶剂按不同比例在线混合制成所需的流动相。对低比例流动相而言，比例阀的稍微波动，就会影响目标化合物保留时间的较大变化。解决的办法是：提前按比例混合好流动相。

（3）柱温不稳定

柱温是影响化合物在色谱柱上保留行为的因素之一。通常，在反相色谱体系中，柱温的降低会引起化合物保留时间的延长。在缺乏柱温控制装置条件下，实验室的日夜温差会引起化合物在色谱保留时间的漂移。解决办法是：安装柱温控制装置，将柱温控制在设定温度 1℃偏差范围内。

8. 液相色谱分析食品中脱氢乙酸为何不出峰？

问题描述　按照 GB 5009.121—2016 国家标准方法，以 0.02mol/L 乙酸铵：甲醇（体积比）=90：10，流速 1mL/min，可以检测脱氢乙酸，但在流动相中加入 0.1% 的乙酸后，同样的分析时间内检测不到脱氢乙酸色谱峰，为什么？

解　答　脱氢乙酸是我国允许在食品生产加工中使用的一种化学合成防腐剂，在较高的 pH 值范围内保持良好的抗菌性。脱氢乙酸是极性化合物，因其含有双键具有紫外吸收，在 C_{18} 色谱柱有一定的吸附保留。在 GB 5009.121—2016《食品安全国家标准　食品中脱氢乙酸的测定》液相色谱法中使用 0.02mol/L 乙酸铵：甲醇（体积比）=90：10 作为流动相，对脱氢乙酸作等度洗脱。

通常对可电离化合物而言，不同的化合物状态与 C_{18} 之间的作用力存在明显差异。脱氢乙酸 pK_a 值为 5.27，而 0.02mol/L 乙酸铵：甲醇（体积比）=90：10 流动相体系的 pH 值在 7～8，在此体系中，大部分脱氢乙酸处于离子态。当原有体系中加入乙酸酸化后，流动相体系的 pH 值有利于脱氢乙酸从离子态向分子态转化，从而促使脱氢乙酸与 C_{18} 的作用力更强，因此，相对而言，乙酸铵：甲醇（体积比）=90：10 流动相洗脱能力变弱，导致脱氢乙酸在 C_{18} 色谱柱上的保留时间更长，或长期保留在色谱柱上。只有延长酸化后流动相的洗脱时间，或增加酸化后流动相中有机相的比例，才可将脱氢乙酸从色谱柱上洗脱下来。

9. 如何提升食品中富马酸二甲酯液相色谱检测方法的检出限？

问题描述　根据 NY/T 1723—2009《食品中富马酸二甲酯的测定　高效液相色谱法》，方法检出限是 0.05mg/kg，折算后标准溶液最低点需要做到 10ng/mL，但目前我们实验室只能做到 50ng/mL。因为食品中富马酸二甲酯是禁止添加的，如何才能做到检出限满足标准要求呢？

解　答　（1）对于非法添加物质的检测，无论是在绘制标准曲线，还是在做加标回收等质控方法，都必须将检测限作为一个重要指标。通常将 3 倍信噪比的色谱峰浓度作为目标化合物的检测限。

（2）由于富马酸二甲酯紫外吸收不是太强，单位浓度在液相色谱中的响应不是太高，想获得较低的检测限（0.05mg/kg）是一个难题。总体的解决办法是采取措施去提高富马酸二甲酯的信噪比。

（3）改善富马酸二甲酯的信噪比，可以通过以下措施：

① 更换有机相种类。甲醇的紫外截止波长为 205nm，在 220nm 波长处吸收度大于 0.2AU。在 NY/T 1723—2009《食品中富马酸二甲酯的测定　高效液相色谱法》中流动相甲醇的比例为 55%，其背景吸收为 0.11AU 左右，远高于 0.05AU 的要求。而乙腈在 220nm 处的吸光度比较低。流动相本底吸光度的降低有利于提高富马酸二甲酯的信噪比。

② 选择粒径更小的色谱柱。色谱柱的粒径越小，则色谱峰的峰宽越窄，信噪比越大。当然，粒径越小带来一个不利影响就是柱压高。对富马酸二甲酯的检测，可以选择比标准中要求的更小一点粒径的色谱柱，即粒径为 3.5μm 的色谱柱。

③ 加大进样量。在不影响目标化合物在色谱柱保留行为及改变峰形的前提下，增大进样量有利于提高化合物色谱峰的信噪比。

10. 液相色谱分析脂溶性食品中抗氧化剂时需要注意哪些问题？

解　答　日常检测抗氧化剂的样品主要有以下几类：
① 液体油，如大豆油、玉米油；
② 固体油，如人造奶油、黄油、氢化油；
③ 其他食品，如糕点、膨化食品、各类坚果。

（1）常用抗氧化剂检测标准主要有 NY/T 1602—2008《植物油中叔丁基羟基茴香醚（BHA）、2,6-二叔丁基对甲酚（BHT）和特丁基对苯二酚（TBHQ）的

测定 高效液相色谱法》、SN/T 1050—2014《出口油脂中抗氧化剂的测定 高效液相色谱法》、GB 5009.32—2016《食品安全国家标准 食品中9种抗氧化剂的测定》，分别适用于植物油、色拉油和人造奶油等油脂以及其他各类食品。

（2）不同类型样品测定抗氧化剂时，需依据样品类型选择不同的称样方式。

① 液体油：直接称取。

② 固体油：取样 30～50g 于烧杯中，置于水浴锅 70℃加热溶解后取样，部分固体油（如人造奶油）含有水分，因此融化后只取上层油样。

③ 食品类：油脂提取参照 GB/T 5009.56—2003《糕点卫生标准的分析方法》第4.2条，均匀取样 30～50g 于具塞广口瓶中，加入石油醚没过样品，浸泡过夜，过滤取石油醚后，置于水浴锅 70℃挥干石油醚，称取油样。

（3）样品前处理过程中的注意事项如下：

① 用甲醇代替乙腈作提取溶剂，实验证明二者提取效率相同，但甲醇毒性低于乙腈，故采用甲醇。甲醇与水相溶，因此实验过程中要保证所用实验器材干燥，以防影响检测结果。

② 由于抗氧化剂不能从油脂中完全提取出来，若直接用溶剂（如甲醇）配制抗氧化剂标准溶液，由此计算样品中抗氧化剂含量，与真实值相比会偏低。为了更准确地测定抗氧化剂的含量，实验中采用配制油标的方法，即用空白油（经检测不含抗氧化剂的油）配制抗氧化剂标准溶液，得到相应浓度的油标，将油标与样品同条件处理，并由此计算结果。结果表明，相对于用溶剂配制的标准溶液，用油标可使检测值更接近真实值，而且可避免基质效应。

③ 固体油在提取过程中需保持融化状态，否则会提取不完全，影响检测结果，因此设置提取温度为 60℃，若达不到样品融化温度可再适当提高。

11. 液相色谱测定合成色素不出峰的原因有哪些?

问题描述 国家标准里测定合成色素的波长为 254nm，流动相用的是乙酸铵和甲醇，乙酸铵的 pH 值为 4.0，按照该条件为什么检测不到色谱峰？

解 答 （1）液相色谱检测色素的仪器条件可以参考 GB 5009.35—2016《食品安全国家标准 食品中合成着色剂的测定》，以甲醇和 0.02mol/L 乙酸铵溶液为流动相，通过紫外检测器或二极管阵列检测器检测。

（2）从日落黄等色素分子结构来看，酸性环境中大多数呈分子状态，在反相 C_{18} 色谱柱上更倾向于保留，甲醇等有机相比例不够不容易将其从色谱柱上洗脱，可能出现不出峰现象。同时 254nm 是液相色谱紫外检测器通用波长，这些色素在该波长处有吸收，但并不是其最大吸收波长（如日落黄最大吸收波长为 483nm，柠檬黄为 427nm 等），若紫外检测器氘灯使用时间较长能量下降，有可能导致色素在 254nm 处吸收值较低，影响目标化合物出峰。

综上所述，解决该问题可以试着从两方面入手：一是流动相用甲醇和 0.02mol/L 乙酸铵（不调 pH 值，查阅很多文献用的也是这种流动相组成），梯度洗脱程序可以参照 GB 5009.35—2016；二是使用二极管阵列检测检测器，可以查阅资料找到各种色素对应的最大吸收波长，然后再根据自己需要检测的目标化合物确定更合适的波长。

12. 液相色谱测定氨基甲酸酯的注意事项有哪些？

问题描述　按 NY/T 761—2008 检测涕灭威亚砜和涕灭威砜，色谱柱为氨基甲酸酯分析专用柱 3.9mm×150mm，进样量 10μL，优化了梯度脱洗程序。结果色谱峰宽 1min，且拖尾，涕灭威亚砜和涕灭威砜无法分开，怎样解决？柱后衍生水解温度是 100℃，怎样进行 OPA 衍生化反应？荧光检测器的灵敏度是否与样品的温度有关？

解　答　（1）导致色谱峰过宽的原因主要有以下几个方面：

① 流动相中有机相比例或流速低造成从色谱柱上洗脱目标化合物时间过长；

② 柱外效应影响，主要是柱子与检测器之间的管路太长或管路内径太大导致"死体积"过大；

③ 色谱柱本身受到污染导致柱效降低或色谱柱填料选用不合适。

（2）液相色谱柱后衍生法测定氨基甲酸酯农药的标准有 NY/T 761—2008《蔬菜和水果中有机磷、有机氯、拟除虫菊酯和氨基甲酸酯类农药多残留的测定》和 GB 23200.112—2018《食品安全国家标准　植物源性食品中 9 种氨基甲酸酯类农药及其代谢物残留量的测定　液相色谱-柱后衍生法》。前者推荐的色谱柱包括 C_{18}、C_8 两种，而后者推荐的只有 C_8 一种，考虑到涕灭威亚砜和涕灭威砜极性较强，用极性比 C_{18} 键合相稍强的 C_8 分析柱理论上对极性强的组分能得到更好的分离度。

（3）标准中推荐的色谱柱长度都为 250mm，而非 150mm，建议改用长度为 250mm 的色谱柱。甲醇的洗脱能力比乙腈要弱一些，流动相有机相部分改用乙腈或甲醇/乙腈混用应该能有效减小峰宽。不少文献资料都对这两个标准中的流动相组成、梯度洗脱程序进行了优化，可以参考这些条件，再根据具体情况进一步优化。

（4）上机标样和样品不要用纯有机相溶解，否则出峰靠前的如涕灭威亚砜和涕灭威砜容易产生溶剂效应，一般用 50%有机相溶解。每次进样前色谱柱平衡时间要足够长，普通液相色谱最好达到 20min 以上。OPA 衍生试剂对氧敏感，易降解，打开后尽量 24h 用完；OPA 稀释用试剂四硼酸钠要用优级纯以上（最好色谱纯），防止重金属离子和不溶物质沉淀在反应器和流通池中，造成结晶堵塞。

（5）氨基甲酸酯类柱后衍生包括两个反应器：一个用于水解，温度要求 100℃；另一个用于衍生，要求室温，按照要求设定即可。荧光检测器的灵敏度与样品的温度没有太大关系，色谱柱温度按标准设定 42℃就可以。

13. 磺酰脲类农药液相色谱法最佳分析条件是什么？

解　答　（1）磺酰脲类除草剂的分子结构由芳香环、磺酰脲桥及杂环三部分构成，磺酰脲结构决定了其具有弱酸属性（pK_a 值在 3～5），流动相中加少量酸可抑制其离子化，使大多数组分呈分子状态有利于获得对称的色谱峰及增加保留时间；含有的芳香环、杂环等弱极性基团，使磺酰脲类化合物在 C_{18} 键合相等反相色谱柱上有很好的分离度。

（2）液相色谱法测定磺酰脲类除草剂的应用文献有很多，典型色谱图见图 6-28。分离条件如下：色谱柱为 ODS C_{18} 柱（4.6mm×250mm，5μm）。流动相：A 为乙腈，B 为 0.2%磷酸溶液。梯度洗脱程序：0～5min，25%A；5～10min，25%～50%A；10～18min，50%A；18～19min，50%～100%A；19～21min，100%A；21～22min，100%～25%A；22～25min，25%A。运行时间：25min。流速：1.0mL/min。柱温：35℃。检测波长：230nm。

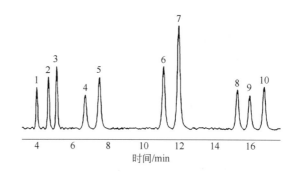

图 6-28　磺酰脲类除草剂分离色谱图
1—烟嘧磺隆；2—甲磺隆；3—甲嘧磺隆；4—氯磺隆；5—胺苯磺隆；
6—苄嘧磺隆；7—吡嘧磺隆；8—氯嘧磺隆；
9—氯吡嘧磺隆；10—氟胺磺隆

14. 液相色谱法中流动相配比对峰高和峰面积有哪些影响？

问题描述　检测二氯喹啉酸残留，色谱条件：流动相为乙腈：水（体积比）=1∶1，水用磷酸调到 pH=4；流速 1mL/min；波长 225nm；进样量 20μL。此条件下，标样出峰时间较早，保留时间 4min 左右，样品峰分不开。调整了流动相比例，乙腈：水（体积比）=1∶3，保留时间 15min 左右，但峰高和峰面积明显降低，且浓度较低时不出峰，怎样解决？

解　答　二氯喹啉酸属于弱酸性化合物，在水中的溶解度为 0.065mg/L，在甲醇中溶解性比乙腈要好（难溶于乙腈），问题产生的原因可能是目标化合物在乙腈中溶解度低，可以考虑改用甲醇和水作为流动相。

二氯喹啉酸的 pK_a 值为 4.35，对于弱酸性物质一般流动相 pH 值的选用原则是最好小于等于其 pK_a 值两个单位，以保证待测物 99%以上呈分子状态，否则容易产生峰拖尾、峰分叉等现象。而原水相部分 pH=4，和二氯喹啉酸 pK_a 值很接近，该条件下，二氯喹啉酸处于分子、离子形态各占一半的混合状态，不利于二氯喹啉酸在色谱柱上的保留，可能影响目标化合物峰形。兼顾目标化合物 pK_a 值和色谱柱 pH 值耐受范围，建议将流动相 pH 值调节至 2～3 来优化实验。

15. 如何提高液相色谱法检测磺胺类物质的回收率？

解　答　现行有效的液相色谱法检测食品中磺胺类药物的标准主要有 GB 29694—2013《食品安全国家标准　动物性食品 13 种磺胺类药物多残留的测定　高效液相色谱法》和农业部 958 号公告—12—2007《水产品中磺胺类药物残留量的测定　液相色谱法》。

GB 29694—2013 前处理过程需要注意的是：对于肉类等畜禽产品试样制备时要尽可能粉碎彻底，加入乙酸乙酯涡旋时要保证试样能与提取液充分混合，最好进行高速匀浆，然后再超声 20min 能有效提高提取效率。MCX 固相萃取净化过程中，最后氨化甲醇洗脱时流速不能太快（不超过 1 滴 s/），氮吹至近干即可，不要完全吹干，否则也会影响回收率。

农业部 958 号公告—12—2007 前处理过程需要注意的是：该标准前处理过程和 GB 29694—2013 类似，但乙酸乙酯旋蒸时没加盐酸，因此要注意最后不能蒸干，近干就可以，否则目标物损失会很大。净化过程使用的是 HLB 固相萃取柱，使用时注意事项和 GB 29694—2013 中使用的 MCX 柱类似。

需要注意的是由于畜禽产品脂肪含量较高，除脂效果不好的话会在色谱图前端位置出现很大的峰（磺胺类紫外波长270nm，脂肪在此处有强吸收），这会对磺胺醋酰、磺胺吡啶等出峰靠前的物质产生影响。

不少研究表明，用乙腈代替乙酸乙酯作提取剂，能更好地去除脂肪，可以有效减小对目标化合物干扰。如果使用乙腈作提取剂，旋蒸时最好加入几毫升正丙醇以提高提取液沸点，防止乙腈爆沸造成目标物损失。

16. 为什么选择 Na₂EDTA-McIlvaine 缓冲液作为提取剂？

问题描述　四环素提取为什么选用 Na₂EDTA-McIlvaine 缓冲液作为提取剂？除了回收率好之外，有没有其他原因？提取的机理是什么？

解　答　（1）四环素类药物是一类广谱抗生素，对大部分革兰阳性菌、革兰阴性菌、衣原体、支原体及立克次氏体等都有抗菌活性。四环素类药物的基本结构为多环并四苯羧基酰胺，具有羟基和二甲胺基两种基团，属于两性化合物，主要包括四环素、强力霉素、金霉素和土霉素。

（2）四环素类药物属于极性两性化合物，在酸性条件下容易溶于水，因此使用 McIlvaine 缓冲液作为四环素类药物的提取溶液。由于四环素类药物本身结构的原因，容易与样品基质或试剂中 Mg^{2+} 等重金属离子形成稳定的配合物，从而影响其有效提取。Na₂EDTA 可以与 Mg^{2+} 等重金属离子形成稳定的配合物，从而降低或阻止四环素类药物与金属阳离子结合，促进四环素类药物的提取。

17. 为什么测定沙星类物质时样品与标准样品保留时间不一致？

问题描述　液相色谱检测沙星类物质，提取液为乙腈：50%HCl（体积比）=2500：20，流动相为四丁基溴化铵（pH=3）。由于检测时标准品和样品的 pH 值不同，样品酸性强，导致样品中沙星类物质出峰时间和标准品相差比较大，如何解决？

解　答　该实验步骤中沙星类提取试剂盐酸质量分数为 0.04%，pH 值约为 2，与流动相 pH=3 有一定差距，导致沙星类在样品中的保留时间漂移，样品中保留时间与标样不一致。解决方法可以从以下两方面着手：

（1）将样品 pH 值调节到与流动相一致（pH=3），但由于样品溶剂（乙腈+盐酸）和流动相（四丁基溴化铵）差别还是比较大，即使 pH 值调节差不多了，也不能保证两者保留时间一定会完全一致。

（2）还可以将提取液直接旋蒸浓缩后用流动相定容，或经过 SPE 小柱净化，有机试剂洗脱后氮气吹干，用流动相复溶，然后检测。

18. 免疫亲和柱-高效液相色谱法测定真菌毒素有哪些注意事项？

问题描述 在用免疫亲和柱-高效液相色谱法测定黄曲霉毒素和呕吐毒素等真菌毒素时，有哪些技术要点？特别是前处理过程、净化过程等方面。

解 答 （1）测定食品中黄曲霉毒素的技术要点：

① 前处理过程。样品提取溶剂一般用甲醇或乙腈的水溶液。GB 5009.22—2016《食品安全国家标准 食品中黄曲霉毒素 B 族和 G 族的测定》提取液用的是乙腈：水（体积比）=84：16，提取时要让提取液和样品充分混合，通常超声 20min。净化首选相应的免疫亲和柱，操作步骤按照柱子使用说明即可。需要注意的是有机相洗脱时需要注意控制流速（控制 20～30 滴/min），氮吹时气流要缓慢，不要把液体全部吹干，近干就可以，否则会严重影响回收率，最后用初始流动相定容。

② 上机检测过程。黄曲霉毒素 B_2、G_2 本身就可以产生很强的荧光，不需要衍生。而 B_1、G_1 分子的二呋喃结构中碳碳双键的吸电子诱导效应，致使其分子荧光强度减弱。通过对双键衍生变成饱和碳碳单键可增强 B_1、G_1 的荧光强度，通常采用的衍生方法有柱前三氟乙酸衍生、柱后碘衍生和光化学衍生等，GB 5009.22—2016对前两种衍生步骤做了详细说明。柱前三氟乙酸衍生的优点是不需要增加额外衍生设备，但操作较为烦琐，影响因素较多，增加了前处理时间以及结果不确定度。柱后碘衍生的稳定性、重现性更好，但需要增加柱后衍生设备（泵和衍生管），同时由于衍生需要在衍生管中进行，增加了柱后死体积，易造成色谱峰变宽，且碘本身容易被氧化，每次试验都要重新配制。光化学衍生是将反应线圈绕在紫外灯外，当流动相进入反应线圈时，B_1、G_1 被衍生成荧光较强的物质，类似与三氟乙酸的反应，但同样需要单独购买光化学衍生设备。

（2）测定食品中呕吐毒素（脱氧雪腐镰刀菌烯醇 DON）的技术要点：

① 前处理过程：呕吐毒素极性较强，易溶于水等极性溶剂，因此 GB 5009.111—2016 《食品安全国家标准 食品中脱氧雪腐镰刀菌烯醇及其乙酰化衍生物的测定》使用的提取试剂是水，不用甲醇或乙腈的原因是该标准 DON 是使用紫外检测器在 218nm 处测定，加入有机试剂会将样品中如色素等大量杂质提取出，干扰目标物检测。前处理过程也是用免疫亲和柱法，注意事项与黄曲霉毒素类似。

② 上机检测过程：由于 DON 紫外最大吸收波长在 220nm 附近（GB 5009.111—2016 标准使用 218nm），流动相甲醇和水比例对 DON 与样品杂质的分

离度影响很大，218nm 波长处色谱图上会有一个很大的杂质峰（可能是与 DON 结构性质相近的能被免疫亲和柱保留的物质）。标准上给出的甲醇：水（体积比）=20：80 比例是针对标准推荐的色谱柱，实验时要根据自己使用的色谱柱对流动相比例进行调节，否则很可能造成杂质峰与 DON 峰分离度不好，影响定性定量。有研究表明，选择 DON 次吸收波长（240nm），虽然 DON 响应值有所下降（能满足标准检出限要求），但干扰杂质下降更多，也可以考虑作为备选波长。紫外相对荧光更容易受到杂质干扰，可能出现"假阳性"判定，有条件的话选用二极管阵列检测器（DAD）可以进行全波长扫描，得到三维谱图，有助于排除"假阳性"样品。

第四节　液相色谱在环境分析中的应用

近几年由于化工行业的发展和天然化合物的开发，环境污染问题也越来越严重。环境中比较常见的污染物为水中以及土壤中有害物质、空气中污染物等，主要包括多环芳烃、酚类、邻苯二甲酸酯类、多环联苯、阴离子、联苯胺类、阴离子表面活性剂、有机农药等，而这些物质普遍适于高效液相色谱法分析。

一、液相色谱在水环境分析中的应用

1. 水中阴离子

水体中存在的 F^-、NO_2^-、NO_3^-、SO_4^{2-} 等阴离子超过一定浓度后会对人体及其他生物产生毒害作用。例如：当生活饮用水中 F^- 超标，长期饮用后会出现牙齿发黑和其他牙齿疾病，严重可导致人骨骼变形等；NO_2^- 是一种致癌物质，过量摄入会引起中毒，导致高铁血红蛋白症等，而 NO_3^- 过量摄入会带来心脏的问题；SO_4^{2-} 的大量摄入会导致腹泻、脱水和胃肠道功能紊乱。

在对水环境中阴离子进行监测时，常用的检测方法为容量法和分光光度法，但这些方法处理步骤非常繁杂，并且会消耗大量的试剂，对人员的操作能力也有一定的要求。而通过高效液相色谱法不但可以同时分析多种组分，而且前处理方法更加简单，使用的化学试剂更少，还具有分析速度快、准确度高、灵敏度高等优点，一次进样便能够完成对水质样品中的多种阴离子的同时、快速分析。

现有检测标准测定阴离子的原理一般是用碳酸钠和碳酸氢钠作为淋洗液，利用离子交换原理进行分离，由抑制器扣除淋洗液本底电导，然后利用电导检测器进行测定。不同离子因与分析柱亲和力的不同而分离，相对保留时间定性，峰面积或峰高定量。

2. 水中有机物

水体中有机污染主要是指由城市污水、工业废水、农田农药污水等含有大量有机物的废水排放所造成的污染。

含有机污染物的废水大量排放导致水中有机物含量大大增加，溶解氧被大量消耗，水体自身净化能力会减弱甚至消失。一方面，水体中的溶解氧缺失会使氧化作用停止，有机物会进行厌氧反应，散发出恶臭，污染环境；另一方面，有机污染物在进行厌氧反应时会产生各种还原性气体，毒害水中动植物。如果水中的有机物含量比较少，其消耗掉的氧就很容易从溶解的空气中获得补充，如此就可以使水生生态系统的循环得以保持，否则将会破坏水生生态系统。另外，阴离子表面活性剂在水体的浓度超过 1mg/L 时会在水面形成大量的泡沫，泡沫会隔绝水与空气的接触。同时含表面活性剂的水大量排放对降解菌有毒害作用，导致水体中微生物大量死亡，而且水中的表面活性剂会被优先降解，延迟其他污染物的降解。

利用高效液相色谱法针对水环境中的有机物含量进行检测，一般采取直接进样、液液萃取、固相萃取等方式。例如测定水中亚乙基硫脲、灭多威、灭多威肟、硝酸草酮、磺酰脲类农药均采取直接进样的方式。当水样中有共存有机物干扰测定时，可通过改变色谱条件或者用正己烷萃取水样去除部分干扰后测定。当水样中多环芳烃、磺酰脲类农药等样品成分复杂、目标组分较多时，可以采取液液萃取或固相萃取等方法。在测定水中阿特律津、百草枯、杀草快等目标组分含量较小的样品时，可以采取萃取净化后浓缩、阳离子交换固相萃取富集等方式进行。检测水中磺酰脲类农药残留时，可采用滤膜过滤后直接进样的方式，也可以采用二氯甲烷萃取净化浓缩后乙腈定容的方式，还可以采用固相萃取柱甲醇洗脱浓缩后乙腈定容的方式进行样品制备。

图 6-29 为高效液相色谱法分离水中 10 种磺酰脲类农药的色谱图。分离条件如下：色谱柱为 C_{18} 柱（4.6mm×250mm，5μm）。流动相：A 为 0.02%磷酸溶液，B 为乙腈。梯度洗脱程序：0～10min，20% B；10～22min，20%～35% B；22～27min，35%～40%B；32～35min，40%～45%B；45～50min，45%～90%B；55～60min，90%～20%B。运行时间：70min。流速：1.0mL/min。柱温：40℃。进样量：10μL。检测波长：230nm。

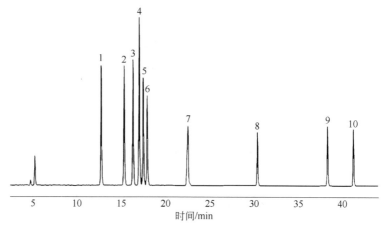

图 6-29　高效液相色谱法分离水中 10 种磺酰脲类农药的色谱图
1—烟嘧磺隆；2—噻吩磺隆；3—甲磺隆；4—甲嘧磺隆；5—醚苯磺隆；6—氯磺隆；
7—胺苯磺隆；8—苄嘧磺隆；9—吡嘧磺隆；10—氯嘧磺隆

3. 水中其他物质

（1）传统污染物

水中传统污染物可分为重金属、营养元素等，常规的检测方法并不能高效地区分和定量。而高效液相色谱法在监测传统污染物过程中，不但能够提高检测效率，还可以利用其便捷、准确等特点对水体日常污染状况进行分析和评价，尤其是能够对这些元素进行区分和准确定量，得到其主要类别，为接下来的水质分析提供方向。同时，监测一些特定企业的工业废水和化学污水中有毒有害物质和重金属元素等能够为企业环保是否达标提供依据。

重金属废水主要指化工、电子等工业生产过程中排出的含重金属的废水，包括铜、锌、砷、汞等，重金属离子对水体的污染具有不易降解性和毒害性，被定为第一类污染物。其中一般重金属产生毒性的范围在 1.0～10mg/L，而汞等剧毒重金属的毒性浓度低至 0.001～0.1mg/L，由于不易降解，且易经生物大量富集，严重威胁着人类的健康。在重金属的传统监测过程中，存在选择性差等缺点，而液相色谱法进行重金属含量测定时，可以使用有机试剂与金属离子形成稳定的有色络合物，然后经色谱分离，紫外可见光检测器测定，能够实现多元素同时分析。

对水体中营养元素的监测主要包括氮、磷、钾等，水中的氮、磷、钾超过一定含量即为水质的富营养化，会导致水藻因养分过足而迅速生长繁殖。水体中营养元素的监测一般采用分光光度法、比色法等方法进行，但在监测其中一些元素时，采用液相色谱法具有检测限低、操作便捷、线性范围宽等优势。例如在检测水中总氮时，可以采用过硫酸钾消解，将水样中含氮化合物的氮元素转化为硝酸盐，然后采用间接紫外-高效液相色谱法进行检测。

（2）多形态污染物

化学元素在各种形态下会产生不同的污染程度，常规方法能够检测出水环境中化学元素的污染性质和污染程度，但很难检测出具体的元素种类尤其是元素的形态。以铬元素为例，这种元素分为六价和三价两种不同的形态。六价态的铬元素污染性非常强，并且还具有毒性，即使其浓度较低，仍然会对周边环境以及水体中的生物造成巨大的危害。而三价的铬元素相对来说毒性小，对于水体的污染性也较低，对水体有一定的影响。若是利用传统的水体检测手段，通常都会运用六价态铬元素和相关元素共同作用所显现的显色状态进行检测。这种方式常常会由于氧化反应而对检测结果产生影响，使检测结果出现较大的偏差，对之后的水环境治理工作来说也会产生不利的影响。

而通过高效液相色谱法的运用，则能够针对各个价态的同类元素进行检测，更加准确地区分出水体中污染物的类别和污染性，并据此来提供更加可靠的治理意见，为水环境的治理工作提供更加有效的支持。

二、液相色谱在大气环境分析中的应用

大气环境污染物主要包括颗粒物污染物、含硫化合物、氮氧化合物、碳氢化合物、卤素化合物等，其中大气中的有机污染物能够通过溶剂吸附等手段采集，然后使用高效液相色谱进行检测。

1. 大气中醛、酮类化合物

醛、酮类化合物均为含羰基的化合物，主要来源于汽车尾气、工业加工、装饰材料和大气中有机物的光化学反应。实际上，所有进入大气环境的有机物都有可能光氧化转变成羰基化合物，在大气羰基化合物中，甲醛、乙醛、丙酮占比较多。醛、酮类的物质具有致突变和致癌作用，低级的醛、酮类具有强烈的刺激气味，对皮肤和呼吸道等有刺激作用。

由于醛、酮类化合物在气相色谱方法和气相色谱-质谱联用方法上峰形不好，响应较差，可测定的种类较少，无法测定较高碳数的醛、酮。而液相色谱法在检测醛、酮类化合物时并不需要高温加热，保证了目标化合物的稳定性，同时大大

减少了基体干扰对测定的影响，降低了分析方法的检出限，提高了分析的灵敏度和准确度。

液相色谱检测大气中醛、酮类化合物主要使用填充了 2,4-二硝基苯肼的采样管采集空气，醛、酮类化合物经强酸催化反应产生有颜色的腙类衍生物，经乙腈洗脱后，高效液相色谱法测定。

图 6-30 为高效液相色谱法分离 13 种醛、酮类化合物的色谱图。分离条件如下：色谱柱为 C_{18} 柱（4.6mm×250mm，5μm）。流动相：A 为水，B 为乙腈。梯度洗脱程序：0～20min，60% B；20～30min，60%～100% B；30～32min，100%～60%B。运行时间：40min。流速：1.0mL/min。柱温：30℃。进样量：20μL。检测波长：360nm。

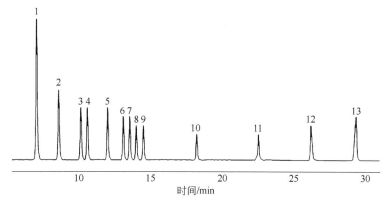

图 6-30　高效液相色谱法分离 13 种醛、酮类化合物的色谱图
1—甲醛；2—乙醛；3—丙烯醛；4—丙酮；5—丙醛；6—丁烯醛；7—甲基丙烯醛；
8—丁酮；9—正丁醛；10—苯甲醛；11—戊醛；12—间甲基苯甲醛；13—己醛

2. 大气中酰胺类化合物

近些年，酰胺类化合物广泛应用于涂料、制药等行业，酰胺类化合物主要有二甲基甲酰胺、二甲基乙酰胺、丙烯酰胺等，大部分酰胺类化合物有毒性。例如二甲基乙酰胺对人的眼睛、皮肤、呼吸道黏膜有较强的刺激作用，严重时会导致鼻出血、抽搐、昏迷甚至死亡。丙烯酰胺主要影响神经系统，大量接触可出现亚急性中毒，长期低浓度接触会出现嗜睡、小脑功能障碍等。

测定大气中酰胺类化合物一般可采用气相色谱法，但也只针对一种或者两种酰胺类化合物的测定，可一次性测定的种类较少。液相色谱法检测大气酰胺类化合物可一次测定四种及以上化合物，分析速度明显提高。

液相色谱检测大气中酰胺类化合物主要使用装有水吸收液的采样管采集空气，进行富集浓缩后过滤，用高效液相色谱法测定。

图 6-31 为高效液相色谱法分离 4 种酰胺类化合物的色谱图。分离条件如下：色谱柱为 C$_{18}$柱（4.6mm× 150mm，5μm）；流动相：A 为水，B 为乙腈；洗脱程序：0～15min，3% B；运行时间：15min；流速：0.5mL/min；柱温：30℃；进样量：5μL；检测波长：198nm。

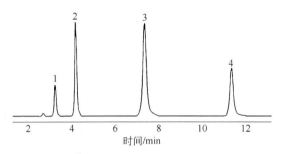

图 6-31　高效液相色谱法分离 4 种酰胺类化合物的色谱图
1—甲酰胺；2—丙烯酰胺；3—N,N-二甲基甲酰胺；4—N,N-二甲基乙酰胺

3. 大气中酚类化合物

酚类化合物是芳烃的含羟基化合物，环境空气中以苯酚、甲酚污染最为突出，目前环境监测主要以苯酚、甲酚等挥发性酚作为污染指标。酚类化合物挥发到空气中，会导致刺激性臭味，酚类蒸气由呼吸道进入后对生物体的神经系统损害很大，长期吸入低浓度的酚蒸气可引起慢性中毒，常见的有呕吐、腹泻、头晕和各种神经系统病症，吸入高浓度的酚蒸气可引起急性中毒。

测定大气中酚类化合物有分光光度法、气相色谱法、液相色谱法等，最为普遍的是 4-氨基安替比林分光光度法，但测定时显色剂只能与有邻位或间位取代基团的酚反应，不能与有对位取代基团的酚反应，测定的总酚含量小于实际样品的含量。气相色谱法测定酚类化合物往往需要进行衍生化反应，步骤烦琐。液相色谱法检测大气酚类化合物可以保持原化合物的组成不变，直接测定，对各种不同取代基的酚类化合物可以同时进行分离和分析，具有重现性好、选择性好、灵敏度高、操作简便的优点。

液相色谱法检测大气中酚类化合物主要使用装入吸附剂的采样管采集空气，甲醇洗脱后，收集定容，用高效液相色谱法测定。

图 6-32 为高效液相色谱法分离 12 种酚类化合物的色谱图。分离条件如下：

色谱柱为 C_{18} 柱（4.6mm×150mm，5μm）。流动相：A 为水，B 为乙腈。洗脱程序：0～7.5min，20%～40% B；7.5～9.5min，40%～80% B；11～12min，80%～20% B。运行时间：15min。流速：1.5mL/min。柱温：25℃。进样量：10μL。检测波长：223nm。

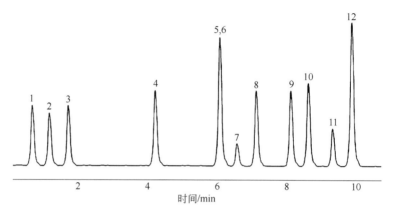

图 6-32　高效液相色谱法分离 12 种酚类化合物的色谱图
1—2,4-二硝基苯酚；2—2,4,6-三硝基苯酚；3—1,3-苯二酚；4—苯酚；5—3-甲基苯酚；
6—4-甲基苯酚；7—2-甲基苯酚；8—4-氯苯酚；9—2,6-二甲基苯酚；10—2-萘酚；
11—1-萘酚；12—2,4-二氯苯酚

4. 大气中多环芳烃类化合物

多环芳烃是含有两个或两个以上苯环或环戊二烯稠合而成的化合物，包括稠环型和非稠环型两类。大气中多环芳烃类化合物主要来源于化学工业、交通运输、生活污染等，尤其以焦化厂排放最为严重。

多环芳烃是一种惰性很强的碳氢化合物，能广泛、稳定地存在于环境中，其具有强烈的致突变作用、致癌作用和致畸作用，而且能通过环境蓄积、生物蓄积、生物转化或化学反应等方式损害环境和人体。多环芳烃对于人体的危害主要是诱发癌症，对其他动植物生长也有明显的影响。

常见的多环芳烃分析方法主要有气相色谱法、气相色谱-质谱联用法、高效液相色谱法及荧光分光光度法等。高效液相色谱串联紫外检测器和荧光检测器，进行梯度淋洗，可实现多环芳烃的分离、定性和定量，具有较高的灵敏度和选择性，应用比较广泛。

液相色谱法检测大气中多环芳烃类化合物主要使用采样筒与纤维滤膜采集空气，使用乙醚：正己烷（体积比）=10：90 混合溶液提取后浓缩，硅胶柱净化后，用具有荧光/紫外检测器的高效液相色谱进行测定。

图 6-33 为高效液相色谱法分离 17 种多环芳烃化合物的紫外、荧光色谱图。分离条件如下：色谱柱为 C$_{18}$ 柱（4.6mm× 250mm，5μm）。流动相：A 为水，B 为乙腈。洗脱程序：0～27min，65% B；27～41min，65%～100% B；43～45min，100%～65% B。运行时间：48min。流速：1.2mL/min。柱温：30℃。进样量：10μL。紫外检测波长：254nm、220nm、230nm 和 290nm。

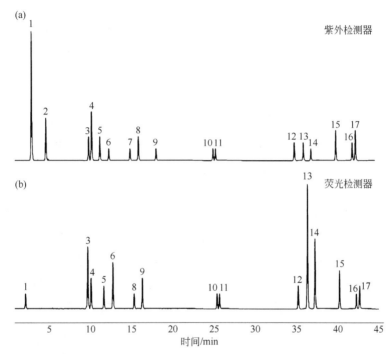

图 6-33　高效液相色谱法分离 17 种多环芳烃化合物的紫外、荧光色谱图
1—萘；2—苊烯；3—芴；4—苊；5—菲；6—蒽；7—十氟联苯；8—荧蒽；9—芘；10—䓛；11—苯并[a]蒽；12—苯并[b]荧蒽；13—苯并[k]荧蒽；14—苯并[a]芘；15—二苯并[a, h]蒽；16—苯并[g, h, i]芘；17—茚苯[1, 2, 3-cd]芘

三、液相色谱在土壤环境分析中的应用

土壤环境污染物主要包括化学污染物、物理污染物、生物污染物和放射性污染物，其中化学污染物是主要污染物，化学污染物中的有机物污染包括多环芳烃类化合物、邻苯二甲酸酯类化合物、农药残留等，这些有机物基本都能够通过高效液相色谱法进行测定。

1. 土壤中农药残留

农药残留是农药使用后一个时期内未能被分解而残留于农产品、土壤及水体的化合物。为了提高农作物的产量，农药的使用量越来越大，农药残留在土壤中的污染也越来越严重。且有机氯等农药的残留期长达数年至 30 年之久，而苯氧乙酸类农药残留期也在数月至一年之久。

农药残留量检测是微量或痕量分析，且农药种类很多，组分复杂，还会存在有毒代谢物、降解物、转化物等，检测器需要高灵敏度才能达到需求。一般监测农药残留会使用气相色谱法、气相色谱-质谱联用法、超临界流体色谱法等，其中主要采用气相色谱法。但一些农药使用气相色谱法检测时需要进行衍生化处理，而高效液相色谱法对不同种类的农药具有适应范围广、分析速度快等特点，尤其在测定多氯联苯、三嗪类等农药残留时，使用高效液相色谱法测定更为适合。例如土壤或沉积物中三嗪类农药残留可用丙酮-二氯甲烷提取，经固相萃取净化、浓缩、定容后，高效液相色谱分离，紫外检测器检测。

图 6-34 为高效液相色谱法分离 11 种三嗪类农药的色谱图。分离条件如下：色谱柱为 ODS 柱（4.6mm× 250mm，5μm）。流动相：A 为水，B 为乙腈。洗脱程序：0～20min，25% B；20～30min，25%～35% B；30～40min，35%～50% B；50～51min，50%～100% B；57～60min，100%～25% B。运行时间：62min。流速：1.0mL/min。柱温：30℃。进样量：10μL。紫外检测波长：222nm。

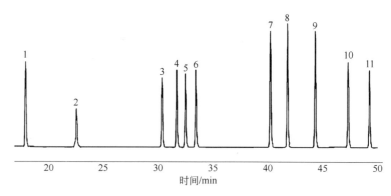

图 6-34　高效液相色谱法分离 11 种三嗪类农药的色谱图
1—西玛津；2—莠去通；3—西草净；4—阿特拉津；5—仲丁通；6—扑灭通；
7—莠灭净；8—扑灭津；9—特丁津；10—扑草净；11—去草净

2. 土壤中多环芳烃类化合物

土壤、沉积物中的多环芳烃类化合物除了一些天然来源如森林火灾、火山喷发外，主要来自化石燃料如煤、石油等的不完全燃烧以及大气沉降、污水灌溉等，另外还有石油开采、石化产品运输中的泄漏。被大气颗粒物吸附的多环芳烃化合物通过沉降、吸附和沉积作用进入土壤系统或聚集在沉积物中，使土壤和沉积物成为环境中多环芳烃类化合物的重要归属之一。进入土壤和沉积物的多环芳烃化合物，由于其低溶解性和憎水性，比较容易进入生物体内，并通过生物链进入生态系统。多环芳烃类化合物在土壤和沉积物中具有高度的稳定性、难降解性、强毒性，具积累效应等特征。

为了监测和控制土壤和沉积物中的多环芳烃类化合物，目前主要采用液相色谱法和气相色谱串联质谱法测定多环芳烃。液相色谱法检测土壤和沉积物中多环芳烃时，使用正己烷：丙酮（体积比）=1：1 进行萃取，净化后浓缩，用具有荧光/紫外检测器的高效液相色谱仪测定。

图 6-35 为高效液相色谱法分离 16 种多环芳烃的色谱图。分离条件如下：色谱柱为 DOS 柱（4.6mm×250mm，5μm），流动相：A 为水，B 为乙腈；洗脱程序：0～8min，60% B；8～18min，60%～100% B；28～28.5min，100%～60%；运行时间 35min；流速 1.0mL/min；柱温 35℃；进样量：10μL；紫外检测波长：254nm、220nm、230nm 和 290nm。

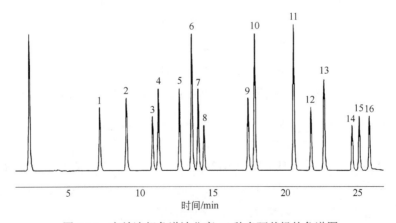

图 6-35　高效液相色谱法分离 16 种多环芳烃的色谱图

1—萘；2—苊烯；3—苊；4—芴；5—菲；6—蒽；7—荧蒽；8—芘；9—苯并[a]蒽；10—䓛；11—苯并[b]荧蒽；12—苯并[k]荧蒽；13—苯并[a]芘；14—二苯并[a, n]蒽；15—苯并[g, h, i]苝；16—茚苯[1, 2, 3-cd]芘

四、常见问题与解答

1. 测定多环芳烃时出峰数量、顺序与标准不同的原因有哪些?

问题描述 按照 HJ 784—2016 测定土壤和沉积物中多环芳烃,色谱条件:岛津 LC-20AT 四元低压液相系统,二极管阵列检测器(SPD-M20A)和荧光检测器(RF-20A),流动相为乙腈水溶液,流速为 1mL/min。结果出峰数量少两个并且与标准中多环芳烃的出峰顺序不同,这是为什么?

解　答 (1)如果现有流动相洗脱条件无法使所有目标物完全分离,可设置不同的梯度洗脱程序,观察单峰是否有分离成两个峰的迹象,并且验证峰纯度,如条件允许,也可使用质谱或购买单标进行定性。

(2)借助单标或者质谱验证,确认是否混标中本身就缺少某种组分,或是某种组分已经分解或损失。如确认是标准品本身的原因,应重新购置合格的标准品。

(3)尽量采用推荐的色谱柱,液相色谱法测试 16 种多环芳烃有专门的色谱柱,可以使用的安捷伦公司和岛津公司的 PAH 专用柱,规格是 4.6mm×250mm、5μm。

(4)分离效果与仪器的延迟体积也有一定关系,比如岛津的 LC-20AT 带四元比例阀加混合器,延迟体积可以大到 3mL 左右,安捷伦的 1260 带四元比例阀,延迟体积一般是 900μL 左右。因此同样的梯度、同样的色谱柱分离也不一定与标准完全一样,也会出现某些峰不能完全分离的情况。

(5)出峰顺序与柱子、流动相、柱温等很多因素有关。如果条件不能达到,无法与标准中出峰顺序完全一致,应对色谱峰进行定性确认。如能定性,即便有个别峰顺序不对,结果也是可以接受的,这并不会影响定量分析。

2. 环境空气中酚类化合物测定时出峰不完全的原因有哪些?

问题描述 采用 HJ 638—2012 测定环境空气中 12 种酚类化合物,C_{18} 色谱柱,乙腈和水梯度洗脱,缺了 3 个峰。更换为甲醇:水(体积比)=45:55 等度洗脱,缺两个峰,且出峰顺序不对,是什么原因?

解　答 (1)由于酚类化合物在甲醇流动相中最大吸收峰在 190~230nm,在 233nm 处,酚类化合物有很好的分离度和吸收。但在此波长下,酚类受甲醇的干扰严重,有较强的溶剂峰,所以标准将流动相改为水和乙腈,但标准溶液仍旧采用甲醇作为溶剂。

（2）在实际做样的过程中，可以改变流动相配比来解决，比如采用乙腈水（含0.1%的乙酸或0.5%乙酸），同时流速改为1mL/min，这样既可以减少溶剂峰干扰，也能够将目标化合物分离得更好，同时波长也可以选择274nm或者280nm，这样对前处理以及标准溶液中甲醇基质的干扰有一定的抑制作用。可参考如下条件：流动相：A为0.1%乙酸溶液，B为乙腈。梯度洗脱程序：0～25min，20%～70% B；25～30min，70%～100% B，35～40min，100%～20%B。运行时间：45min。

（3）至于出峰顺序不对的情况，使用C_{18}色谱柱，250mm×4.6mm，峰图跟标准中图谱后四个峰不一样，实测倒数第4个是2-萘酚，而标准是倒数第3个，见图6-36。

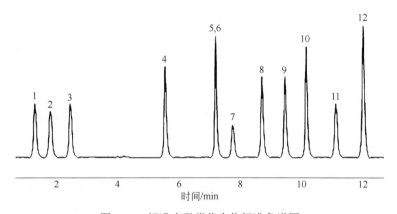

图6-36　标准中酚类化合物标准色谱图

1—2,4-二硝基苯酚；2—2,4,6-三硝基苯酚；3—1,3-苯二酚；4—苯酚；5—3-甲基苯酚；
6—4-甲基苯酚；7—2-甲基苯酚；8—4-氯苯酚；9—2,6-二甲基苯酚；10—2-萘酚；
11—1-萘酚；12—2,4-二氯苯酚

其实，在混标定性过程中，有个很常见的现象就是出峰顺序的问题，标准物质厂商提供的谱图也有与标准不完全一致的情况，如图6-37所示。

在做混标曲线的过程中，如果不能进行单标或质谱定性，可以根据标准物质证书上的条件做样，和证书上的谱图进行比对，如果出峰数目不对或者出峰顺序有问题，可以与标准物质厂商进行确认。

3. 如何按照HJ 478—2009标准进行试剂空白实验？

问题描述　HJ 478—2009中要求做试剂空白，但是实验中分别有萃取、净化和最终定容的试剂，涉及正己烷、二氯甲烷、甲醇，这些试剂都需要做试剂空白吗？

还是只做萃取或者定容所用的试剂？另外，在萃取过程中用了几十毫升的正己烷，后续有浓缩过程，在最终浓度计算的时候需不需要进行浓缩倍数的换算呢？

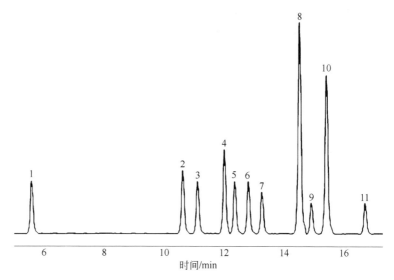

图 6-37　标准物质厂商提供的酚类物质色谱图

1—1,3-苯二酚；2—苯酚；3—苦味酸；4—3-甲基苯酚、4-甲基苯酚；5—2-甲基苯酚；
6—2,4-二氯苯酚；7—4-氯苯酚；8—2-萘酚；9—2,6-二甲基苯酚；10—1-萘酚；
11—2,4-二硝基苯酚

解　答　（1）空白试验是指除不加试样外，采用完全相同的分析步骤、试剂和用量，进行平行操作所得的结果。用于扣除试样中试剂本底和计算检验方法的检出限。

检测过程中所用的试剂包括正己烷、二氯甲烷、甲醇等都需要做试剂空白验证，不加样品，按照前处理的步骤操作。

（2）测定过程中的换算不需要单独考虑，最终按照标准给出的计算公式计算即可。

4. 液相色谱法检测水中苯并芘不出峰是什么原因？

问题描述　水中苯并芘检测，条件为：C_{18} 色谱柱（4.6mm×250mm，5μm）；流动相为甲醇∶水（体积比）=80∶20；等度洗脱；流速 1mL/min；安捷伦 1260 荧光检测器，检测波长：290nm、406nm；进样体积 10μL；进样时间 20min。但不出峰，这是为什么？

解　答　苯并芘是一种含苯环的稠环芳烃。蛋白质、脂肪、碳水化合物等在烧焦时会产生这种物质。苯并芘难溶于甲醇、乙醇，不溶于水，易溶于苯、甲苯、二甲苯、丙酮、乙醚、氯仿、二甲基亚砜等有机溶剂。

由苯并芘的化学性质可以得知，甲醇和水都难以溶解苯并芘，因此最好不要选择甲醇和水作为流动相。流动相可以改用乙腈∶水（体积比）=9∶1，等度洗脱的话可能要15min左右出峰。

水中苯并芘的最佳检测器激发波长为384nm，发射波长为406nm，因此还需要调整荧光检测器波长。

为了取得更好的分离效果，建议改用填料粒径更小的色谱柱。

5. 如何提高环境空气中醛酮类化合物的分离度？

问题描述　按照 HJ 683—2014 测定环境空气中醛酮类化合物，条件为：安捷伦1200液相色谱，DAD 检测器；色谱柱为 XDB-C_{18} 柱（2.1mm×150mm，3.5μm）。检测醛酮-DNPH 混标（8组分），组分大部分都不能分开，如何优化？

解　　答　如条件允许，应完全按照标准方法进行才具有对比意义。根据所提供的情况，分析结果如下：

（1）SB-C_{18} 色谱柱和 XDB-C_{18} 色谱柱填料的保留行为差别不大，而且150mm、3.5μm 的色谱柱的柱效和250mm、5μm 色谱柱差不多，因此色谱柱的选用没有太大问题。

（2）窄径柱的进样量很小，使用的色谱柱的柱径为2.1mm，进样量要比4.6mm的色谱柱小得多，建议进样量不超过5μL。进样量超过5μL，有可能发生过载等情况。

（3）最有可能的原因是样品溶剂洗脱能力太强而引起的溶剂效应。应检查样品溶剂使用的是否是纯有机溶剂，或是有机溶剂比例过高；如有类似情况，应更换样品溶剂，最好采用流动相溶解。

6. 是否可以用液相色谱来检测表面活性剂十二烷基苯磺酸钠？

问题描述　能否用液相色谱来检测表面活性剂十二烷基苯磺酸钠（LAS）？如果能，请问仪器参数怎样设置？出峰时间大约是多少？

解　　答　（1）十二烷基苯磺酸钠常见的分析方法是亚甲基蓝比色法，但由于操作步骤较烦琐，可采用液相色谱进行测定。

（2）液相色谱法检测原理为：以甲醇为流动相，并加入电解质（乙酸铵）改善分离度，用氢氧化铝凝胶进行脱色处理，然后过滤膜，液相色谱荧光检测器检测。

（3）参考条件为：色谱柱为 Synergi polar-RP 柱（4.6mm×250mm，4μm）；流动相：A 为 100mmol/L 乙酸铵溶液（冰乙酸调节 pH 至 3.4），B 为甲醇；等度洗脱程序：0～15min，75% B；运行时间：15min；流速 1.0mL/min；柱温：室温；进样量：10μL；激发波长 230nm，发射波长 290nm。在此液相条件下，大概出峰时间在 8.7min 左右。

7. 如何使用液相色谱法检测水中邻苯二甲酸二甲酯？

问题描述 按照 HJ/T 72—2001 方法对标准曲线溶液处理，上机后没有出峰，是什么原因？改用 C$_{18}$ 色谱柱，流动相采用甲醇，甲醇作溶剂，标准曲线线性非常好。用反相色谱柱分离效果更好，为什么标准选择了正相色谱分离？

解　答 （1）由于 HJ/T 72—2001《水质　邻苯二甲酸二甲（二丁、二辛）酯的测定　液相色谱法》中在配制标准物质工作溶液时，是将甲醇中的标准物质用正己烷进行萃取，在萃取的过程中可能导致标准物质损失，可以尝试不萃取进样，如果出峰，则基本可以断定是萃取的问题。

（2）实际上检测水中邻苯二甲酸二甲酯的方法有很多种，包括气相色谱法、液相色谱法、液相色谱串联质谱法等。根据文献记载，液相色谱法检测水中邻苯二甲酸二甲酯，正相色谱法和反相色谱法都可以满足检测要求。

（3）该标准方法测定的是水和废水中邻苯二甲酸酯，包含了邻苯二甲酸二甲酯等 4 个组分，而非邻苯二甲酸二甲酯单个组分。当然，如果在实际检测过程中，使用反相色谱分离邻苯二甲酸二甲酯效果比较好，完全可以采用反相色谱法来检测，但需要对该方法进行评估和验证。

8. 液相色谱法检测环酰菌胺流动相能否不采用缓冲盐体系？

问题描述 标准方法检测环酰菌胺采用的流动相为乙腈：0.4%磷酸二氢钠溶液（体积比）=1：1，实际上流动相直接用甲醇和水，峰形也很好，为什么非要加缓冲盐？

解　答 环酰菌胺因其自身结构特点呈弱酸性，与氯甲酰草胺等农药一样是弱酸性农药，其 pK_a 值为 7.73±0.36。为了保证目标物在流动相中尽可能保持分子状态，以便获得更好的检测效果，一般添加缓冲盐以控制流动相 pH 值，使得流动相 pH 值尽可能处在目标物 pK_a±2 范围内。

实验结果表明，在流动相中加缓冲盐后，响应值可明显提高。实际上除了添加缓冲盐之外，也可以在流动相中加入少量的有机酸，例如甲酸、乙酸，也可以达到同样的效果。

如果甲醇和水作为流动相足以满足检测需求，那也可以直接使用，只是目标化合物的保留、响应值、灵敏度较标准方法要低一些。

9. 为什么水中阿特拉津的实际检出限不满足标准要求？

问题描述　液相色谱法测定水质中阿特拉津，国家标准给出的检出限是 0.08μg/L，为何实际测定出来的检出限比国家标准大 2 倍？

解　答　根据 HJ 168—2010《环境监测分析方法标准制修订技术导则》要求，测定检出限应采用预估检出限浓度 2~5 倍的加标样品进行测试,在计算检出限过程中需考虑前处理过程。实际上，为了更好地测定检出限，一般标准制定部门都会采用尽可能低浓度的加标样品进行测试。

并不是说标准方法给出的检出限每个实验室都一定能达到。当实验室使用标准方法开展检测工作之前，首先要做的就是对方法进行验证，看是否有能力按照检测方法开展检测活动。

影响检测限大小的因素有很多，仪器设备的条件、使用的耗材试剂、样品基质、前处理方法、数据处理方法，乃至实验人员的能力和技术水平，都会影响检出限。

如果想提高检出的灵敏度，获得更低的检出限，应从上述因素查找原因和做出改变，譬如使用灵敏度更好的设备、纯度更好的试剂、干扰更少的耗材、基质效应更小的样品基质、更优的前处理过程、更低的检出限计算标准以及全面提升实验室检测人员技术水平等。

第五节　液相色谱在化工分析中的应用

化工行业的种类很多，石油化工、基础化工和化工染料分析是其中的三个大类，也可细分为石油、化肥、氯碱、冶金、能源、医药、精细化工、日用化学品、橡胶制品、染料等。高效液相色谱在分析有机物、高分子化合物时，因不受检测产品极性、挥发性及热不稳定等因素影响，能够检测大多数已知化合物。高效液相色谱法在化工行业中较其他检测方法如柱色谱、薄膜色谱等具有更好的分离效果、更短的分析时间、更高的灵敏度等特点，在化工产品的分析中应用广泛。

一、液相色谱在石油化工分析中的应用

1. 石油族组成

单族组成主要有饱和烃、芳烃、胶质和沥青质四种，石油族组成分析对评价石油原料和产品有着重要的意义。传统的柱色谱法需求的试剂多，分析周期长，而气相色谱法在一些组分例如芳烃的分析中又容易受到汽化温度的限制，对饱和烃、稠环芳烃、沥青等复杂混合物分析的效果不佳；相比之下，高效液相色谱法在石油族组成的分析应用上有着便捷、快速、分辨率高等优点。

高效液相色谱法在进行石油族组成分析时可以根据石油族样本差异对色谱柱及检测器进行选择，再结合阀切换技术，不但能够进行石油族组成分析，还能够将饱和烃、烯烃、芳香烃、极性化合物等分离开来，得到不同环数的芳香烃分布以及极性化合物种类的信息。

高效液相色谱法进行原油族组成分析时，是在样品中加入正己烷，分离出沉淀物，得到的可溶组分以正己烷为流动相，氰基键合相色谱柱分离，示差和紫外吸收检测器进行检测。

2. 产品质量分析

石油化工产品包括石油燃料、石油溶剂、润滑油、石蜡、沥青和石油焦等六类。其中石油燃料产量最大，润滑剂次之。

（1）石油燃料　石油燃料包括汽油、煤油、柴油、石油气等。汽油馏程为30～220℃，主要成分为碳原子数5～12的脂肪烃和环烷烃类，以及一定量的芳香烃。煤油是沸点范围比汽油高的石油馏分，为碳原子数11～17的高沸点烃类混合物。柴油主要成分是饱和烃类，还含有不饱和烃和芳香烃，为碳原子数10～22的复杂烃类混合物。

汽油中简单芳烃的含量检测主要采用气相色谱法。高效液相色谱法检测汽油中的芳烃含量可以使用正己烷作为流动相，硅胶柱串联氨基柱分离，示差折光检测器检测。高效液相色谱法检测煤油和柴油的芳烃含量可采用氨基柱及硅胶柱并联方式，非极性化合物能快速被冲洗，分离速度快。石油产品中间馏分芳烃的高效液相测定方法为正庚烷稀释样品，极性色谱柱分离，待双环芳烃流出后反冲，示差折光检测器检测。

（2）润滑油　润滑油包括基础油和添加剂，其中基础油又分为矿物基础油、合成基础油、生物基础油三类。矿物基础油由原油提炼而成，包括高沸点烃类和非烃类混合物。

高效液相色谱法在润滑油上的应用主要有两个方面：一是分析润滑油族组成，了解润滑油的性质；二是检测润滑油中的各种添加剂含量。高效液相色谱法在分析润滑油族组成时可采用正己烷为流动相，硅胶柱串联氨基柱的方式进行检测，将润滑油分离成饱和烃、单环芳烃、多环芳烃等，最终通过烃分析检测器检测。润滑油中添加剂的含量测定有助于产品的质量管理，同时对研究产品的使用寿命也有很大的作用。利用高效液相色谱对润滑油中添加剂的含量进行检测时，可使用乙醇作为流动相，C_{18} 或氨基色谱柱进行分离，紫外检测器进行检测。

二、液相色谱在基础化工分析中的应用

基础化工在类型上可分为化肥、有机品、无机品、氯碱、精细与专用化学品、农药、日用化学品、塑料制品以及橡胶制品等九大类。但在实际工作中经常将化工原料和化工产品分开，将化工产品归类于精细化工，与基础化工区别开来。高效液相色谱技术在化工原料与化工产品方面都有着广泛的应用。

1. 化工原料

常见的化工原料一般分为有机化工原料和无机化工原料两类，在进行原料的质量控制时，利用高效液相色谱法进行检测的化工原料主要为有机化工原料，包括醇类、烃类、醛类、酮类、酯类、酚类等化合物。

化工原料的种类很多，在原料发货、进货时会对其溶解性、折射率、熔点、含量等进行检测，化工原料含量的检测一般选择常规化学方法例如滴定等方式进行，当化工原料本身不适合进行常规化学方法检测时或者化工原料中有多种物质时，可根据产品本身的特性选择高效液相色谱法进行检测。例如醇类化合物可以使用电致化学发光-高效液相色谱（ECL-HPLC）分离检测，能够对甲醇、乙醇、丙醇、丁醇进行分离和定量检测，也可以使用柱前衍生高效液相色谱荧光测定法进行检测。烃类化合物可以使用紫外检测器或者荧光检测器进行检测，一部分行业则使用示差检测器进行检测。

2. 化工产品

化工产品是能够直接应用于其他生产部门或者人民生活的物品,包括添加剂、农药、涂料、香精香料、聚合物等。

(1) 表面活性剂　表面活性剂是工业产品中常用的一种原料,其分子结构有两部分组成,一部分为疏水基,另外一部分为亲水基,其纯度、结构、异构体含量等与其应用性能有密切关系。高效液相色谱法在表面活性剂分析过程中不但能对其纯度进行准确定量,而且对一些异构体、副产物等也能很好分离。例如聚醚型非离子表面活性剂,副产物聚乙二醇的存在是影响其性能的主要因素之一。在利用高效液相色谱对其进行检测时,可用甲醇、水为流动相,C_{18}色谱柱进行分离,示差折光检测器测定。

(2) 聚合物质量控制　聚合物是由一种单体经聚合(加聚)反应而成的产物。聚合物分为天然聚合物和合成聚合物。合成聚合物包括如聚氯乙烯和聚苯乙烯塑料、树脂、聚酯及橡胶等。合成聚合物绝大多数都是难降解物质,在环境中很容易造成废物堆积,并且在合成聚合物时使用的增塑剂会不断挥发,损害人类健康。聚合物的氧化物、过氧化氢化合物及羰基化合物是一类新型环保聚合物,这些聚合物合成过程的质量控制离不开高效液相色谱法。

另外,高效液相色谱法还可以检测聚合物的原料及副产物,例如二酚基丙烷是合成环氧树脂、聚砜、聚碳酸酯等的原料,在检测聚合物中二酚基丙烷的含量时可用甲醇和水作流动相,C_{18}色谱柱分离,紫外检测器测定。

三、液相色谱在化工染料分析中的应用

1. 染料及其中间体

染料中间体是指用于生产染料和有机颜料的各种芳烃衍生物,包括苯系中间体、甲苯系中间体、萘系中间体、蒽醌系中间体等。通常合成一个中间体的过程很长,产生的各种异构体较多,影响最终产品染料的色泽。从高效液相色谱分析的角度,可以将染料和中间体分成水溶性和脂溶性两类。根据产品的不同性质可以选择不同的分离方式,例如一些磺酸类染料中间体,可用甲醇/四丁基溴化铵水溶液作为流动相,C_{18}色谱柱分离,紫外检测器测定;蒽醌类染料中间体用甲醇和水作为流动相,C_{18}色谱柱分离,紫外检测器测定。

2. 禁用限用染料及其他物质

禁用染料是指含有致癌芳香胺结构的原料和直接能致癌的染料，涉及的有害芳香胺较多，包括联苯胺、邻甲苯胺、对氨基偶氮苯等。高效液相色谱法在纺织品和皮革制品中禁用偶氮染料的测定时，可采用二亚硫酸钠在柠檬酸盐缓冲液（pH=6.0）中还原偶氮染料，甲基叔丁醚-二氯甲烷溶剂提取酸化成盐后再浓缩，使用有机溶剂洗涤残液。碱化后，游离出的芳香胺用甲基叔丁醚提取，有机层吹干后用甲醇溶解，二极管阵列检测器测定。

纺织品在生产过程中，为了起到防皱、阻燃、染色持久等作用，会在助剂中添加甲醛。而含有甲醛的纺织品，在人们使用的过程中会释放游离甲醛，易导致皮肤及呼吸道炎症等病症。利用高效液相色谱对纺织品中甲醛含量测定，可将样品水萃取或蒸汽萃取后，2，4-二硝基苯肼衍生，C_{18} 色谱柱分离，紫外检测器或二极管阵列检测器测定。

四、常见问题与解答

1. 如何测定母液中对甲苯磺酸及其产物的占比？

问题描述　有机胺结构与对甲苯磺酸反应成盐，液相检测时发现对甲苯磺酸出峰位置与产物出峰位置一致。由于成盐物质在乙腈中不溶析出，而对甲苯磺酸在乙腈中溶解性很好，所以可以判断是两种物质。怎样测定母液中产物占比？

解　　答　（1）可以考虑更改流动相比例和调整流速。

具体参考分离条件如下：色谱柱为 C_{18} 柱（4.6mm×250mm，5μm）。流动相：A 为 0.05%四丁基硫酸氢铵溶液（甲磺酸调节 pH 值至 2.5），B 为乙腈。洗脱程序：0～10min，5%～100% B；10～12min，100%～5% B。运行时间：15min。流速：1.0mL/min。柱温：30℃。进样量：2μL。检测波长：220nm。

（2）如果不想改变条件，而样品本身是混匀的，可以先测一次样品，然后向相同量的样品中加入过量的氨水，将其中的对甲苯磺酸进行中和成盐后，再测一次就可以知道两个组分各自的含量，不过在此之前要根据合成步骤判断对甲苯磺酸酯的类型，并且对其前处理成盐步骤进行回收率测试。

2. 如何采用液相色谱法分析样品中甲苯二异氰酸酯？

问题描述　液相色谱仪为 Agilent 1260，取适量甲苯二异氰酸酯样品溶于乙腈中，以乙腈-水作为流动相进行分析，但谱图显示，样品峰峰形较差，拖尾严重，在排除色谱柱的影响因素外，猜测该样品可能在乙腈中分解，导致峰形变差，此物质如何分析？

解　答　（1）甲苯二异氰酸酯（TDI）有两种异构体：2,4-甲苯二异氰酸酯和2,6-甲苯二异氰酸酯。甲苯二异氰酸酯为无色透明至淡黄色液体，有刺激性气味；遇光颜色变深。该化合物不溶于水，溶于丙酮、乙酸乙酯和甲苯等，容易与含有活泼氢原子的化合物如胺、水、醇、酸、碱发生反应，特别是与氢氧化钠和叔胺发生难以控制的反应，并放出大量热。

　　（2）为了判断该样品是否会在乙腈中存在分解行为，设计了试验对该样品进行测试，分离条件如下：色谱柱为 C_{18} 柱（4.6mm×250mm，5μm）；流动相为有机相（甲醇或乙腈）：0.1%磷酸水溶液（体积比）=60：40；检测波长 225nm。对比试验结果见表 6-3。

表 6-3　甲苯二异氰酸酯检测方法流动相溶剂对比试验表

目标化合物	乙腈：0.1%磷酸水溶液（体积比）=60：40	甲醇：0.1%磷酸水溶液（体积比）=60：40
TDI（乙腈溶解）	未见目标峰	见图 6-38
TDI（甲醇溶解）	见图 6-39	见图 6-40

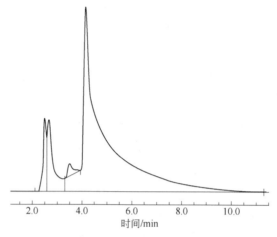

图 6-38　甲苯二异氰酸酯样品色谱图 1

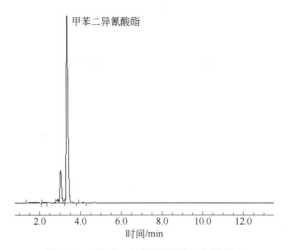

图 6-39　甲苯二异氰酸酯样品色谱图 2

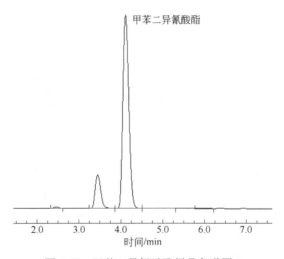

图 6-40　甲苯二异氰酸酯样品色谱图 3

（3）试验结果表明，TDI 样品在乙腈中的确存在分解行为。

① 当样品用乙腈溶解时，采用乙腈作为流动相时，色谱图中未发现目标峰；采用甲醇作为流动相时，虽然能检测到 TDI，但拖尾严重，无法有效分离和定量。

② 当样品用甲醇溶解时，无论是采用乙腈还是甲醇作为流动相，均能有效检出 TDI。相比之下，甲醇作为流动相保留更好，响应值更高。

③ 根据试验结果，因为 TDI 在乙腈中会发生分解，所以想要有效检测 TDI，应避免采用乙腈溶解样品，流动相中最好也要避免使用乙腈。

3. 测定中间馏分芳烃含量时的注意事项有哪些?

问题描述　使用 SH/T 0806—2008 标准方法测定柴油和馏程范围为 150～400℃的石油馏分中单环芳烃、双环芳烃、三环以上芳烃和多环芳烃含量,有哪些注意事项?

解　答　(1) SH/T 0806 方法的硬件原理如图 6-41 所示,系统使用正庚烷作流动相,单输送泵、极性色谱柱(氨基或者氰基柱)、四通阀和示差检测器实现分离。

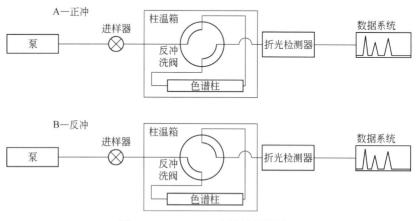

图 6-41　SH 0806 方法的硬件原理

　　(2) 待机状态和进样状态下(即状态 A),流动相自右向左流过极性色谱柱,柴油中的烃类和芳烃类组分实现分离。理想情况下,单环芳烃、双环芳烃、三环以及多环芳烃依次在色谱柱出口流出,如图 6-42 所示。

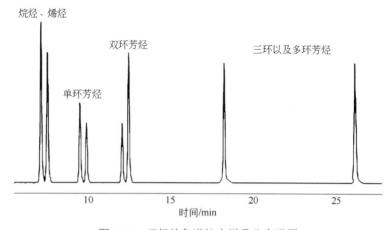

图 6-42　理想的色谱柱内样品分离谱图

（3）当双环芳烃流出色谱柱后，四通阀旋转，系统状态变为反吹。色谱柱内流动相的方向变成自左至右，将三环以及多环芳烃类物质反吹出色谱柱，在示差检测器上表现为单峰，如图6-43所示。

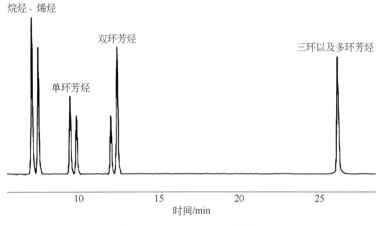

图 6-43 最终样品分离谱图

（4）该方法的原理是比较理想化的，干扰因素也比较多。柴油中的单环芳烃、双环芳烃、多环芳烃是否可以清晰彻底地分离开，是难以保证的。况且柴油中的二烯烃、杂环类、酯类化合物等都会对分析结果带来影响。

（5）色谱柱的选择十分重要，具体的选型需要咨询色谱柱厂家。

（6）切换点的选择非常重要。样品组成比较复杂，需要多次重复实验寻找合适的切换点。分析条件需要非常稳定，需要较为严格地控制流动相组成、泵输送流速以及色谱柱温度，以免影响保留的重复性。

（7）需要注意流动相不稳定导致保留时间漂移：

保留时间的漂移是最为常见的问题。在进样系统性能测试标准样品时，芳烃的保留时间漂移，致使难以确定切换点。往往会耗费较多时间平衡系统来等待保留时间稳定，从而降低了分析效率。其本质原因在于流动相的不稳定。

SH/T 0806—2008 系统分离原理属于正相色谱，我们知道正相色谱一般不太容易得到良好的保留时间重复性。原因是在正相色谱分析中，流动相中的微量水分会显著地改变其极性。假设流动相原先的极性为 0.01，吸收微量水分之后极性变为 0.02，看上去似乎变化不大，但其实极性增大了一倍。尤其是使用硅胶色谱柱的场合，流动相与环境空气中的水蒸气发生交换，改变了极性，从而影响保留时间。在使用硅胶柱分析时，一般要避免使用彻底干燥的正己烷流动相，避免因吸水造成保留的不稳定，甚至需要特意在流动相中加入微量的水分。

4. 有机胺类化合物如何采用液相色谱进行检测？

问题描述 如何使用液相色谱检测有机胺类化合物？是使用 C_{18} 色谱柱还是氨基柱？加入氨水或者缓冲盐的比例是多少？

解　答 （1）根据有机胺类化合物的结构式查询并确定其性质属于中性、酸性或者碱性。一般来说中性有机胺类化合物直接使用水和有机溶剂作流动相即可，如果柱子保留较弱也可以加点氨水，而酸性和碱性有机胺类化合物则需要使用缓冲盐。

（2）一般有机胺类化合物的液相检测，色谱柱可以直接使用 C_{18} 色谱柱，而如果使用了高 pH 值的缓冲盐或者因为极性较强保留较弱的情况下，则需要用到 HILIC 色谱柱。

（3）如果需要加氨水，氨水浓度一般在 0.05%～0.1%，而缓冲盐的浓度一般为 0.02mol/L 左右。

5. 碱性化合物分离时前沿峰如何解决？

问题描述 新色谱柱分离生物碱，流动相 pH=10，分离时前几个峰严重前沿，之后的峰分离度和对称因子均较好。这种情况该如何解决？

解　答 因柱子是新柱，首先柱效降低导致峰形不好的情况就可以排除掉，然后检查是否目标化合物超载导致的前沿峰，可以通过两个步骤来进行，第一步是直观经验判断，看峰的响应值是否较大，是否出现平头峰，峰高是否较高等，如果发现有出现平头峰的现象，那么就进行第二步，减少进样量。

检查是否因未用流动相溶解样品而导致的前沿峰，尤其是强溶剂溶解样品进样而导致的前沿峰，也就是常说的溶剂效应，表现为较早洗脱的色谱峰前沿，而较晚洗脱的峰正常。

检查是否因流动相组成、比例等导致的前沿峰。如果未使用缓冲盐体系可以根据目标化合物的性质加入酸、碱、缓冲盐等进行调节，如果已使用了缓冲盐体系，则可以通过更改缓冲盐的比例及浓度进行调节。

6. 如何对含有三苯基膦和三苯基氧膦的样品进行定性检测？

问题描述 用液相色谱检测三苯基膦和三苯基氧膦，流动相是水：甲醇（体积比）=1∶4，流速 1.5mL/min，C_{18} 柱子，含有三苯基膦的样品在 12min 左右出了一个峰，含有三苯基氧膦的样品在 2min 左右出了一个峰。改梯度洗脱，含有三苯基膦的样品在 32min 左右出了一个峰，含有三苯基氧膦的样品在 2min 左右出了一个峰，如何判断 2min 左右的峰是不是三苯基氧膦？

解　答　三苯基膦和三苯基氧膦都有纯度很高的标准品，在进行检测时需要购置，而不是只检测含有这两种物质的样品，因不同仪器、不同色谱柱、不同流速等条件制约，并不能准确判断是否是这两种物质。

三苯基膦和三苯基氧膦多用于石油化工领域，常用的检测方法有滴定法、气相色谱法等，液相色谱多采用正相色谱，如果用反相液相色谱进行检测，因三苯基膦和三苯基氧膦在水中溶解度都不大，所以流动相的水相比例最好在 30%以下（也可在溶解样品时加入几滴二氯甲烷）。流动相用水+甲醇（或乙腈）即可，C_{18} 色谱柱，流速根据目标化合物出峰时间进行调整，大概控制在 0.8～1.5mL/min。

7. 如何建立硼酸酯结构化合物的液相色谱检测条件？

问题描述　一个起始物料的结构带有硼酸酯，试过不同 pH 值的缓冲液，液相走出来均是不成形的峰，是什么原因？有没有合适的色谱条件？

解　答　（1）先了解硼酸酯在液相中为什么走不出来，因为硼酸酯化合物遇水和醇后都极易水解，而常规反相色谱使用的流动相为水（或酸/碱/盐溶液）+有机相，所以在检测硼酸酯样品的时候很容易出现峰不成形。

（2）根据硼酸酯的特性，液相正相色谱可以很好地检测，查询文献可知，已经有研究表明硼酸酯类化合物可以采用流动相不含水的反相检测方法。如果有机溶剂检测硼酸酯类化合物的出峰时间不是太靠前，完全可以采用反相色谱配普通 C_{18} 色谱柱进行检测。

第六节　液相色谱在其他领域中的应用

由于液相色谱分析范围广，定性定量准确，除了广泛应用于生物学、医学、食品农产品、环境和化工领域之外，在一些特殊分析领域也很常见，特别是兴奋剂检测、打击毒品犯罪、烟草分析、化妆品分析等方面。

一、液相色谱在违禁药物检查分析中的应用

近年来，食品、药品、保健品以及动物饲料等方面频频出现非法添加违禁药物的事件，这类成分往往对人们造成药物中毒、对患者造成病情不受控制等不良反应，严重者甚至威胁到患者生命。高效液相色谱法对非法添加违禁药物的日常检验工作提供了有力的技术支持。薛恒跃等建立了化学官能团专属性鉴别方法和高效液相色谱法对抗癫痫类中药制剂中添加化学药品苯巴比妥进行初步确认，用高效液相色谱-质谱联用技术以对照品比对做最终确认，结果准确可靠。

二、液相色谱在毒品检验分析中的应用

毒品犯罪在日常报道中屡见不鲜，吸毒、贩毒及毒品走私对社会造成了极为不良的影响，危害巨大。毒品检验是打击毒品犯罪的基础性工作，而高效液相色谱在毒品检验领域中具有非常重要的应用，是现代物证分析中的重要分析方法之一。

1. 毛发检验

毒品进入人体后，其原形物及代谢物按照代谢分布规律会存在于毛发中，由此可确定疑似吸毒者的吸毒史。但毛发中毒品原形物及其代谢物含量很少，必须通过色谱方法先富集再进行定性分析检验。

2. 尿液检验

通常尿液中含有浓度较高的毒品及其代谢物，通过尿液检验，能反映出吸毒者近几天的吸毒情况。对于尿液检验，通常采用高效液相色谱法或液相色谱-串联质谱法进行检验，该方法具有较好的准确性和灵敏度。

3. 血液检验

血液检验也是毒品检验中常用的检验方法。在吸毒者的血液中通常残留高浓度的毒品及其代谢物，大多数吸毒者的血液中往往携带传染性病毒，因此，对血液样品进行采集时，不适宜现场快速检测，需要提取血液经过适当预处理后再进行高效液相色谱分析。

4. 唾液检验

相比于上述几种检验样品，唾液样品的收集不需要特殊的设备，方法简便易采集。通过唾液可检测分析出吸毒者个体受损情况，还可以推断出药物的提取时间，但是唾液中毒品浓度较低，且吸毒者唾液的分泌量会减少，还有唾液基质对被检测毒品存在干扰，因此通常采用液相色谱-串联质谱的方法进行分析。

图 6-44 为高效液相色谱法分离 10 种合成大麻素的色谱图。分离条件如下：色谱柱为岛津 Shimpack XR-ODS C_{18}（4.6mm×250mm，5μm）；流动相：A 为水，B 为甲醇：乙腈（体积比）=50：50 的混合溶液；梯度洗脱：0～33min，66%～89.1%B；柱温：45℃；流速：1.0mL/min；检测波长：220nm。

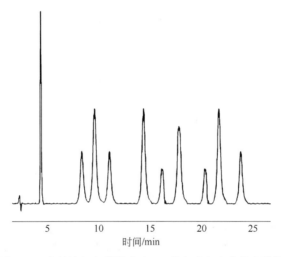

图 6-44　高效液相色谱法分离 10 种合成大麻素的色谱图

三、液相色谱在烟草化学分析中的应用

近年来，高效液相色谱在烟草分析领域也得到了广泛应用，如烟气成分、烟叶成分、烟用香精香料、烟草香味物质、辅料等方面。

1. 烟气成分

烟气中苯酚、邻/间/对苯二酚、邻/间/对甲酚等 7 种酚类化合物为强致癌性物质，YC/T 255—2008《卷烟主流烟气中主要酚类化合物的测定　高效液相色谱法》采用高效液相色谱法测定卷烟主流烟气中主要酚类化合物。甲醛、乙醛、丙醛、丙烯醛、丁醛、巴豆醛、丙酮和丁酮等 8 种羰基化合物具有致癌、致畸和致突变特性，YC/T 254—2008《卷烟主流烟气中主要羰基化合物的测定　高效液相色谱法》采用高效液相色谱法测定卷烟主流烟气中主要羰基化合物。另外，采用高效液相色谱法测定烟气中生物碱类物质、苯并[α]芘和丙烯酰胺的应用也很常见。

图 6-45 为高效液相色谱法分离卷烟主流烟气中主要酚类化合物的色谱图。分离条件如下：色谱柱为 C_{18} 色谱柱（4.6mm×150mm，5μm）。流动相：A 为 1%乙酸溶液；B 为乙酸：乙腈：水（体积比）=1：30：69。柱温：30℃。流速：1.0mL/min。进样体积：10μL。梯度：0min，20% B；40min，100% B。检测器：荧光检测器。波长见表 6-4。

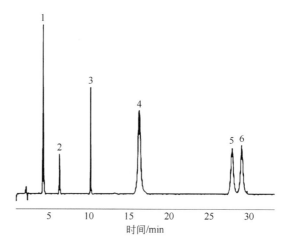

图 6-45　高效液相色谱法分离卷烟主流烟气中主要酚类化合物的色谱图
1—对苯二酚；2—间苯二酚；3—邻苯二酚；4—苯酚；5—间、对甲酚；6—邻甲酚

表 6-4　荧光检测器条件

时间/min	激发波长/nm	发射波长/nm
0	284	332
5	275	315
8	277	319
12	272	309
20	273	323
40	284	332

2. 烟叶成分

氨基酸是烟草中的一类重要化学物质，在烟草调制、醇化或发酵、加工直至

燃烧过程中均存在；游离氨基酸与还原糖之间可发生酶催化及非酶催化的棕色化反应，生成多种具有蒸煮、烤香、爆米花香味特征的吡喃、吡嗪、吡咯、吡啶类等杂环化合物；某些氨基酸如苯丙氨酸还可自身分解成香味化合物，如苯甲醇、苯乙醇等。氨基酸含量与烟草制品的吃味有着密切的关系，氨基酸在燃烧裂解过程中一般形成具有刺激性的含氮化合物，对烟气香吃味产生不良影响，个别氨基酸还产生氰化氢等危害健康的烟气成分。一般来说，氨基酸含量太高，烟气辛辣、味苦、刺激性强烈；氨基酸含量太低时烟气则平淡无味缺少丰满度。因此对氨基酸的分析是一项很有意义的工作。20 世纪 60 年代以来，国内外在这方面做了大量的工作。

景延秋等以邻苯二甲醛/3-巯基丙酸作为衍生剂进行柱前衍生，建立了一种用于烟草中游离氨基酸测定的反相高效液相色谱法。该方法使含氨基和亚氨基基团的氨基酸能够被同时测定，且得到较好的定性定量结果。

3. 烟用香精香料

烟用香精香料对改善卷烟的口感、突出烟草风格具有重要的作用。然而，烟用香精香料多取材于天然香料，其质量会受到原产地、生产工艺等诸多因素影响，因此，烟用香精质量的稳定性备受香精生产企业和卷烟企业的关注。目前大多数卷烟生产企业主要通过香精的酸度、溶混度、折光指数、挥发物总量以及旋光度等物性指标和评吸来评价其质量，但由于这些指标不能完全反映香精的本质，故很难通过这些指标准确地了解香精质量的变化。廖堃等采用高效液相色谱法研究了 10 个批次的同种烟用香精的液相色谱指纹图谱，指纹谱图的建立为烟用香精香料质量控制、辨别真伪提供了依据。

四、液相色谱在化妆品分析中的应用

现今由于化妆品的需求量逐渐增大，其功效要求也越来越被重视，尤其是美白、防晒、祛痘、祛斑功效。但是化妆品是直接用于人体皮肤的，如果禁用的着色剂、雌激素等应用于化妆品中，就会导致产生相反的结果，损害人体的皮肤。我国在化妆品安全监管方面高度重视，早在 2015 年国家食品药品监管总局便出台了《化妆品安全技术规范》，对于化妆品生产进行了严格的规范。

1. 化妆品着色剂

化妆品中含有很多的化学物质，这些物质有的具有着色力，有的具有遮盖力，因此被应用于化妆品中。但这些物质中很多含有违禁成分，还有一定的毒性，严重的甚至会致癌，结合相关规范和用料标准，化妆品中禁止使用Ⅰ～Ⅴ类着色剂，因此对于这几类着色剂的用量进行检测是非常有必要的。高效液相色谱法能够快速测定化妆品中多种着色剂，王军等采用二极管阵列检测器对CI59040等着色剂进行了检测，利用色谱保留时间定性，用色谱峰的峰面积来进行定量，线性相关系数大于0.999。

图6-46为高效液相色谱法分离着色剂标准样品的色谱图。分离条件如下：色谱柱为Agilent Hypersil ODS柱(4.6mm×250mm，5μm)。流动相：A为水；B为甲醇。梯度洗脱程序：0～3.0min，90% B；3.0～4.0min，100% B；4.0～15.0min，100% B；15.0～18.0min，90% B。流速：0.8mL/min。进样量：200μL。

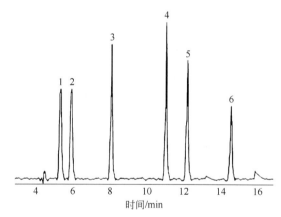

图6-46　高效液相色谱法分离着色剂标准样品的色谱图
1—罗丹明；2—分散黄；3—苏丹红Ⅰ；4—苏丹红Ⅱ；5—苏丹红Ⅲ；6—苏丹红Ⅳ

2. 化妆品防腐剂

防腐剂是化妆品产品的主要添加剂之一，为有效确保防腐剂添加的安全性，《化妆品安全技术规范》对于化妆品添加剂的种类进行了严格的限制，其中准用防腐剂共51种，并对其最大允许使用浓度与范围进行了明文规定。具备抗菌功效的氯苯甘醚是化妆品中常见的防腐剂，然而大量使用会引发皮炎，因此，在《化妆品安全技术规范》中把氯苯甘醚确定为限制使用的化妆品防腐剂，同时把季铵盐也列入限制使用的防腐剂类别中。高效液相色谱法测定化妆品中氯苯甘醚和季铵盐类防腐剂可以利用 C_{18} 色谱柱进行分离。

杨秀珍等建立了高效液相色谱法同时测定化妆品中氯苯甘醚、脱氢乙酸以及4-羟基苯甲酸苯酯和 4-羟基苯甲酸苄酯 4 种防腐剂的方法，该方法仅需 12.5min 就可以将上述 4 种防腐剂含量成分检测出来，各个组分的线性关系良好，检出限非常低，精密度较高。

图6-47为高效液相色谱法分离8种防腐剂标准样品的色谱图。分离条件如下：色谱柱为 Exmere Avanti BDS Quattro 柱（4.6mm×250mm，5μm）。流动相：A 为三氟乙酸溶液，B 为乙腈。梯度洗脱：0.0min，10%B；40.0～43.0min，90%B；43.1～48min，10%。流速：1.0mL/min。柱温：30 ℃。进样量：10μL。检测波长：吡硫镓锌、二羟乙磺酸己脒定、氯己定的测定可采用 270nm 波长，其余目标化合物的测定可采用 210nm 波长。

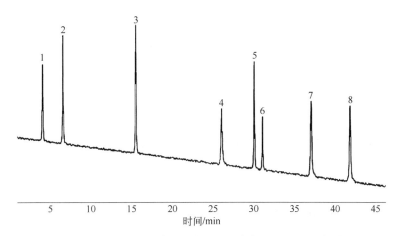

图 6-47　高效液相色谱法分离 8 种防腐剂标准样品的色谱图
1—吡硫镓锌；2—二羟乙磺酸己脒定；3—氯己定；4—十二烷基三甲基溴化铵；
5—十二烷基二甲基苄基氯化铵；6—苄索氯铵；7—十四烷基二甲基苄基氯化铵；
8—十六烷基二甲基苄基氯化铵

3. 化妆品美白祛斑剂

我国《化妆品安全技术规范》中，明确规定在有美白祛斑功能的化妆品中禁止添加氢醌、曲酸及苯酚物质成分，为此针对这些物质成分来进行检测便显得非常重要。可利用高效液相色谱法对化妆品中几种禁用美白祛斑剂进行检测，与常规检测方法相比较，检测成分有所增多，且检测结果要更加精准，方法也更简单方便。

图 6-48 为高效液相色谱法分离洗发水样品中添加的氢醌和苯酚混合标准溶液的色谱图。分离条件如下：色谱柱为 Agilent ZORBAX Eclipse XDB-CN（250mm×4.6mm，5μm）；流动相：水：甲醇（体积比）=75：25；等度洗脱；流速：1.0mL/min；柱温：25℃；进样量：10μL；检测器：二极管阵列（DAD）检测器；检测波长：280nm。

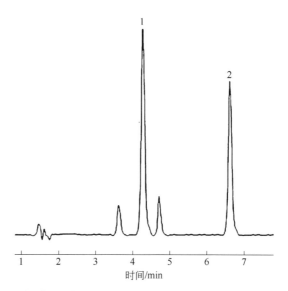

图 6-48 高效液相色谱法分离洗发水样品中添加的氢醌和苯酚混合标准溶液的色谱图
1—氢醌；2—苯酚

4. 化妆品紫外线吸收物

化妆品中防晒剂限量使用的问题也受到很多人的关注和重视，在我国《化妆品安全技术规范》中明确规定，需在限制的标准内使用化学防晒剂成分，如二苯-3、二苯酮-5 等。《化妆品安全技术规范》中的标准方法是使用四氢呋喃或是高氯酸等高腐蚀性的溶剂作为流动相，对几种防紫外线的物质成分进行检测。通过优化流动相，选择合适的色谱柱，可获得更精准的检测结果，优化后的反相色谱法同标准方法相比，结果会更为精准，并且实用性也会更强。

图 6-49 为高效液相色谱法分离 8 种紫外线吸收物的色谱图。分离条件如下：色谱柱为 Kromasil 100-5 C_8 柱（250mm×4.6mm，5μm）。柱温：40℃。进样量：10μL。流速：1.00mL/min。流动相：A 为超纯水，B 为乙腈。梯度洗脱：0～13min，

20%A；13～13.5min，20%～0%A；13.5～24min，0%A；24～24.5min，0%～20%A；24.5～25min，20%A。检测波长：310nm。

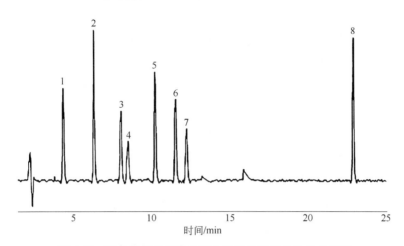

图 6-49　高效液相色谱法分离 8 种紫外线吸收物的色谱图
1—二苯酮-3；2—4-甲基苄亚基樟脑；3—丁基甲氧基二苯甲酰基甲烷；
4—二乙氨羟苯甲酰基苯甲酸己酯；5—甲氧基肉桂酸乙基己酯；
6—奥克立林；7—水杨酸乙基己酯；8—乙基己基三嗪酮

五、常见问题与解答

1. 如何选择应用于纺织品检测的高效液相色谱仪？

解　答　（1）需要明确采用高效液相色谱仪进行检测分析的项目有哪些。不同的检测分析项目对高效液相色谱仪的配置要求也不同。例如偶氮染料可以配置紫外检测器，多环芳烃类物质在荧光检测器中响应更为灵敏。

（2）需要了解相关的标准或者技术规范，如果标准或者技术规范中对仪器配置有要求，在进行方法验证时，仪器配置及性能需要满足相应的要求。

（3）需要结合预算进行选择。不同品牌、不同配置的高效液相色谱仪价格也不同。

（4）日常的检测量也是需要考虑的一个因素。例如，如果日常检测量不大，可能就不需要配备自动进样器；如果温度对检测分析没有影响，柱温箱也可以不用配置，这些也能降低整体的预算。

（5）高效液相色谱仪购置后需要对仪器性能进行验收，主要对稳定性、重复性、灵敏度等参数进行测定，要满足检测方法的要求。

2. 如何用高效液相色谱仪检测纺织品中的甲醛、偶氮？

    解　答　（1）纺织品中游离水解甲醛或释放甲醛含量可以采用高效液相色谱-紫外检测器或二极管阵列检测器进行测定，具体测定方法参考标准 GB/T 2912.3—2009《纺织品　甲醛的测定　第 3 部分：高效液相色谱法》。

    （2）甲醛测定的前处理方法：试样经水萃取或蒸汽吸收处理后，以 2，4-二硝基苯肼为衍生化试剂，生成 2，4-二硝基苯腙，用高效液相色谱法进行测定。游离水解的甲醛前处理方法可以参考 GB/T 2912.1—2009《纺织品　甲醛的测定　第 1 部分：游离和水解的甲醛（水萃取法）》中第 7 章内容；释放的甲醛前处理方法可以参考 GB/T 2912.2—2009《纺织品　甲醛的测定　第 2 部分：释放的甲醛（蒸汽吸收法）》中第 7 章和 8.1 的内容。

    （3）纺织品中偶氮类物质的测定，可以参考 GB/T 17592—2011《禁用偶氮染料的测定》、GB/T 23344—2009《纺织品　4-氨基偶氮苯的测定》等标准。

    （4）纺织品中的偶氮类物质在一定介质中用二亚硫酸钠还原，用液液分配的方法提取分解出的芳香胺物质，可以采用气质联用仪或高效液相色谱仪进行定性或定量分析。

3. 如何优化化妆品中性激素的液相色谱测定方法？

    问题描述　按照《化妆品安全技术规范》测定 7 种性激素，仅色谱柱填料粒径不同（规范中为 10μm，实际使用的是 5μm），结果保留时间有很大的差异（规范中为 15min，实际近 60min），有何方法进行优化？

    解　答　（1）液相色谱柱不同规格型号、粒径等因素会导致保留时间有所差别，虽然同样是 C_{18} 色谱柱，但是填料通过改性之后色谱柱的性能会发生较大的变化。

    （2）流动相比例对保留时间的影响也很大，对有些物质而言，流动相比例细微的变化都能引起保留时间发生较大的漂移。

    （3）可以通过优化流动相条件或者采用短色谱柱等方式缩短测定时间。

4. 液相色谱法检测氢醌时目标峰旁边为何有分叉峰？

    问题描述　液相色谱法检测氢醌，开始进标液时峰形正常，一段时间后峰拖尾，再过一段时间峰开叉，且目标峰跟溶剂峰不能完全分离，降低流动相中有机相比例后开叉峰变成了响应值较低的单峰，怎样解决？

解答　（1）通过重新配制标准溶液或者更换新色谱柱的方法排除标准溶液不稳定或者色谱柱性能下降导致的色谱峰异常。

（2）通过调整流动相比例延长氢醌的保留时间，如果出峰过早的话，没有保留的物质或者保留较差的物质很容易在该保留时间段对目标化合物出峰产生干扰。

（3）降低有机相后，分叉峰会变成小峰，很可能就是有杂质干扰测定。可以通过进一步优化色谱条件，例如改变流动相比例、更换流动相等，使得杂质与目标化合物的色谱峰达到基线分离。

（4）另外，仪器被污染也可能出现杂质峰的干扰，可适当对色谱柱或者仪器进行清洗或维护。

5. 如何优化化妆品中氢醌和苯酚检测的前处理方法？

问题描述　目前只有《化妆品卫生规范》中规定了化妆品中苯酚和氢醌的检测，但化妆品种类繁多，基体复杂，只通过甲醇、乙醇提取，净化效果不佳，易造成假阳性，有没有更好的前处理方法？

解答　（1）香波类化妆品可尝试采用下面的前处理方法：

① 取 1g 样品，加入 3mL 饱和氯化钠溶液，5mL 提取液，涡旋 1min，6000r/min 离心 2min，收集上清液；

② 将下层残留物再用 5mL 提取液重复提取一次，合并两次提取上清液；

③ 将上清液用提取液定容至 10mL，混匀，供高效液相色谱测定。

（2）乳液、面霜等化妆品可尝试采用下面的前处理方法：

① 取 1g 样品，加入 3mL 饱和氯化钠溶液，5mL 提取液，涡旋 1min，6000r/min 离心 2min，收集上清液；

② 将下层残留物再用 5mL 提取液重复提取一次，合并两次提取上清液；

③ 将上清液用提取液定容至 10mL，混匀，取 5mL 上清液并加入 2.5mL 正己烷，混匀待净化；

④ 将上述提取液用 PSA 固相萃取小柱进行净化。

上文提及的提取液为甲基叔丁基醚：正己烷（体积比）=3：1。

6. 测定饲料中丙二醛时丙二醛后面为什么有杂峰？

问题描述　按照 GB/T 28717—2012 方法测定饲料中丙二醛，流动相为磷酸二氢钾缓冲溶液：乙腈（体积比）=82∶8，结果色谱峰出肩峰。于是流动相改成乙腈∶磷酸盐（体积比）=60∶40，但峰前基线不平，峰后有个小峰，怎样解决？

解　答　（1）GB/T 28717—2012《饲料中丙二醛的测定　高效液相色谱法》中采用高效液相色谱法测定饲料中丙二醛时，试样中丙二醛经三氯乙酸提取后，与硫代巴比妥酸（TBA）反应后经荧光检测器进行测定。

（2）依据 GB/T 28717—2012 提供的液相色谱图以及查阅相关文献，丙二醛经硫代巴比妥酸衍生后的色谱图中均无干扰色谱峰，因此干扰峰很可能是标准溶液配制过程或者仪器污染而带入的杂质。

（3）采用标准方法中流动相比例得到的色谱图出现肩峰，可以考虑目标化合物与杂质未分离导致的肩峰，也可能是色谱柱柱效下降导致的肩峰，或者是进样量太大导致的肩峰。

（4）更换流动相后目标化合物后面出现小峰，可能是通过测定条件的优化，目标化合物与杂质的色谱峰出现了基线分离，而目标化合物出峰之前基线不平也可能是杂质的影响。

（5）尽量通过条件优化来实现目标化合物与杂质色谱峰的基线分离，如果目标化合物出峰过早，实际样品检测时很容易受到杂质的干扰。

（6）可以通过更换试剂，重新配制标准溶液，清洗色谱系统或者更换色谱柱的方式，来排查干扰峰的来源。

7. 为什么同一样品使用不同进样瓶进样结果不一样？

问题描述　用高效液相色谱法检测饲料中三聚氰胺，同一个样品分装两个进样瓶，为什么一个进样瓶中检出三聚氰胺，另一个进样瓶中没有检出？

解　答　同一个样品的两个进样瓶，需要区分一下进样瓶中装的是哪种溶液，大致可分为以下 3 种：

① 两个进样瓶中装的都是三聚氰胺的标准溶液；

② 两个进样瓶中装的是实际样品加标处理后的进样液；

③ 两个进样瓶中装的是实际样品处理后的进样液。

如果是情况①，建议将同一个进样瓶重复进样 5 次以上，检查仪器或者分析方法的重复性。色谱柱未平衡好，容易出现前几针不出峰或者保留时间漂移严重，随着进样次数的增加，仪器及色谱柱趋于平衡，后面再进样时出峰正常。

如果是情况②，除了考虑上述原因之外，还要考虑样品前处理的因素。样品前处理过程中，如果三聚氰胺未提取出来或者损失掉，也可能出现同一个样品不一样的检测结果。

如果是情况③，还需要考虑的是杂质干扰，可能杂质刚好在三聚氰胺的保留时间处有出峰，因此将杂质峰误判为三聚氰胺，而下一针的杂质峰保留时间出现了漂移，导致两次测定的结果不一致。

8. 为什么测定饲料中维生素 K_3 时重复性不好？

问题描述　在避光条件下制备了 6 个平行样品，仅氮吹时没有避光，样品 1~6 检测结果大约是 330mg/L、320mg/L、300mg/L、290mg/L、270mg/L、260mg/L，影响重复性的原因是什么？如何排查？

解　答　（1）影响重复性的原因可能有：

① 维生素 K_3 对空气和紫外光具有敏感性，因此全部操作过程均应避光，检测结果逐渐减小，可能是部分操作过程未避光，导致维生素 K_3 的降解。

② 氮吹过程操作不当，导致目标化合物的损失，从而检测结果逐渐减小。

③ 检测方法不合适，导致检测结果重复性不好。

④ 手动进样时，进样量不准确导致检测结果重复性较差。

（2）可以通过以下方法进行排查：

① 重新进行样品前处理，并保证全部操作过程均避光。

② 从同一个进样瓶中重复进样，检查仪器或者方法的重复性；需要注意的是，每次进样完成后保证进样瓶避光保存。

参考文献

[1] 朱明华. 仪器分析[M]. 3 版. 北京：高等教育出版社，2000.

[2] 武汉大学. 分析化学[M]. 5 版. 北京：高等教育出版社，2007.

[3] 刘密新，罗国安，张新荣，等. 仪器分析[M]. 2 版. 北京：清华大学出版社，2002.

[4] （美）. Snyder L R，（美）Kirkland J J，（美）Dolan J W. 现代液相色谱技术导论[M]. 陈小明，唐雅妍，
译. 3 版. 北京：人民卫生出版社，2012.

[5] 刘国诠，余兆楼. 色谱柱技术[M]. 北京：化学工业出版社，2001.

[6] 于世林. 高效液相色谱方法及应用[M]. 3 版. 北京：化学工业出版社，2019.

[7] 陈小华，汪群杰. 固相萃取技术与应用[M]. 北京：科学出版社，2010.

[8] 王玉枝，陈贻文，杨桂法. 有机分析[M]. 长沙：湖南大学出版社，2004.

[9] 胡小玲，管萍. 化学分离原理与技术[M]. 北京：化学工业出版社，2006.

[10] 丁明玉. 分析样品前处理技术与应用[M]. 北京：清华大学出版社，2017.

[11] 王立，汪正范. 色谱分析样品处理[M]. 北京：化学工业出版社，2001.

[12] Mitra S. Sample Preparation Techniques in Analytical Chemistry[M]. Canada: A John Wiley & Sons Inc, 2003.

[13] 孙毓庆，胡育筑. 液相色谱溶剂系统的选择与优化[M]. 北京：化学工业出版社，2007.

[14] 施奈德，等. 实用高效液相色谱方法的建立[M]. 北京：科学出版社，1998.

[15] 王敬尊，瞿慧生. 复杂样品的综合分析剖析技术概论[M]. 北京：化学工业出版社，2000.

[16] 昃向君，蔡发，王境堂. 进出口食品安全检测技术[M]. 青岛：中国海洋大学出版社，2008.

[17] 邹汉法，张玉奎，卢佩章. 高效液相色谱法[M]. 北京：科学出版社，1998.

[18] 张晓彤，云自厚. 液相色谱检测方法[M]. 北京：化学工业出版社，2000.

[19] 森德尔 L R，柯克兰 J J，格莱吉克 J L. 实用高效液相色谱法的建立[M]. 张玉奎，王杰，张维冰，译.
2 版. 北京：华文出版社，2001.

[20] 廖堃，胡纲，肖竞. 烟用香精的高效液相色谱指纹图谱分析[J]. 烟草科技，2006(02): 36-40.

[21] 肖婷婷，蔡强，诸寅，等. 中空纤维膜萃取-液相色谱法测定印染废水中芳香胺[J]. 环境化学，2015,34(03):

565-570.

[22] 黄灵瑜, 陈玉燕, 阮佳威, 等. 高效液相色谱法测定化妆品中 6 种限用色素[J]. 化学试剂, 2014, 36(011): 1006-1008.

[23] 李翔, 刘皈阳, 马建丽, 等. HPLC 法测定麻杏口服液中盐酸麻黄碱和盐酸伪麻黄碱的含量[J]. 药物分析杂志, 2014,034(001):190-192.

[24] 斯日古楞, 刘小玲, 李冬梅, 等. 超高效液相色谱快速分析不同哺乳动物胆汁中胆汁酸[J]. 分析化学, 2015(05): 54-60.

[25] 王文娟, 邓文平, 王猛, 等. 高效液相色谱法同时测定胆汁中 9 种结合型胆汁酸[J]. 重庆医科大学学报, 2009,34(1):59-62.

[26] 吴予明, 常爱武, 张洪权, 等. 高效液相色谱法检测尿中儿茶酚胺及临床应用[J]. 中国卫生检验杂志, 2000,10(5): 526-526.

[27] 蒋秉东, 郭振昌. 用高效液相色谱仪检测尿内细胞代谢产物诊断癌症[J]. 青海医学院学报, 1988(1).

[28] 景延秋, 高玉珍, 鲁平, 等. 反相高效液相色谱法在测定白肋烟烟叶游离氨基酸含量中的应用[J]. 河南农业大学学报, 2007(5).

[29] 王军. 化妆品文献和专利综述[J]. 日用化学品科学, 1995,000(006):6-8.

[30] 杨秀珍, 刘罗发. 高效液相色谱法在化妆品检测中的应用探析[J]. 饮食科学, 2018, 404(12):261-261.

[31] 马剑文, 邓钟. 中国药典（1990 年版）收载高效液相色谱法概述[J]. 中国药房, 1992, 003(003):43-44.

[32] 伍朝 Yun. 高效液相色谱法在中国药典（1995 年版）中的应用[J]. 华西药学杂志, 1996,177(3):161-163.

[33] 柴玉莲. 仪器分析在《中国药典》中的应用[J]. 西藏科技, 2006,000(001):4-5.

[34] 程广强. 口腔癌患者尿液萘酚反应物的高效液相色谱荧光检测法筛查[J]. 分析测试学报. 2016,35(09): 1199-1202.

[35] 毛广艳, 孙秋望月, 邓威, 等. 基于液相色谱-质谱技术的口腔鳞癌代谢组学初步研究[J]. 口腔生物医学. 2020,11(02):107-112.

[36] 蒋秉东, 郭振昌. 用高效液相色谱仪检测尿内细胞代谢产物诊断癌症[J]. 青海医学院学报. 1988,(01):21-23.

[37] 薛恒跃, 王玉兰, 于黎明, 等. 中药制剂中添加化学药品苯巴比妥的检测方法研究[J]. 时珍国医国药, 2006,(02):216-217.

[38] 廖堃, 胡纲, 肖竞. 烟用香精的高效液相色谱指纹图谱分析[J]. 烟草科技. 2006,(02):37-39.